U0298566

青海野生动物多样性系列丛书

张胜邦　魏智海　主编

青海果洛常见野生动物多样性图鉴

王　军　马凯丽　马占宝　主编

中国林业出版社
CFPH China Forestry Publishing House

图书在版编目（CIP）数据

青海果洛常见野生动物多样性图鉴 / 张胜邦，魏智海主编；王军，马凯丽，马占宝本卷主编. -- 北京：中国林业出版社，2022.11
（青海野生动物多样性系列丛书）
ISBN 978-7-5219-1964-6

Ⅰ. ①青… Ⅱ. ①张… ②魏… ③王… ④马… ⑤马… Ⅲ. ①野生动物—生物多样性—果洛藏族自治州—图鉴 Ⅳ. ① Q958.524.42-64

中国版本图书馆 CIP 数据核字（2022）第 209053 号

青海野生动物多样性系列丛书

青海果洛常见野生动物多样性图鉴

策划编辑：肖静
责任编辑：肖静 邹爱

出版发行：中国林业出版社
电　　话：010-83143577
地　　址：北京市西城区刘海胡同 7 号 邮编：100009
印　　制：深圳市国际彩印有限公司
版　　次：2022 年 11 月第 1 版
印　　次：2022 年 11 月第 1 次
开　　本：889mm×1194mm 1/16
印　　张：33
字　　数：950 千字
定　　价：429.00 元

《青海野生动物多样性系列丛书》

编辑委员会

《青海果洛常见野生动物多样性图鉴》
编辑委员会

主　　任: 叶万彬

副 主 任: 周　佳　韩才邦　才让尼玛　靳　才　祁宝业　汪生栋　索南嘉曲　卓玛当周　索南却旦

编　　委: 蔡国盛　李福年　多杰才旦　洛桑扎西　扎　扎　昂　保　祝正甲　王武邦　张　辉　谢尖措　桑杰加　马　贵

主　　编: 王　军　马凯丽　马占宝

副 主 编: 陶永明　马文明　李　刚

编写人员: 张胜邦　魏智海　徐干君　薛长福　李永良　王　军　马凯丽　马占宝　陶永明　马文明　李　刚　王　民　汪晓飞　齐新章　马存辉　张得宁　董文婷　谢　憨　高桂明　马成龙　李增祥　郭玉琴　徐丽夏　石占果　王岳邦　王平海　张启成　贾红梅　申　萍　包继敏　马　锟　稚格多杰　才项南加　瓦须耿尼

物种鉴定: 蒋志刚　于晓平　雷进宇　时　坤　史静耸　刘　伟　祁得林　张胜邦　王　民

丛书主编简介

张胜邦　1962 年 12 月出生于青海。曾供职于青海省野生动植物和自然保护区管理局，高级工程师、高级摄影师；中国野生植物保护协会常务理事，中国野生动物保护协会理事，中国林业摄影协会副主席，青海省野生动植物保护协会会长。40 年来，坚持野外实地考察，注重调查研究，收集了大量的第一手珍贵资料。积极探索青海林业草原生态和环境建设与保护方面的理论，独立或合作发表论文 35 篇，其中《青海省防治沙漠化区划研究》发表在《中国沙漠》，《论青海天然林保护工程存在问题与对策》发表在《林业经济》。主编或副主编《青海野生药用植物》《青海栽培植物图谱》《西宁市区野生鸟类图谱》等著作 20 部；主编或副主编《守护青山绿水 构筑生态安全》等生态摄影画册 52 部。主持或参与林业生态课题研究 32 项，并获得省级科技成果。2010 年被中国摄影家协会授予“抗灾救灾优秀摄影家”荣誉称号，2011 年被国家林业局授予“全国保护森林和野生动植物资源先进个人”荣誉称号，2014 年获青海省科学技术进步奖二等奖。

魏智海　1967 年 12 月出生于陕西。1991 年毕业于西北林学院。供职于国家林业和草原局西北调查规划院，高级工程师、高级国土空间规划师。长期从事森林资源调查监测、生态建设工程规划设计和咨询评估等工作。先后主持和参与完成西北监测区森林资源监测、湿地生态系统评价、生态影响评价、生物多样性影响评价、天然林资源保护工程核查、湿地保护与恢复工程评估、自然保护区总体规划编制、森林公园总体规划编制、湿地公园总体规划编制、保护区范围和功能区调整论证报告编制、森林资源规划设计调查等项目 120 多项。其中，参与完成的《陕西生态省建设规划》获全国林业系统优秀工程咨询成果一等奖，《陕西黄河湿地自然保护区范围和功能区调整论证报告》获全国林业系统优秀工程咨询成果三等奖。主持或参与完成保护区、森林公园、湿地公园等科学考察及科学考查报告编写 10 余项。在学术期刊上发表论文 6 篇，其中，《基于 GF-1PMS 影像的森林郁闭度定量估测》发表于《西北林学院学报》。参与研制的“一种可远程操控的林业巡检无人机”获国家知识产权局颁发的实用新型专利证书。

丛书副主编简介

徐干君 1979 年 1 月生于浙江。2001 年参加工作，高级工程师，国家林业和草原局西北调查规划院碳汇计量监测评估处处长，长期从事森林资源监测、森林抚育、生态系统碳储量和固碳能力的研究，先后负责完成了青海省森林抚育技术规程、青海省草地碳汇核算方法及增汇技术模式项目可行性研究、陕西省森林抚育技术规程、陕西省造林技术规程。正在开展科尔沁草原山水林田湖草沙一体化保护和修复工程生物多样性调查及监测、黄河流域典型草地、湿地碳汇方法学及评估体系研究。发表论文 2 篇，其中，《不同退化程度高寒草甸生态系统碳通量研究》发表于兰州大学学报《草业科学》，《陕西黄河湿地自然保护区典型植被区的碳储量估算》发表于《植物生态学报》，先后荣获梁希林业科学技术奖、省级科技进步奖 2 项。

薛长福 1968 年出生于青海，1990 年参加工作，青海省玛可河林业局局长、高级工程师。在玛可河林区工作长达 30 年，长期主持和参与完成玛可河林业局中长期林业发展规划，从事森林资源保护和建设规划、林业调查规划设计、营造林工程设计等工作，参加或主持省级林业科技推广项目 3 项，获得“青海果洛野生脊椎动物多样性调查研究”等省级科技成果 4 项。副主编著作 1 部。先后担任青海省玛可河林业局共青团委书记、党委办公室副主任、办公室主任、副局长、局长。2016—2018 年兼任班玛县灯塔乡格日则村扶贫工作队第一书记，先后获得“2016 年班玛县委组织部扶贫优秀个人”“2017 年度青海省林业和草原局优秀工作者”和“2016—2018 年度全国森林防火工作先进个人”称号。

李永良 1967 年 3 月出生于青海。曾供职于青海省农林科学院林业研究所、大通回族土族自治县林业局等，现供职于青海省森林病虫害防治检疫总站，高级工程师。青海省林学会、青海省野生动植物保护协会会员。独立或合作在《林业经济》等省部级刊物上发表论文 38 篇，其中，2 篇分别获西宁市第四、五届自然科学优秀论文奖三等奖和二等奖。合著《青海大通北川河源区自然保护区生物多样性研究》等著作 3 部，取得国家、省部级科研成果 20 多项，曾获国家科学技术进步特等奖和原林业部科学技术进步特等奖各 1 项，三等奖 1 项，原国家科学技术委员会科技成果司和林业部科技司推广应用一等奖 4 项，原国家林业局科技推广二等奖 3 项，中国林业科学研究院表彰奖 2 项，教育部科技成果 1 项，青海省科技成果 5 项，西宁市科技成果 3 项；2007 年荣获全国第九届中国林业青年科技奖。

本书主编简介

王 军 1972 年 5 月出生于青海。1996 年 3 月参加工作，现供职于青海省玛可河林业局，高级工程师。任青海省玛可河林业局副局长，青海省林木种苗行业协会秘书长等职务。多年来，一直致力于林业专业技术工作，从事林木种苗繁育、营造林、森林抚育、林产业开发、森林资源保护和管理等工作。主持或参与完成林业科技推广示范、生态修复、产业开发等项目 10 项，其中包括“羊肚菌人工栽培技术推广与示范项目”“高原地区珍贵中藏药材（藏红花）种植技术集成与示范项目”和“青海果洛野生脊椎动物多样性调查研究项目”；发表林业专业技术论文 5 篇，其中，《青海高寒地区川西云杉播种育苗试验》发表在《青海科技》，《三种油用牡丹品质测定对比研究》发表在《中国农业文摘·农业》。

马凯丽 1984 年 3 月出生于青海。2007 年毕业于天津城建大学园林专业，就职于青海省国家公园科研监测评估中心，高级工程师，长期从事野生动植物保护、自然保护区管理和国家公园科研监测工作。参与或主持“自然保护地监测和评估”“自然保护地建设规范”“自然保护地功能区划基本要求”等省级地方标准 4 项，获得省级成果 5 项，发表核心期刊论文 2 篇，即《青海湖新生湖滨带与主湖区水环境特征差异研究》《Distribution Characteristics and Controlling Factors of Soil Total Nitrogen: Phosphorus Ratio Across the Northeast Tibetan Plateau Shrublands》，主持“青海果洛野生脊椎动物多样性调查研究”“基于全域通讯物联系统智慧自然保护地应用技术研究”等 5 项课题，获得省级科技成果证书。

马占宝 1972 年 7 月出生于青海。就职于青海省玛可河林业局，高级工程师，任青海省玛可河林业局副局长。自 1995 年参加工作以来，始终坚守青南护林一线，积极参与完成玛可河林业局中长期林业发展规划，从事森林资源保护和建设规划、林业调查规划设计、营造林工程设计等工作，主持“野生灌木繁育及造林技术试验”省级林业科技推广项目，参与“青海果洛野生脊椎动物多样性调查研究”课题，副主编《玛可河林区大形真菌》，参编《玛可河林区藏药材资源》专著。在《现代农业科技》发表《玛可河林区森林防火现状及对策》论文。2019—2021 年被组织选派任果洛藏族自治州班玛县灯塔乡格日则村的第一书记，被评为 2017 年度青海省玛可河林业局优秀工作者、2020 年度青海省林业和草原局优秀工作者。

本书副主编简介

陶永明 1979年2月出生于青海。2000年参加工作，供职于青海省玛可河林业局，高级工程师，青海省野生动植物保护协会会员。多年来，一直致力于林业专业技术工作，从事林木育苗、营造林、森林抚育、林业有害生物防治、森林资源保护和管理等工作，2014年荣获国家林业局“全国生态建设突出贡献奖先进个人”荣誉称号。完成了青南高寒地区川西云杉播种育苗及造林技术研究、青海果洛野生种子植物及其区系成分研究、青海三江源国家级自然保护区玛可河保护分区兰科植物多样性研究等。发表论文3篇，其中，《不同轻基质配方对川西云杉幼苗生长的影响》发表于《浙江林业科技》；参与撰写《玛可河林区大形真菌》《玛可河林区藏药材资源》等专著。

马文明 1977年5月出生于青海。2015年毕业于西北农林科技大学，林学专业本科学历。中国野生植物保护协会会员，青海省野生动植物保护协会会员。1996年1月至今供职于青海省玛可河林业局。参与探索玛可河野生动植物多样性调查工作，利用现代先进的远红外相机和照相机拍摄储存相关影像资料，基本掌握了林区野生动物种群及分布状况。从事森林人工更新造林、森林抚育、森林病虫害防治、机关后勤等工作，参与完成“青海果洛野生脊椎动物调查研究”等3项青海省科学技术成果，参与发表论文2篇。副主编著作1部。2010年至今分别获得“青海省林业和草原局优秀工作者”“班玛县森林防火先进个人”“青海省玛可河林业局优秀工作者”“护林防火先进个人”等多项荣誉。

李 刚 1974年12月出生于青海。1997年毕业于青海省农林学校农业经济专业。1997年至今就职于青海省玛可河林业局，高级工程师，多年来，一直致力于森林培育、生物多样性保护、森林资源调查、林业有害生物防治、工厂化育苗等工作，先后参加生态林业科研项目5项，其中，主持1项、参与4项，获得紫斑牡丹种植繁育及栽培技术研究与示范、青海海东部林分结构变化对青海云杉林细根生长及周转的影响省级科技成果2项。发明专利1项，获得花叶海棠引种驯化良种认定1项。发表《青海高原小青杨繁殖技术》《藏茶——花叶海棠人工驯化的区域测试》《凤丹白品种引种和区域测试研究》等论文。曾多次获得青海省玛可河林业局“先进工作者”荣誉称号。

序

青海地处有“世界屋脊”和“第三极”之称的青藏高原，它是欧亚大陆上发育大江大河最多的区域，孕育了我国的母亲河黄河、长江和流经六国的澜沧江—湄公河等国内外著名的河流。长江、黄河、澜沧江 3 条巨大的江河同源一地，世界罕见，因此三江源被誉为“中华水塔”。三江源是中国和亚洲几十亿人民的生命之源，也是现代文明得以为继和可持续发展的生态屏障。三江源是地球科学、生命科学、资源环境科学等方面极有特色的优势领域，青藏高原气候、生态区域孕育了地球上独特的陆地生态系统，其科学价值受到联合国和国内外科学界的广泛关注。

这里有横亘千里的唐古拉山脉、万山之祖的巍巍昆仑山脉、驰名中外的祁连山脉，还有碧波荡漾的青海湖、哈拉湖、扎陵湖、鄂陵湖以及众多的察尔汗盐湖、茶卡盐湖等盐湖。多样化生境造就了高原森林生态系统、草地生态系统、湿地生态系统、荒漠生态系统和人工生态系统等多种生态系统共存的分布格局。这里自然环境类型多样，有森林、灌丛、草甸、草原、荒漠、垫状植被、高山流石坡稀疏植被以及沼泽、水生植被等多种植被类型，极其独特的环境条件既使若干古老的物种得以保留，同时又导致了许多新种产生。广阔的地域为野生动植物提供了巨大的生存空间，使这里成为世界上海拔最高、生物多样性最丰富且最集中的地区。

青海野生动物研究始于 1657 年，有近 370 年的历史。采集标本的外国人有 20 余人，俄国人最多，其中普热瓦尔斯基曾经 4 次（1876—1885 年）来青海采集。其鸟类标本收藏于华盛顿、伦敦、巴黎、柏林、列宁格勒等博物馆达 2.1 万件。1933 年，中国学者张春霖最早来考察青海鱼类。由于社会环境及交通条件的限制，标本采集数量少、范围小，多限于青海东部地区。

新中国成立后，青海野生动物调查与研究得到了蓬勃的发展，中国科学院动物研究所在青海设立工作站。此后，中国科学院西北高原生物研究所、青海省野生动植物和自然保护区管理局等相继成立。李德浩、王祖祥、武云飞、郑昌琳、黄永昭、蔡桂全、廖炎发、王玉学、郭聚庭等同志，经过几十年的调查、采集标本，撰写了由中国科学院西北高原生物研究所编著的《青海经济动物志》，并于 1982 年出版，共记载鱼类 55 种、爬行类 7 种、鸟类 197 种、兽类 103 种。

2000 年以来，青海野生动物科技工作者郑杰、蔡平、刘伟、张学元、张胜邦、徐守成、陈振宁、韩强、李若凡、王民、王舰艇、马存新、鲍敏、王小炯等，在前人研究的基础上，开展了一系列的野生动物调查研究工作，他们行走在生命禁区的可可西里地区、冰川末端的姜古迪如冰川、棘刺丛生的互助北山和沙漠戈壁的柴达木盆地，足迹踏遍了林区、牧区、农区和沙区；他们行走数万余千米，采集几十万余张电子标本。他们先后撰写了《青海野生动物资源与管理》《可可西里地区生物多样性研究》《青海三江源国家级自然保护区常见野生动物识别手册》《青海大通北川河源区国家级自然保护区野生动物》《青海祁连山自然保护区常见野生动物观察手册》《青海脊椎动物种类与分布》《西宁市区野生鸟类图谱》《三江源鸟类》《青海鸟类图鉴》《茫崖鸟类志》等专著。

为深入践行“绿水青山就是金山银山”“像对待生命一样对待生态环境”的生态理念，推进野生动物保护事业发展，在进一步调查研究的基础上，作者对野生动物电子标本整理鉴定，深入细致地修改和完善，并分区域按照西宁、海东、海北、海南、海西、黄南、果洛和玉树，编写了“青海野生动物多样性丛书”。以便于服务生产，亦可作为科研、教学和生态保护与建设参考。

“青海野生动物多样性丛书”，是作者经过多年艰辛努力，在广泛调查研究和整理文献资料的基础上完成的。按照《中国生物物种名录2022版》纲目科属种排序，科内的属和种按动物学名拉丁字母顺序排列。书籍内容丰富、资料翔实、图文并茂、简明实用，记录了野生动物的中文名、学名、别名、形态特征、生活习性、地理分布，并配备能表现野生动物主要特征的彩色照片，是难得的青藏高原野生动物典籍，具有科普性、实用性和创新性。

《青海果洛常见野生动物多样性图鉴》出版发行，将对野生动物保护与科学利用起到重要指导作用，是进行野生动物科学研究和学校教学等方面的重要参考资料。在本书即将问世之际，本人先睹为快，谨致以诚挚的祝贺，为之序。

中国科学院动物研究所研究员 蒋志刚

2022年10月8日

Foreword

Located on the Tibetan Plateau, which is known as the "Roof of the World" and the "Third Pole of Earth", the Qinghai Province is the source of the “Mother Rivers” of China, the Yellow River, the Yangtze River, and the Lancang-Mekong River that flows through the six countries. Therefore, the Three-River-Source Region is hailed as the "Water Tower of Asia " and is a vital source for of billions of people and ecological base for sustainable development in Asia. Tibetan Plateau is a unique terrestrial ecosystem on Earth, and its value has been widely recognized by the scientific community at home and abroad. The Three-River-Source Region is the site of first choice for studying Earth Science, Life Science, and Environmental Science on the Plateau.

There are the thousand-kilometer-long Tanggula Mountains, the towering Kunlun Mountains, the world-known Qilian Mountains, and the rippling and clear lakes like Qinghai Lake, Hala Lake, Gyaring Lake, Ngoring Lake, and salt lakes such as Chaerhan and Chaka in Qinghai. In the diverse landscape, an array of ecosystems, such as plateau forest ecosystem, grassland ecosystem, wetland ecosystem, desert ecosystem, and artificial ecosystem coexist on the plateau. The vast area provides living space for wildlife, making Qinghai be the place with the high altitude and rich biodiversity in the world. Due to the unique environmental conditions, many ancient species have been preserved, while new species are yet to be discovered.

Wild animal research in Qinghai began in 1657, with a history of nearly 370 years. There were more than 20 foreigners who collected specimens in Qinghai, most of whom were Russians. Nikolay Przhevalsky (Nikołaj Przewalski) came to Qinghai four times from 1876 to 1885 to collect specimens. The team led by Nikolay Przhevalsky collected 21,000 bird specimens which are now displayed in museums such as St. Petersburg, Washington, London, Paris, and Berlin. In 1933, Chinese ichthyologist Zhang Chunlin first visited Qinghai to survey fishes. Due to the conditions of the social environment and traffic conditions at that time, his scope of limited specimen collection was limited to the eastern part of Qinghai.

After the founding of the People's Republic of China, wild animal surveys and zoological research in Qinghai entered a new era. The Institute of Zoology of the Chinese Academy of Sciences set up a workstation in Qinghai. Later, the Northwest Institute of Plateau Biology of the Chinese Academy of Sciences and Qinghai Wildlife Management Office were established. Through decades of survey and specimen collection by Li Dehao, Wang Zuxiang, Wu Yunfei, Zheng Changlin, Huang Yongzhao, Cai Guiquan, Liao Yanfa, Wang Yuxue, Guo Juting, etc., the Northwest Institute of Plateau Biology of Chinese Academy of Sciences compiled and published the "Economic Fauna of Qinghai" in 1987, recording 55 species of fish, seven species of reptiles, 197 species of birds, and 103 species of mammals.

Since 2000, Qinghai wildlife researchers, Zheng Jie, Cai Ping, Liu Wei, Zhang Xueyuan, Zhang Shengbang, Xu Shoucheng, Chen Zhenning, Han Qiang, Li Ruofan, Wang Min, Wang Jianting, Ma Cunxin, Bao Min, Wang Xiaojiong, etc., have carried out a series of wildlife surveys based on previous studies. They surveyed in Hoh Xil—the forbidden area of life, the glacier of Jianggudiru, Huzhu Beishan with thorns, and Qaidam Basin in the deserts and gobis. Their footprints covered forest, pastoral, agricultural, and desert regions and walked tens of thousands of kilometers, and collected tens of thousands of digital photos. They have published many monographs, including " Qinghai Wildlife Resources and Management" "Biodiversity in the Kekxili Region" "Field Guide to Wild Animals of Three-River-Source National Nature Reserve, Qinghai Province" "Wildlife in Qinghai Datong Beichuan River Source Area National Nature Reserve" "A Photographic Guide to Common Wild Animals of the Qilian Mountain Nature Reserve, Qinghai Province" "Species and Distribution of Vertebrates in Qinghai Province" "Atlas of Wild Birds in the Xining City" "Birds of Three-River-Source" "A Photographic Guide to the Birds of Qinghai" and " The Avifauna of Mangya ".

For implementing the ecological concept of "lucid waters and lush mountains being invaluable assets" and "treating the environment like we treating our lives", and for promoting the development of wildlife protection, the Qinghai Wildlife Illustrated Handbook series will be published. The series is based on identifying the digital photos of wild animals from additional surveys and sorting out according to the regions of Xining, Haidong, Haibei, Hainan, Haixi, Huangnan, Golog, and Yushu.

Qinghai Wildlife Diversity Series was completed by the authors after years of hard work, based on extensive survey and study. The order of class, order, and family is arranged according to that of the *Economic Fauna of Qinghai*, and the genus and species within the family are arranged alphabetically by the scientific names. This book is informative, illustrated, concise, and practical. It records the Chinese name, scientific name, other names, morphological characteristics, and habitat distribution of wild animals. It is equipped with color photos that show the main features of wild animals. It is a rare classic of wild animals on the Tibetan Plateau, with popular science, practical and innovative features.

The publication of the *Illustrated Handbook* of the *Common Wildlife Diversity in Qinghai Golog* will play an essential role in protecting wild animals and is a vital reference for wild animal research and teaching. On the occasion of the publication of this book, I would like to extend my sincere congratulations to the authros and I am pleased to write the foreword for the book.

Jiang Zhigang Principal Investigator, Institute of Zoology Chinese Academy of Sciences

October 8, 2022

前　言

果洛藏族自治州位于青藏高原东部，青海省东南部，处于巴颜喀拉山与阿尼玛卿山之间。东临甘肃省甘南藏族自治州，南与四川省阿坝藏族羌族自治州相毗连，北与本省海西蒙古族藏族自治州、海南藏族自治州、黄南藏族自治州相依。东西长 448km，南北宽 334km，总面积 76442km^2，占青海省面积的 10.6%。

果洛藏族自治州平均海拔在 4200m 以上，年均气温 -4℃，一年中无四季之分，只有冷暖之别，冷季从 10 月开始长达 8 ～ 9 个月，气候干燥寒冷，多风雪，最低月份历年平均气温为 -12.1℃，低限气温达到 -48.1℃；暖季从 6 月开始，只有 3 ～ 4 个月，气候温和，雨量充沛，最热月份历年平均气温为 9℃度，极限高温为 28.1℃，自治州年降水量在 400 ～ 760mm，主要集中于暖季。年平均气温 -4℃，全年无绝对无霜期，具有典型的高原大陆性气候特征。境内河流纵横，湖泊遍布，有大小河流 36 条，水域面积 1600km^2。

果洛野生动物调查与研究中，《国家重点保护野生动物名录》以 2021 年 1 月 4 日经国务院批准的为依据，仅指脊索动物门，即硬骨鱼纲（OSTEICHTHYES）、两栖纲（AMPHIBIA）、爬行纲（REPTILIA）、鸟纲（AVES）和哺乳纲（MAMMALIA）。《世界自然保护联盟濒危物种红色名录》。以 2021 年 9 月 4 日第七届世界自然保护大会上世界自然保护联盟（IUCN）发布为依据。《国家保护的有益的或者有重要经济、科学研究价值的陆生野生动物名录》，以 2000 年 8 月 1 日国家林业局令第七号发布的为依据。

本课题始于 2014 年，以三江源国家级自然保护区扎陵湖 - 鄂陵湖、玛可河保护分区重点野生动物监测为契机，以沟谷、山脊线路调查与样地调查相结合。河流湿地以黄河干流，沿玛多、达日、甘德、久治、玛沁及一级支流两岸，长江支流玛可河、多可河两岸；湖泊湿地以扎陵湖、鄂陵湖、冬给措纳湖、岗纳格玛措、西姆措、鄂木措等为主；森林以玛沁洋芋、德柯河、班玛玛可河、多可河等天然林为主；草地基本覆盖州域，人工林及公园以县城为主，涵盖湿地、森林、草地、荒漠和人工生态系统。以采集电子标本为主，查阅相关文献资料，鉴定标本，编制野生脊索动物名录。

2022 年 6 月 14 日，青海省科学技术厅组织有关专家，对青海山水自然资源调查规划设计研究院（有限合伙）、国家林业和草原局西北调查规划院、青海省国家公园科研监测评估中心、青海省野生动植物保护协会、青海山水生态科技有限公司共同完成的“青海果洛野生脊椎动物多样性调查研究”项目进行成果评价。与会专家通过审阅研究报告、听取汇报和质疑，形成以下意见：①青藏高原被称为“世界屋脊”和“第三极”，生态地位不可取代。开展青海果洛野生脊椎动物多样性调查研究，对保护青藏高原野生动物多样性具有深远的意义。②项目研究技术路线可行，调查研究方法科学，课题研究建立了青海果洛野生动物数据库，并进行了青海果洛野生脊椎动物物种多样性和生境特点等方面的研究，为青海野生动物青海地理分布提供了可靠的数据，为当地野生动物的保护和利用提供了第一手资料。③通过调查研究，果洛范围内分布有辐鳍鱼纲 3 目 4 科 25 种，两栖纲 2 目 5 科 11 种，鸟纲 19 目 54 科 293 种，哺乳纲 8 目 22 科 68 种，爬行纲 1 目 3 科 3 种，其中，新都桥湍蛙、胸腺齿突蟾为青海省新记录。其研究成果为有效科学保护野生动物资源提供了理论支撑。专家委员会同意通过成果评价，一致认为研究成果达到国内先进水平。根据与会专家提出的建议和意见，在对数字动物标本和研究资料进行整理鉴定的基础上，进一步做了深入细致的修改和完善。

《青海果洛常见野生动物多样性图鉴》收录了 5 纲 30 目 75 科 297 种，每种野生动物介绍中文名、学名、别名、形态特征、生活习性、地理分布等，并配 1 ～ 2 幅彩色照片，近距离呈现野生动物的外形特征、生境或局部特写，为读者提供最佳的辨识认知及必要的指引。同时，为了让读者较全面地认识野生动物，增加了《青海果洛野生脊索动物名录》，可作为科学研究、教学和生态保护与建设参考。

为了深入贯彻习近平生态文明思想，立足新发展阶段，完整、准确、全面贯彻新发展理念，构建新发展格局，坚持生态优先、绿色发展，以有效应对生物多样性面临的挑战、全面提升生物多样性保护水平为目标，扎实推进生物多样性保护重大工程，持续加大监督和执法力度，进一步提高保护能力和管理水平，确保重要生态系统、生物物种和生物遗传资源得到全面保护，将生物多样性保护理念融入生态文明建设全过程，积极参与全球生物多样性治理，共建万物和谐的美丽家园。为了便于服务生产，促进青海生态保护和建设以及生态产业的发展，决定将《青海果洛常见野生动物多样性图鉴》一书正式出版发行。

在果洛野生动物调查、编辑过程中，得到了中国野生动物保护协会、中国科学院动物研究所、中国科学院昆明动物研究所、中国科学院西北高原生物研究所、国家林业和草原局野生动物保护监测中心和青海省野生动植物保护协会的大力支持，在此表示感谢！

因编者水平有限，难免有漏误之处，敬请专家、学者批评指正。

编著者

2022 年 9 月 10 日

Preface

Golog Tibetan Autonomous Prefecture is located in the east of the Tibetan Plateau and the southeast of Qinghai Province, between Bayan Har Mountain and Anyemaqen Mountains. It borders Gannan Tibetan Autonomous Prefecture in Gansu Province to the East, Aba Tibetan and Qiang Autonomous Prefecture in Sichuan Province to the south, and Haixi Mongolian and Tibetan Autonomous Prefecture, Hainan Tibetan Autonomous Prefecture and Huangnan Tibetan Autonomous Prefecture in the north. It is 448km long from east to west and 334km wide from north to south, with a total area of 76442km^2, accounting for 10.6% of the area of Qinghai Province.

The average altitude of Golog Tibetan Autonomous Prefecture is more than 4200m, and the average annual temperature is -4℃. There are no four seasons in a year, only the difference between cold and warm. The cold season lasts for eight or nine months from October, in the cold season, the climate is dry and cold, windy and snowy, the average temperature in the lowest month over the years is -12.1℃, and the lower limit temperature reaches -48.1℃. The warm season starts in June, with only three or four months, in the warm season, the climate is mild and the rainfall is abundant, the average temperature of the hottest month over the years is 9℃, and the extreme high temperature is 28.1℃. The annual precipitation of the autonomous prefecture is between 400 –760mm, which is mainly concentrated in the warm season. The annual average temperature is -4℃, and there is no absolute frost free period throughout the year, with typical plateau continental climate characteristics. There are 36 rivers and many lakes in the territory, with a water area of 1600km^2.

The survey and research of Golog wildlife, based on the *list of wildlife under special State protection* approved by the State Council on January 4, 2021, can only refer to the CHORDATA , namely OSTEICHTHYES, AMPHIBIA, REPTILIA , AVES and MAMMALIA. *IUCN Red List of Threatened Species* is based on the release of the International Union for Conservation of Nature (IUCN) at the Seventh World Conservation Congress on September 4, 2021. The *list of terrestrial wildlife under state protection that are beneficial or have important economic and scientific research value is* based on the order No.7 of the State Forestry Administration on August 1, 2000.

This project started in 2014, taking the key wildlife monitoring of the Gyaring Lake and Ngoring Lake Nature Reserve and Makehe Nature Reserve in Sanjiangyuan National Nature Reserve as an opportunity, Combining with gully, ridge line survey and sample-plot survey. The survey covers wetlands, forests, grasslands, deserts and artificial ecosystems. The river wetlands survey area are mainly in the main stream of the Yellow River, along the Maduo, Dari, Gande, Jiuzhi, Maqin and primary tributaries, and the Make River and Duoke River, tributaries of the Yangtze River; the lake wetlands are mainly Gyaring Lake, Ngoring Lake, Donggi Conag Lake, Gangnagemacuo Lake, Ximucuo Lake and Emucuo Lake. The forest survey area are mainly in the natural forests of Maqin Yangyu, Deke River, Bama Mako River and Duoke River. The grass survey area basically covers the state area, and the artificial forests and parks survey area are mainly in the county seats. The list of wild vertebrates in Golog was compiled based on the collection of electronic specimens, the review of relevant literature and specimen identification.

On June 14, 2022, Science and Technology Department of Qinghai Province organized experts to evaluate the results of the project "Survey and Study on Diversity of Wild Vertebrate in Golog, Qinghai Province" jointly completed by Qinghai Shanshui Natural Resources Survey, Planning and Design Institute (Limited Partnership), Northwest Surveying and Planning Institute of National Forestry and Grassland Administration, Qinghai National Park Scientific Research Monitoring and Evaluation Center, Qinghai Wildlife Conservation Association, Qinghai Shanshui Ecological Technology Co.,LTD. By reviewing the research report, listening to the report and questioning, the participating experts formed the following opinions: ① The Tibetan Plateau is known as the "Roof of the world" and the "Third pole of the earth", and its ecological status is irreplaceable. Survey and study on diversity of wild vertebrate in Golog, Qinghai Province is of profound significance for the protection of the diversity of wildlife on the Tibetan Plateau. ② The technical route of the project is feasible and the survey method is scientific. The project has established the Qinghai Golog wildlife database, and conducted research on the species diversity and habitat characteristics of wild vertebrates in Golog, Qinghai, which provides reliable data for the geographical distribution of wildlife in Qinghai and first-hand materials for the protection and utilization of local wildlife. ③ Through investigation and research, there are 3 orders, 4 families, 25 species of ACTINOPTERYGII, 2 orders, 5 families, 11 species of AMPHIBIA, 19 orders, 54 families, 293 species of AVES, 8 orders, 22 families, 68 species of MAMMALIA， and 1 orders, 3 families, 3 species of REPTILIA. Among them, *Amolops xinduqiao* and *Scutiger glandulatus* were newly discovered in Qinghai Province. The research results provide theoretical support for the effective and scientific protection of wildlife resources. The expert committee agreed the project passed the review, and they believed that the research results reached the domestic advanced level. According to the suggestions and opinions put forward by the experts, and on the basis of sorting out and identifying the digital animal specimens and research data, further thorough and detailed modification and improvement were made.

The *Illustrated Handbook of the Common Wildlife Diversity in Qinghai Golog* includes 297 species in 5 classes, 30orders, 75 families. The Chinese name, Latin name, alias, morphological characteristics, habitat distribution of each wildlife were introduced, and 1 or 2 color photographs were inserted to present the appearance, habitat or local close-up of the wildlife at close range, providing readers with the best identification cognition and necessary guidance. Meantime, in order to let readers have a more comprehensive understanding of wildlife, the list of wild vertebrates in Qinghai Golog has been added, which can be used as a reference for scientific research, teaching and ecological protection and construction.

In order to thoroughly implement Xi Jinping's Thought on Ecological Civilization, based on the new stage of development, fully, accurately and comprehensively implement the new development concept, construct new development pattern, adhere to ecological priorities and green development, with the goal of effectively addressing the challenges faced by biodiversity and comprehensively improving the level of biodiversity protection, we should solidly promote major projects of biodiversity protection, continue to strengthen supervision and law enforcement, further improve the protection capacity and management level, ensure the comprehensive protection of important ecosystems, biological species and biological genetic resources, and integrate the concept of biodiversity protection into the whole process of ecological civilization construction, actively participate in global biodiversity management and build a harmonious and beautiful home for all things. To facilitate the service of production, promote the ecological protection and construction of Qinghai, as well as the development of ecological industry, we decided to officially publish the *Illustrated Handbook of the Common Wildlife Diversity in Qinghai Golog*.

In the process of surveying and editing of Golog wildlife, we have received strong support from China Wildfire Conservation Association, Institute of Zoology, CAS, Kunming Institute of Zoology, CAS, Northwest Institute of Plateau Biology, CAS, Wildlife protection and monitoring center of National Forestry and Grassland Administration, and Qinghai Wildlife Conservation Association, for which we are deeply grateful.

In view of the fact that author's level was limited, the book unavoidably has deficiencies or errors, and we honestly expect experts and scholars to criticize and point out mistakes.

Editors

October 9, 2022

目 录

花斑裸鲤

分　　类：辐鳍鱼纲 鲤形目 鲤科 裸鲤属

学　　名：*Gymnocypris eckloni* subsp. *eckloni* Herzenstein

别　　名：大嘴鱼、湟鱼。

形态特征：体长形，侧扁。头锥形，吻钝圆。口亚下位或端位，口裂大。上颌稍凸出于下颌之前，个别等长。下颌正常，无锐利角质边缘，个别具光滑的角质内缘。下唇较狭窄，分左、右下唇叶，唇后沟中断。无须。身体几乎完全裸露，仅肩带部有 3 ～ 4 行不规则鳞片。背鳍刺发达，其后缘每边有 17 ～ 24 枚深的锯齿。臀鳞每侧 20 ～ 26 枚，行列前端伸达腹鳍基部。下咽骨狭窄，弧形。下咽齿细圆，顶端尖，稍弯曲，咀嚼面呈匙状。鳔 2 室，后室较细长。腹膜黑色或暗灰色。体背部暗褐色或青灰色，腹部浅黄色或银灰色。体侧常有云状斑点和条纹斑纹，背鳍和尾鳍有数行小黑点。

生活习性：栖息于高原淡水或微咸水湖泊及河流中。以水生无脊椎动物和小形鳅类为食。

地理分布：达日、久治 、玛多。黄河水系、柴达木水系。青海特有种。

保护级别：列入《世界自然保护联盟濒危物种红色名录》（IUCN 红色名录）2022 年 3.1 版，未予评估（NE）。

厚唇裸重唇鱼

分　　类：辐鳍鱼纲 鲤形目 鲤科 裸重唇鱼属

学　　名：*Gymnodiptychus pachycheilus* Herzenstein

别　　名：厚唇重唇鱼、麻鱼。

形态特征：体修长，尾柄细圆。头锥形，吻突出。口下位，马蹄形。下颌无锐利角质边缘。唇很发达，肥厚多肉。下唇分左右两叶，其表面具明显皱褶，无中间叶；唇后沟连续。口角附近有须1对，短而粗。背鳍浅灰色，第三根不分叉鳍条软，后缘无锯齿。腹鳍末端离肛门稍远，肛门紧靠臀鳍起点。臀鳍末端达尾鳍基部。尾鳍稍带红色，其上均有小斑点，叉形。体裸露无鳞，仅在肩部有2～4行不规则鳞片。腹膜黑色。体背部和头顶部黄褐色或灰褐色，较均匀地分布着黑褐色斑点或圆斑，侧线下方有少数斑点。腹部灰白色，无斑点。

生活习性：栖息于宽谷江河中。以底栖动物、石蛾、摇蚊幼虫和其他水生昆虫及桡足类、钩虾为食。高原冷水性鱼类。

地理分布：玛沁、达日、甘德、久治、玛多。黄河水系。中国特有种。

保护级别：列入2021年《国家重点保护野生动物名录》，二级。列入《世界自然保护联盟濒危物种红色名录》（IUCN红色名录）2022年3.1版，未予评估（NE）。

大渡软刺裸裂尻鱼

分　　类：辐鳍鱼纲 鲤形目 鲤科 裸裂尻鱼属

学　　名：*Schizopygopsis malacanthus* subsp. *chengi* Fang

别　　名：冷水鱼、白鱼。

形态特征：体延长，稍侧扁，吻钝圆。口下位，横裂。下颌的长度稍大于眼径，前缘具有锐利的角质。下唇细狭，唇后沟中断。无须。体表裸露，仅在胸鳍基部上方，肩带后缘有 2 ～ 4 行不规则且不明显的鳞片。臀鳞每侧 13 ～ 21，其前端达到或接近腹鳍基部。体背部青灰色或黄灰色。腹侧黄灰色或银灰色。腹鳍和臀鳍微带黄色，尾鳍浅灰色；在较大个体体侧有少数块状暗斑，较小个体有少数小斑点。

生活习性：栖息于河底为砾石、水质澄清的支流。其是分批产卵的鱼类，沉性卵。以藻类为食，此外还摄食水生昆虫等。

地理分布：班玛。大渡河上游，青藏高原东部岷江水系上游干支流。中国特有种。

保护级别：列入《世界自然保护联盟濒危物种红色名录》（IUCN 红色名录）2022 年 3.1 版，未予评估（NE）。

黄河裸裂尻鱼

分　　类：辐鳍鱼纲 鲤形目 鲤科 鮈属

学　　名：*Schizopygopsis pylzovi* Kessler

别　　名：小嘴湟鱼。

形态特征：体形修长，稍侧扁。头锥形，吻钝圆。眼侧上位，位于鼻孔的后方。口下位，大个体横裂，小个体呈弧形。下颌前缘具锐利角质，唇细狭。无须。身体几乎裸露，除臀鳞外，仅肩带部分有 2 ～ 4 行不规则鳞片。臀鳞伸达腹鳍基底。侧线完全。背鳍第三根不分叉鳍条强而硬，其下 2/3 ～ 3/4 部分后缘两边有深刻锯齿，顶部 1/4 为无锯齿的软条。腹鳍起点与背鳍第二根分叉鳍条相对，末端远离肛门。肛门靠近臀鳍。尾鳍叉形。下咽骨弧形，下咽齿齿冠钩曲，咀嚼面下凹。鳔 2 室，后室较长。腹膜黑色，腹部银白色。背部黄褐色，侧部较浅。体侧常有云状斑块。

生活习性：栖息于清澈冷水。以藻类、水底植物碎屑和水生昆虫为食。

地理分布：玛沁、甘德、达日、久治、玛多。黄河水系。中国特有种。

保护级别：列入《世界自然保护联盟濒危物种红色名录》（IUCN 红色名录）2022 年 3.1 版，未予评估（NE）。

齐口裂腹鱼

分　　类：辐鳍鱼纲 鲤形目 鲤科 裂腹鱼属

学　　名：*Schizothorax prenanti* Tchang

别　　名：雅鱼、齐口、细甲鱼、齐口细鳞鱼。

形态特征：体形修长，稍侧扁，吻钝圆。口下位，横裂。下颌具锐利角质。下唇完整呈新月形，表面有多数小乳突。须2对，近等长。全身被细鳞，排列整齐，胸腹部不裸露，具明显鳞片。背鳍第三根不分叉鳍条柔软。下咽骨狭细，弧形。咽齿顶端尖而弯曲，咀嚼面微凹。鳔2室，后室长约为前室长的3倍。腹膜黑色。背部蓝灰色，侧线以下和腹部银白色，尾鳍红色。性成熟雄鱼吻部珠星明显。

生活习性：栖息于急缓流交界处。以附着在水底岩石上的硅藻为食，偶尔食一些水生昆虫、螺蛳和植物的种子，摄食时尾部摇摆上举。裂腹鱼类的卵均有毒，必须在100℃高温5分钟后，毒蛋白方能被破坏。

地理分布：班玛。长江水系。

保护级别：列入《世界自然保护联盟濒危物种红色名录》（IUCN红色名录）2022年3.1版，未予评估（NE）。

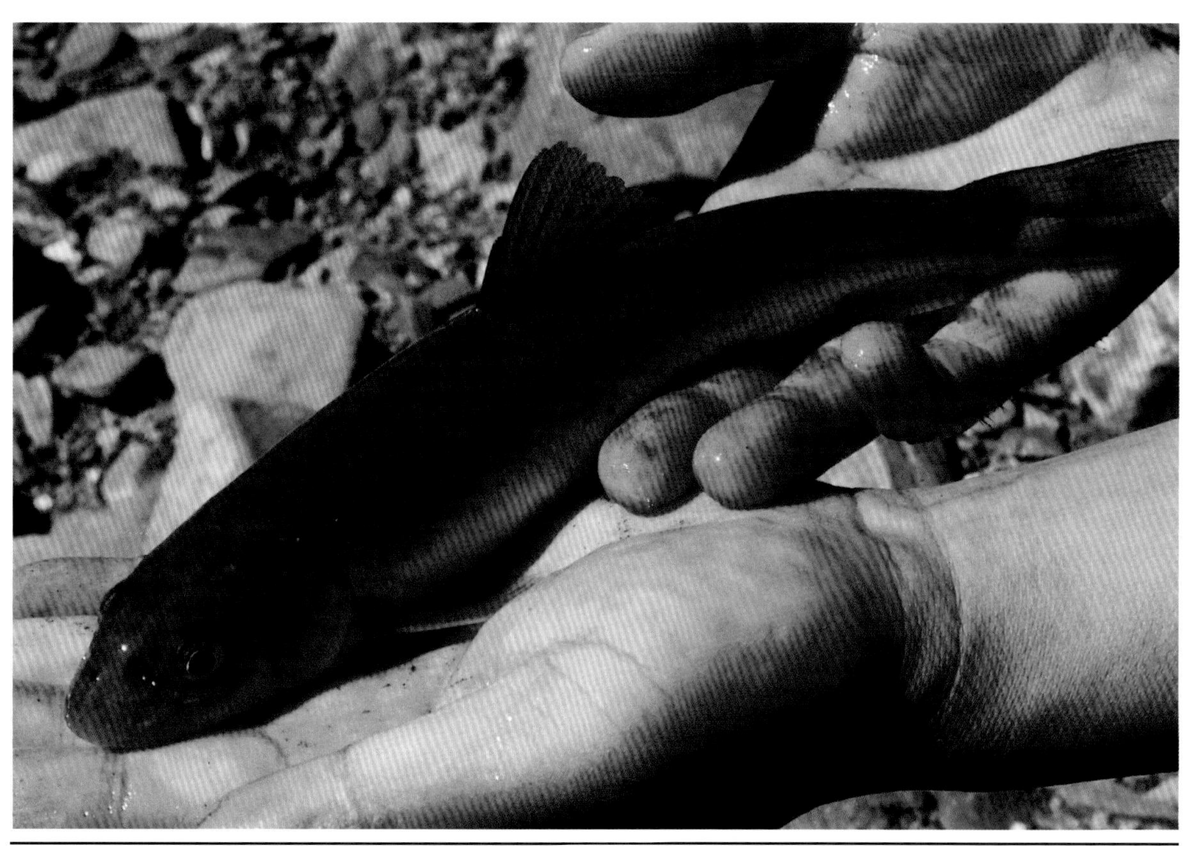

麻尔柯河高原鳅

分　　类：辐鳍鱼纲 鲤形目 条鳅科 高原鳅属

学　　名：*Triplophysa markehenensis* Zhu et Wu

形态特征：体形修长，无鳞，侧线完全。口下位，下唇薄，表面有轻微皱褶。下颌边缘锐利，露出于下唇之外。须 3 对。背鳍最后不分叉鳍条硬而较粗壮。腹鳍起点与背鳍第二分叉鳍条相对，末端伸越肛门或伸达臀鳍起点。尾鳍后缘凹入，上叶稍长。游离膜质鳔小，长圆形，壁较厚。体基色浅黄。背部常有不规则的褐色横斑，背鳍前后各有 4 ～ 6 条。体侧有很多不规则的褐色条纹，沿侧线常有 1 列深褐色斑块。背、尾鳍有数行黑色斑点。

生活习性：栖息于河流岸边浅滩处。以硅藻为食。

地理分布：班玛。长江水系。青海特有种。

保护级别：列入《世界自然保护联盟濒危物种红色名录》（IUCN 红色名录）2022 年 3.1 版，未予评估（NE）。

硬刺高原鳅

分　　类：辐鳍鱼纲 鲤形目 条鳅科 高原鳅属

学　　名：*Triplophysa scleroptera* Herzenstein

别　　名：硬鳍高原鳅。

形态特征：体形修长，后躯稍侧扁。眼侧上位。口下位，口裂深2弧形。下颌正常，但其上有易脱落的薄膜。唇肉质，多皱褶。须3对。无鳞。侧线完全。背鳍游离缘微凹，最后不分叉鳍条显著粗大变硬。腹鳍基部起点与背鳍的第二根分叉鳍条相对，其末端达肛门。尾鳍游离缘微凹。鳔前部包于骨质囊中，后部具发达的游离膜质鳔。背部和体侧上部具有很多黑褐色细斑条，腹部灰白色。除臀鳍外，各鳍均具小斑点。

生活习性：栖息于青海湖水系、柴达木盆地及黄河上游。

地理分布：玛沁、班玛、达日、久治、甘德、玛多。黄河、青海湖水系。中国特有种。

保护级别：列入《世界自然保护联盟濒危物种红色名录》（IUCN红色名录）2022年3.1版，未予评估（NE）。

川陕哲罗鲑

分　　类：辐鳍鱼纲 鲑形目 鲑科 哲罗鲑属

学　　名：*Hucho bleekeri* Kimura

别　　名：贝氏哲罗鲑、虎嘉哲罗鲑、虎嘉鱼。

形态特征：冷水性鱼类，体形修长，梭形，略侧扁，最大者体长可达2m。头部无鳞，吻钝尖。眼侧位，眼间隔宽，口大，端位。口腔内上、下颌均排列有尖锐的利齿。背部生有肉鳍。上颌伸过眼后缘。肛门临近臀鳍始点。鳔长大，一室胃发达，鳞为小圆鳞，无辐状沟纹。侧线完整，前端稍高。臀鳍约始于腹鳍基到尾鳍基的正中点。脂背鳍位于臀鳍基的正上方。背鳍始于体前后端的正中点，第一分叉鳍条最长，鳍背缘微凹。胸鳍侧下位，尖刀状，远不达背鳍。腹鳍约始于背中部下方，远不达肛门。尾鳍叉状，头体背侧蓝褐色，有十字架形小黑斑，斑小于瞳孔；腹侧白色。小鱼体侧常有6～7暗色横斑，鳍淡黄色；生殖期腹部、腹鳍及尾鳍下叉橘红色。

生活习性：栖息于水质清澈、水温较低的水域中。以各种鱼类和水中动物的腐肉为食。

地理分布：班玛。

保护级别：列入2021年《国家重点保护野生动物名录》，一级。列入《世界自然保护联盟濒危物种红色名录》（IUCN红色名录）2022年3.1版，极度濒危（CR）。

中华蟾蜍

分　　类：两栖纲 无尾目 蟾蜍科 蟾蜍属

学　　名：*Bufo gargarizans* Cantor

别　　名：中华大蟾蜍。

形态特征：体长 62 ～ 121mm。头顶有许多小疣和少数大疣，眼睑上密布小疣。吻端圆，吻棱上有长疣。颊部向外倾斜，一般无凹陷。鼻孔略近吻端。鼓膜小而明显。耳后腺大，长椭圆形。除掌、跖及跗部外，整个腹面布满小疣。皮肤分泌物为白色乳状液体。背部橄榄灰、绿灰或褐灰色，上面有不显著的灰黑斑点。体侧具黑色与浅色相间的花斑，有的具黑色线纹。腹面具乳黄色、污白色与黑色或棕褐色形成的花斑，腹后部多有一深色大斑。

生活习性：栖息于耕地、林缘及高原草地。以鞘翅目、双翅目、鳞翅目和直翅目等昆虫、蚯蚓为食。

地理分布：班玛。

保护级别：列入《国家保护的有益的或者有重要经济、科学研究价值的陆生野生动物名录》。列入《世界自然保护联盟濒危物种红色名录》（IUCN 红色名录）2022 年 3.1 版，无危（LC）。

倭蛙

分　　类：两栖纲 无尾目 叉舌蛙科 倭蛙属

学　　名：*Nanorana pleskei* Guenther

别　　名：青蛙。

形态特征：体长 36 ～ 39㎜。头长略小于头宽。吻端尖圆，稍突出于下唇。鼻孔略近眼。瞳孔略呈圆形。鼓膜小。咽鼓管孔小。舌椭圆形。前肢短，指较短而略扁。内掌突扁平，呈卵圆形。后肢较短胫跗关节前达肩部。皮肤较粗糙。背面较光滑，背部有明显的长短疣粒。

生活习性：栖息于高原沼泽地、水坑内、流溪边。夜出活动，以各种昆虫为食。

地理分布：班玛、久治、达日。

保护级别：列入《国家保护的有益的或者有重要经济、科学研究价值的陆生野生动物名录》。列入《世界自然保护联盟濒危物种红色名录》（IUCN 红色名录）2022 年 3.1 版，近危（NT）。

西藏齿突蟾

分　　类：两栖纲 无尾目 角蟾科 齿突蟾属

学　　名：*Scutiger boulengeri* Bedriaga

别　　名：癞瓜子。

形态特征：雄蟾体长 40 ～ 56mm，雌蟾 47 ～ 59mm。头较扁。吻端圆，吻棱不显。颊部向外倾斜有一浅凹陷。鼻孔位于吻眼之间。瞳孔纵置，颞褶厚而隆起。无鼓膜。上颌齿突不显，无犁骨齿。舌长犁形。咽鼓管口小。

生活习性：栖息于溪流缓流处岸边石下。以鞘翅目、鳞翅目和双翅目等昆虫为食。

地理分布：玛沁、班玛、达日、久治、甘德。青藏高原特有种。

保护级别：列入《国家保护的有益的或者有重要经济、科学研究价值的陆生野生动物名录》。列入《世界自然保护联盟濒危物种红色名录》（IUCN 红色名录）2022 年 3.1 版，无危（LC）。

胸腺猫眼蟾

分　　类：两栖纲 无尾目 角蟾科 齿突蟾属

学　　名：*Scutiger glandulatus* Liu

别　　名：胸腺齿突蟾。

形态特征：体长 58 ～ 90mm。足比胫长。体形肥硕。头较扁平，头宽大于头长。吻端圆，吻棱不显著。颊部显著向外倾斜。鼻孔在吻眼之间。眼间距与鼻间距或上眼睑等宽。无鼓膜。上颌无齿突，上颌骨与方轭骨相距近。舌大，后端游离无缺刻或微缺。前肢长不到体长之半，指端球状，趾端圆。关节下瘤不清晰。内跖突呈长椭圆形，无外跖突。后肢短，前伸贴体时胫跗关节达肩部。左右跟部不相遇。

生活习性：栖于中、小形山溪边或其附近。以鞘翅目、革翅目、同翅目、膜翅目及其他小动物为食。

地理分布：班玛。

保护级别：列列入《国家保护的有益的或者有重要经济、科学研究价值的陆生野生动物名录》。列入《世界自然保护联盟濒危物种红色名录》（IUCN 红色名录）2022 年 3.1 版，无危（LC）。

刺胸猫眼蟾

分　　类：两栖纲 无尾目 角蟾科 齿突蟾属

学　　名：*Scutiger mammatus* Guenther

别　　名：刺胸齿突蟾。

形态特征：雄蟾体长61～75mm，雌蟾57～77mm。头较扁平，头宽大于头长。背部有扁平疣粒，略呈纵行排列。雄蟾头侧、下颌缘及前臂有分散小刺疣。腹面平滑无疣，仅雄蟾胸部有1对胸腺，其上具锥状角质黑刺。腋腺窄小，大多无刺。体背呈灰橄榄色或黄褐色，两眼间有一三角形深色斑伸达肩部。四肢背面较体背浅且无横纹。咽喉部及四肢腹面常为紫灰色，腹部棕灰色。

生活习性：栖息于高原山区的流溪或泉水沟内的石块或朽木下。以有害昆虫为食。

地理分布：班玛。中国特有种。

保护级别：列入《国家保护的有益的或者有重要经济、科学研究价值的陆生野生动物名录》。列入《世界自然保护联盟濒危物种红色名录》（IUCN红色名录）2022年3.1版，无危（LC）。

新都桥湍蛙

分　　类：两栖纲 无尾目 蛙科 湍蛙属

学　　名：*Amolops xinduqiao* Fei, Ye, Wang et Jiang.

形态特征：体长 41.2 ～ 56.6 mm。后脑和身体为褐色，有不规则的小绿点。头侧黑色。上唇边缘黑色。口鼻尖至肩前关节有白色条纹。身侧上部绿色，有模糊的黑色斑点，身侧下部白色，有黑色斑点和大斑点。四肢背侧浅褐色，有黑色横带，四肢内侧肉色，无斑点。头部和身体腹侧乳白色，喉咙、胸部和腹部两侧有不规则的深灰色斑点。趾蹼灰色，有黄色。虹膜浅棕色，有小黑点。

生活习性：栖息于水流较为缓慢的山河或溪流附近。岩石上觅食，白天则躲在岩石和草丛下。

地理分布：班玛。

保护级别：列入《国家保护的有益的或者有重要经济、科学研究价值的陆生野生动物名录》。列入《世界自然保护联盟濒危物种红色名录》（IUCN 红色名录）2022 年 3.1 版，无危（LC）。

中国林蛙

分　　类：两栖纲 无尾目 蛙科 林蛙属

学　　名：*Rana chensinensis* David

别　　名：蛤蟆、青蛙。

形态特征：体长 71 ～ 90㎜，雄蛙较小。头较扁平，头长宽相等或略宽。吻端钝圆，略突出于下颌，吻棱较明显。鼻孔位于吻眼之间，鼻间距大于眼间距而与上眼睑同宽。背侧褶在鼓膜上方呈曲折状。后肢前伸贴体时胫跗关节超过眼或鼻孔，体色变异较大，背面棕红色、棕褐色或灰棕色，疣粒色略浅，多围以黑色，背侧褶色较浅。雄蛙腹面多为乳白色，雌蛙一般为红棕色。

生活习性：栖息于农田、森林、草原、河流、山溪、沼泽及各种静水中。以昆虫为食。

地理分布：班玛、久治。

保护级别：列入《国家保护的有益的或者有重要经济、科学研究价值的陆生野生动物名录》。列入《世界自然保护联盟濒危物种红色名录》（IUCN 红色名录）2022 年 3.1 版，无危（LC）。

高原林蛙

分　　类：两栖纲 无尾目 蛙科 林蛙属

学　　名：*Rana kukunoris* Nikolskii

别　　名：蛤蟆、青蛙。

形态特征：成年雌蛙平均体长略大于雄蛙。每年 3 月出蛰，随即进入繁殖期，繁殖期随海拔高度的不同而有所差异。

生活习性：栖息于湖泊、水塘、水坑和沼泽等静水水域及其附近的草地、农田、灌丛和林缘。产卵于静水水域中，冬眠于泉源的石头或沼泽地泥洞中。以昆虫为食。

地理分布：玛沁、班玛、久治。

保护级别：列入《国家保护的有益的或者有重要经济、科学研究价值的陆生野生动物名录》。列入《世界自然保护联盟濒危物种红色名录》（IUCN 红色名录）2022 年 3.1 版，无危（LC）。

无斑山溪鲵

分　　类：两栖纲 有尾目 小鲵科 山溪鲵属

学　　名：*Batrachuperus karlschmiditi* Liu

形态特征：雄鲵全长 151 ～ 220mm，雌鲵全长 145 ～ 191mm。吻略呈方形。眼径大于眼前角到鼻孔间距。唇褶发达。舌小而长，两侧游离。犁骨齿 2 短列，每侧有齿 4 ～ 6 枚。躯干圆柱形。肋沟 13 条。前后肢皆短，贴体相对。指、趾端相距 2 个肋沟的间距。尾较强壮，略短于体长，基部略圆，向后逐渐侧扁。尾鳍褶薄，只分布于尾的后侧背部。泄殖腔方形，后侧有凹槽。皮肤无斑点或者花纹，体背面黑褐色或黑灰色。腹面颜色稍亮。

生活习性：栖息于小形山溪内或泉水沟石块下，水面宽度 1 ～ 2m，以石块较多的溪段数量多。

地理分布：班玛。中国特有种。

保护级别：列入 2021 年《国家重点保护野生动物名录》，二级。列入《世界自然保护联盟濒危物种红色名录》（IUCN 红色名录）2022 年 3.1 版，未予评估（NE）。

西藏山溪鲵

分　　类：两栖纲 有尾目 小鲵科 山溪鲵属

学　　名：*Batrachuperus tibetanus* Schmidt

别　　名：接骨丹、杉木鱼、羌活鱼、白龙。

形态特征：体长 170 ～ 211mm。头部较扁平。唇褶甚发达，成体颈侧无鳃孔。犁骨齿列短，左右间距宽，呈“/ \”形，前颌囟较大。躯干浑圆或略扁平，皮肤光滑，肋沟一般有 12 条掌。体背面深灰色或橄榄灰色，无斑或有细麻斑。腹面色略浅。

生活习性：栖息于泉水石滩及其下游溪沟内，溪内一般石块较多。成鲵以水栖生活为主，白天多隐于溪内石块或倒木下，夜晚出来觅食。以昆虫、水生植物为食。

地理分布：班玛。青藏高原特有种。

保护级别：列入 2021 年《国家重点保护野生动物名录》，二级。列入《世界自然保护联盟濒危物种红色名录》（IUCN 红色名录）2022 年 3.1 版，易危（VU）。

苍鹰

分　　类：鸟纲 鹰形目 鹰科 鹰属

学　　名：*Accipiter gentilis* Linnaeus

形态特征：体长48～61cm。上嘴边端具弧形垂突，适于撕裂猎物吞食；基部具蜡膜或须状羽。翅强健，翅宽圆而钝，扇翅即翱翔，扇翅节奏较隼科慢。跗跖部大多相对较长，约等于胫部长度。雌鸟显著大于雄鸟。

生活习性：栖息于针叶林、混交林和阔叶林等森林地带。食肉性，以森林鼠类、野兔、雉类、榛鸡、鸠鸽类和其他小形鸟类为食。

地理分布：玛沁。留鸟。

保护级别：列入2021年《国家重点保护野生动物名录》，二级。列入《濒危野生动植物种国际贸易公约》，附录II。列入《世界自然保护联盟濒危物种红色名录》（IUCN红色名录）2022年3.1版，无危（LC）。

雀鹰

分　　类：鸟纲 鹰形目 鹰科 鹰属

学　　名：*Accipiter nisus* Linnaeus

形态特征：体长 30 ～ 41cm。雌鸟较雄鸟略大，翅阔而圆，尾较长。雄鸟上体暗灰色，雌鸟灰褐色，头后杂有少许白色。下体白色或淡灰白色，雄鸟具细密的红褐色横斑，雌鸟具褐色横斑。尾具 4 ～ 5 道黑褐色横斑，飞翔时翼后缘略为突出，翼下飞羽具数道黑褐色横带，通常快速鼓动两翅一阵后接着又滑翔一会儿。

生活习性：栖息于山地、平原、农田、林区。以小形鸟类和鼠类为食。

地理分布：玛沁、班玛、达日、久治、甘德、玛多。留鸟。

保护级别：列入 2021 年《国家重点保护野生动物名录》，二级。列入《濒危野生动植物种国际贸易公约》，附录Ⅱ。列入《世界自然保护联盟濒危物种红色名录》（IUCN 红色名录）2022 年 3.1 版，无危（LC）。

秃鹫

分　　类：鸟纲 鹰形目 鹰科 秃鹫属

学　　名：*Aegypius monachus* Linnaeus

别　　名：狗头雕、坐山雕。

形态特征：体长 108 ～ 120cm。通体黑褐色。头裸出，仅被有短的黑褐色绒羽。后颈完全裸出无羽，颈基部被有长的黑色或淡褐白色羽簇形成的皱翎。

生活习性：栖息于低山丘陵、高山荒原与森林中的荒岩草地、山谷溪流和林缘地带。以大形动物的尸体为食。

地理分布：玛沁、班玛、达日、甘德、久治、玛多。留鸟。

保护级别：列入 2021 年《国家重点保护野生动物名录》，一级。列入《濒危野生动植物种国际贸易公约》，附录Ⅱ。列入《世界自然保护联盟濒危物种红色名录》（IUCN 红色名录）2022 年 3.1 版，近危（NT）。

金雕

分　　类：鸟纲 鹰形目 鹰科 雕属

学　　名：*Aquila chrysaetos* Linnaeus

别　　名：鹫雕、洁白雕、红头雕。

形态特征：体长 76 ～ 102cm。嘴形大而强。头顶暗褐色。后颈赤褐色。肩羽色较淡，呈赤褐色。尾上覆羽尖端暗褐色，羽基淡褐色，具暗色斑，尾羽先端 1/4 为黑色，余羽灰褐色。飞羽内翈近基部的一半为灰色，具有宽而不规则的黑横斑，次级飞羽呈云石状，近羽基一半呈灰白色。下体暗褐色。

生活习性：栖息于林区。以大形的鸟类和兽类为食。

地理分布：玛沁、班玛、达日、久治、甘德、玛多。留鸟。

保护级别：列入 2021 年《国家重点保护野生动物名录》，一级。列入《濒危野生动植物种国际贸易公约》，附录Ⅱ。列入《世界自然保护联盟濒危物种红色名录》（IUCN 红色名录）2022 年 3.1 版，无危（LC）。

草原雕

分　　类：鸟纲 鹰形目 鹰科 雕属

学　　名：*Aquila nipalensis* Hodgson

别　　名：大花雕、角鹰。

形态特征：体长 71 ～ 82cm。成鸟与其他全深色的雕易混淆，两翼具深色后缘。有时翼下大覆羽露出浅色的翼斑似幼鸟。由于年龄以及个体之间的差异，体色变化较大，从淡灰褐色、褐色、棕褐色、土褐色到暗褐色都有。滑翔时不像金雕那样将两翅上举成“V”字形，而是两翅平伸，略微向上抬起。

生活习性：栖息于开阔的草原。以啮齿动物为食。

地理分布：玛沁、班玛、达日、久治、甘德、玛多。旅鸟。

保护级别：列入 2021 年《国家重点保护野生动物名录》，一级。列入《世界自然保护联盟濒危物种红色名录》（IUCN 红色名录）2022 年 3.1 版，濒危（EN）。

大鵟

分　　类：鸟纲 鹰形目 鹰科 鵟属

学　　名：*Buteo hemilasius* Temminck et Schlegel

别　　名：豪豹、花豹、白鹭豹。

形态特征：体长 57 ～ 76cm。体色变化较大，分暗型、淡型两种类型。头顶和后颈白色，各羽贯以褐色纵纹。头侧白色。有褐色髭纹，上体淡褐色，有 3 ～ 9 条暗色横斑，羽干白色。下体大都棕白色。跗跖前面通常被羽，飞翔时翼下有白斑。虹膜黄褐色，嘴黑色，蜡膜黄绿色，跗跖和趾黄色，爪黑色。

生活习性：栖息于山地、山脚平原和草原等地。以啮齿类动物鼠兔、旱獭及昆虫等动物性食物为食。

地理分布：玛沁、班玛、达日、久治、甘德、玛多。留鸟。

保护级别：列入 2021 年《国家重点保护野生动物名录》，二级。列入《世界自然保护联盟濒危物种红色名录》（IUCN 红色名录）2022 年 3.1 版，无危（LC）。

普通鵟

分　　类：鸟纲 鹰形目 鹰科 鵟属

学　　名：*Buteo japonicus* Temminck et Schlegel

别　　名：鸡母鹞。

形态特征：体长 50 ～ 59cm。体色变化较大，上体主要为暗褐色，下体主要为暗褐色或淡褐色，具深棕色横斑或纵纹。尾淡灰褐色，具多道暗色横斑。飞翔时两翼宽阔，初级飞羽基部有明显的白斑，翼下白色，仅翼尖、翼角和飞羽外缘黑色（淡色型）或全为黑褐色（暗色型），尾散开呈扇形。翱翔时两翅微向上举成浅“V”字形。

生活习性：栖息于开阔平原、荒漠、旷野、开垦的耕作区、林缘草地。以啮齿类动物为食，也吃蛙、蜥蜴、蛇、小鸟和大形昆虫等。

地理分布：玛沁、班玛、甘德、久治。留鸟。

保护级别：列入 2021 年《国家重点保护野生动物名录》，二级。列入《世界自然保护联盟濒危物种红色名录》（IUCN 红色名录）2022 年 3.1 版，无危（LC）。

毛脚鵟

分　　类：鸟纲 鹰形目 鹰科 鵟属

学　　名：*Buteo lagopus* Pontoppidan

别　　名：雪白豹、毛足鵟。

形态特征：体长 50 ～ 56cm。毛脚鵟因丰厚的羽毛覆盖脚趾而得名，是罕见的冬候鸟及候鸟。体重 650 ～ 1100g。似普通鵟。前额、头顶直到后枕均为乳白色或白色，缀黑褐色羽干纹。上体呈褐色或暗褐色，羽缘淡色。翅上覆羽褐色沾棕色具棕白色羽缘。外侧 5 枚中级飞羽端部玄褐色，外翈银灰色，基部白色，其余飞羽灰褐色。具暗褐色横斑，腰暗褐色。尾部覆羽常有白色横斑，圆而不分叉，末端具有黑褐色宽斑。

生活习性：属于迁徙性鸟类。多单独活动，主要以田鼠等小形啮齿类动物和小形鸟类为食。

地理分布：玛多。冬候鸟。

保护级别：列入 2021 年《国家重点保护野生动物名录》，二级。列入《世界自然保护联盟濒危物种红色名录》（IUCN 红色名录）2022 年 3.1 版，无危（LC）。

乌雕

分　　类：鸟纲 鹰形目 鹰科 乌雕属

学　　名：*Clanga clanga* Pallas

别　　名：花雕、小花皂雕。

形态特征：体长 61 ～ 74cm。通体为暗褐色。背部略微缀有紫色光泽。颏部、喉部和胸部为黑褐色，其余下体色稍淡。

生活习性：栖息于河流、湖泊和沼泽地带的疏林和平原森林。以野兔、鼠类、野鸭、蛙、蜥蜴、鱼和鸟类等小形动物为食。

地理分布：玛沁、班玛、达日、久治、甘德、玛多。旅鸟。

保护级别：列入 2021 年《国家重点保护野生动物名录》，一级。列入《濒危野生动植物种国际贸易公约》，附录Ⅱ。列入《世界自然保护联盟濒危物种红色名录》（IUCN 红色名录）2022 年 3.1 版，易危（VU）。

胡兀鹫

分　　类：鸟纲 鹰形目 鹰科 胡兀鹫属

学　　名：*Gypaetus barbatus* Linnaeus

别　　名：大胡子雕、髭兀鹫。

形态特征：体长 95 ～ 125cm。全身羽色大致为黑褐色。因吊在嘴下的黑色胡须而得名。头灰白色，有黑色贯眼纹，向前延伸与颏部的须状羽相连。后头、颈、胸和上腹红褐色，后头和前胸上有黑色斑点。

生活习性：栖息于高山、草原。以鸟类、大形有蹄类、尸体为食。

地理分布：玛沁、班玛、达日、久治、甘德、玛多。留鸟。

保护级别：列入 2021 年《国家重点保护野生动物名录》，一级。列入《世界自然保护联盟濒危物种红色名录》（IUCN 红色名录）2022 年 3.1 版，近危 (NT)。

高山兀鹫

分　　类：鸟纲 鹰形目 鹰科 兀鹫属

学　　名：*Gyps himalayensis* Hume

别　　名：黄秃鹫。

形态特征：大形猛禽，体长110cm～150cm。头和颈裸露，稀疏地被有少数污黄色或白色绒羽，颈基部长的羽簇呈披针形，淡皮黄色或黄褐色。上体和翅上覆羽淡黄褐色，飞羽黑色。下体淡白色或淡皮黄褐色。

生活习性：栖息于高山、草原及河谷地区。以尸体、病弱的大形动物、旱獭等啮齿类及家畜为食。

地理分布：玛沁、班玛、达日、久治、甘德、玛多。留鸟。

保护级别：列入2021年《国家重点保护野生动物名录》，二级。列入《濒危野生动植物种国际贸易公约》，附录II。列入《世界自然保护联盟濒危物种红色名录》（IUCN红色名录）2022年3.1版，近危（NT）。

白尾海雕

分　　类：鸟纲 鹰形目 鹰科 海雕属

学　　名：*Haliaeetus albicilla* Linnaeus

别　　名：白尾雕、黄嘴雕、芝麻雕。

形态特征：体长 84 ～ 91cm。成鸟多为暗褐色；后颈和胸部羽毛为披针形，较长；头、颈羽色较淡，沙褐色或淡黄褐色；尾羽呈楔形，为纯白色。上嘴边端具弧形垂突，适于撕裂猎物吞食。虹膜黄色，幼鸟为褐色。嘴和蜡膜为黄色，幼鸟为黑褐色至褐色。脚和趾黄色，爪黑色。

生活习性：栖息于湖泊、河流、岛屿及河口。以捕食鱼、鸟类和中小形哺乳动物为食。

地理分布：玛沁、玛多。冬候鸟。

保护级别：列入 2021 年《国家重点保护野生动物名录》，一级。列入《世界自然保护联盟濒危物种红色名录》（IUCN 红色名录）2022 年 3.1 版，无危（LC）。

黑鸢

分　　类：鸟纲 鹰形目 鹰科 鸢属

学　　名：*Milvus migrans* Boddaert

别　　名：鸢。

形态特征：体长55～60cm。上体暗褐色，下体棕褐色，均具黑褐色羽干纹。尾较长，呈叉状，具宽度相等的黑色和褐色相间排列的横斑。飞翔时翼下左右各有1块大的白斑。雌鸟显著大于雄鸟。

生活习性：栖息于开阔平原、草地、荒原和低山丘陵地带，也常在城郊、村屯、田野、湖泊上空活动。以小形兽类、小鸟、蛙、鱼、蝗虫及蚱蜢等为食。

地理分布：玛沁、班玛、达日、久治、甘德、玛多。旅鸟。

保护级别：列入2021年《国家重点保护野生动物名录》，二级。列入《世界自然保护联盟濒危物种红色名录》（IUCN红色名录）2022年3.1版，无危（LC）。

鹗

分　　类：鸟纲 鹰形目 鹗科 鹗属

学　　名：*Pandion haliaetus* Linnaeus

别　　名：鱼鹰、雎鸠。

形态特征：体长 51 ～ 64cm。头部白色，头顶具有黑褐色的纵纹。枕部的羽毛稍微呈披针形延长，形成 1 个短的羽冠。头的侧面有 1 条宽阔的黑带，从前额的基部经过眼睛到后颈部，并与后颈的黑色融为一体。上体为暗褐色，略微具紫色的光泽。

生活习性：栖息于湖泊、河流、海岸等地。主要以鱼类为食。

地理分布：玛沁、玛多。旅鸟。

保护级别：列入 2021 年《国家重点保护野生动物名录》，二级。列入《世界自然保护联盟濒危物种红色名录》（IUCN 红色名录）2022 年 3.1 版，无危（LC）。

针尾鸭

分　　类：鸟纲 雁形目 鸭科（河）鸭属

学　　名：*Anas acuta* Linnaeus

别　　名：尖尾鸭、长尾凫、长闹、拖枪鸭、中鸭。

形态特征：体长 43 ～ 72cm。雄鸟背部满杂以淡褐色与白色相间的波状横斑，头暗褐色；颈侧有白色纵带与下体白色相连；翼镜铜绿色，正中一对尾羽特别长。雌鸟体形较小，上体大都黑褐色，杂以黄白色斑纹，无翼镜；尾较雄鸟短，但较其他鸭尖长。

生活习性：栖息于湖泊、流速缓慢的河流、河湾及其附近的沼泽和湿草地。以草籽和其他水生植物嫩芽和种子等植物性食物为食。

地理分布：玛沁、玛多。旅鸟。

保护级别：列入《世界自然保护联盟濒危物种红色名录》（IUCN 红色名录）2022 年 3.1 版，无危（LC）。

绿翅鸭

分　　类：鸟纲 雁形目 鸭科（河）鸭属

学　　名：*Anas crecca* Linnaeus

别　　名：小凫、小水鸭、绿翅鸭、小麻鸭。

形态特征：体长 33 ～ 47cm。嘴、脚均为黑色。雄鸟头至颈部深栗色，头顶两侧从眼开始有 1 条宽阔的绿色带斑一直延伸至颈侧；尾下覆羽黑色，两侧各有一黄色三角形斑，在水中游泳时，极为醒目。

生活习性：栖息于开阔、水生植物茂盛且少干扰的中小形湖泊和各种水塘中。以水生植物种子和嫩叶为食，也吃甲壳类动物、软体动物、水生昆虫和其他小形无脊椎动物。

地理分布：玛沁、班玛、达日、久治、甘德、玛多。旅鸟。

保护级别：列入《世界自然保护联盟濒危物种红色名录》（IUCN 红色名录）2022 年 3.1 版，无危（LC）。

绿头鸭

分　　类：鸟纲 雁形目 鸭科（河）鸭属

学　　名：*Anas platyrhynchos* Linnaeus

别　　名：野鸭子、大麻鸭、大红腿鸭。

形态特征：体长47～62cm。体形大小和家鸭相似。雄鸟嘴黄绿色，脚橙黄色，头和颈辉绿色，颈部有一明显的白色领环。

生活习性：栖息于水生植物丰富的湖泊、河流、池塘、沼泽等水域中。以各种杂草的种子、植物的根、茎为食，也以水蛭、昆虫、软体动物为食。

地理分布：玛沁。留鸟。

保护级别：列入《世界自然保护联盟濒危物种红色名录》（IUCN红色名录）2022年3.1版，无危（LC）。

斑嘴鸭

分　　类：鸟纲 雁形目 鸭科（河）鸭属

学　　名：*Anas zonorhyncha* Swinhoe

别　　名：谷鸭、火燎鸭、黄嘴尖鸭。

形态特征：体长50～64cm。雌雄鸟羽色相似。上嘴黑色，先端黄色。脚橙黄色。脸至上颈侧、眼先、眉纹、颏和喉均为淡黄白色，远处看起来呈白色，与深的体色呈明显反差。

生活习性：栖息于淡水湖畔，亦成群活动于江河、湖泊、水库、海湾和沿海滩涂盐场等水域。以植物为食，也吃无脊椎动物和甲壳类动物。

地理分布：玛沁、班玛、达日、久治、甘德、玛多。留鸟。

保护级别：列入《世界自然保护联盟濒危物种红色名录》（IUCN红色名录）2022年3.1版，无危（LC）。

灰雁

分　　类：鸟纲 雁形目 鸭科 雁属

学　　名：*Anser anser* Linnaeus

别　　名：大雁。

形态特征：体长 70 ～ 90cm。雌雄鸟相似，雄鸟略大于雌鸟。头顶和后颈褐色。嘴基有 1 条窄的白纹，繁殖期间呈锈黄色，有时白纹不明显。背和两肩灰褐色，具棕白色羽缘。腰灰色，两侧白色。翅上初级覆羽灰色，其余翅上覆羽灰褐色至暗褐色。飞羽黑褐色。尾上覆羽白色，尾羽褐色，具白色端斑和羽缘。最外侧两对尾羽全白色。

生活习性：栖息于湖泊、水库、河口、水滩平原、湿草原、沼泽和草地。以植物的叶、根、茎、嫩芽、果实和种子等为食，有时也吃螺、虾、昆虫等动物为食。

地理分布：玛沁、玛多。夏候鸟。

保护级别：列入《世界自然保护联盟濒危物种红色名录》（IUCN 红色名录）2022 年 3.1 版，无危（LC）。

豆雁

分　　类：鸟纲 雁形目 鸭科 雁属

学　　名：*Anser fabalis* Latham

别　　名：大雁、麦鹅。

形态特征：体长 69 ~ 80cm。体形大小似家鹅。上体灰褐色或棕褐色，下体污白色。嘴黑褐色，具橘黄色带斑。

生活习性：栖息于开阔平原草地、沼泽、水库、江河、湖泊、沿海海岸和附近农田地区。以植物性食物为食，繁殖季节主要吃苔藓、地衣、植物嫩芽、嫩叶。

地理分布：玛沁。旅鸟。

保护级别：列入《世界自然保护联盟濒危物种红色名录》（IUCN 红色名录）2022 年 3.1 版，无危（LC）。

斑头雁

分　类：鸟纲 雁形目 鸭科 雁属

学　名：*Anser indicus* Latham

别　名：白头雁、黑纹头雁、麻鹅。

形态特征：体长 62 ～ 85cm。雌雄鸟相似，但雌鸟略小。成鸟头顶污白色，具棕黄色羽缘，尤其在眼先、额和颊部较深。头顶后部有 2 道黑色横斑，前一道在头顶稍后，较长，延伸至两眼，呈马蹄铁状；后一道位于枕部，较短。头部白色向下延伸，在颈的两侧各形成 1 道白色纵纹。后颈暗褐色。

生活习性：栖息于咸水湖，也选择淡水湖和开阔多沼泽的地带，繁殖在高原湖泊。以植物的叶、茎，青草和豆科植物种子等为食，也吃贝类、软体动物和其他小形无脊椎动物。

地理分布：玛沁、班玛、达日、久治、玛多。夏候鸟。

保护级别：列入《国家保护的有益的或者有重要经济、科学研究价值的陆生野生动物名录》。列入《世界自然保护联盟濒危物种红色名录》（IUCN 红色名录）2022 年 3.1 版，无危（LC）。

红头潜鸭

分　　类：鸟纲 雁形目 鸭科 潜鸭属

学　　名：*Aythya ferina* Linnaeus

别　　名：红头鸭。

形态特征：体长 42 ～ 49cm。雄鸟头顶呈红褐色，圆形，胸部和肩部黑色，其他部分大都为淡棕色，翼镜大部呈白色。雌体大都呈淡棕色，翼灰色，腹部灰白。

生活习性：栖息于富有水生植物的开阔湖泊、水库、水塘、河湾等各类水域中。杂食性，主要以水生植物和鱼虾、贝壳类动物为食。

地理分布：玛沁、玛多。夏候鸟。

保护级别：列入《国家保护的有益的或者有重要经济、科学研究价值的陆生野生动物名录》。列入《世界自然保护联盟濒危物种红色名录》（IUCN 红色名录）2022 年 3.1 版，易危（VU）。

凤头潜鸭

分　　类：鸟纲 雁形目 鸭科 潜鸭属

学　　名：*Aythya fuligula* Linnaeus

别　　名：凤头鸭子。

形态特征：体长 40 ～ 47cm。头带特长羽冠。雄鸟亮黑色，腹部及体侧白。雌鸟深褐色，两胁褐色，羽冠短，雌鸟有浅色脸颊斑。飞行时二级飞羽呈白色带状。尾下羽偶为白色。

生活习性：栖息于湖泊、河流、水库、池塘、沼泽、河口等开阔水面。以虾、蟹、蛤、水生昆虫、小鱼、蝌蚪等动物性为食，有时也吃少量水生植物。

地理分布：玛沁、班玛、达日、久治、甘德、玛多。旅鸟。

保护级别：列入《国家保护的有益的或者有重要经济、科学研究价值的陆生野生动物名录》。列入《世界自然保护联盟濒危物种红色名录》（IUCN 红色名录）2022 年 3.1 版，无危（LC）。

白眼潜鸭

分　　类：鸟纲 雁形目 鸭科 潜鸭属

学　　名：*Aythya nyroca* Güldenstädt

形态特征：体长 37 ～ 43cm。雄鸟整个头、颈和胸部富于暗栗色；颏部有一块三角形的小白斑，暗褐色，并向下形成 1 个黑褐色领环。雌鸟头和颈栗色，头顶较深暗；颏部亦有三角形的斑，唯中央杂有栗色。

生活习性：栖息于开阔地区富有水生植物的淡水湖泊、池塘和沼泽地带。杂食性，以植物性食物为主，也吃动物性食物如甲壳类动物、软体动物、水生昆虫、蠕虫、蛙和小鱼等。

地理分布：玛沁、久治、玛多。旅鸟。

保护级别：列入《世界自然保护联盟濒危物种红色名录》（IUCN 红色名录）2022 年 3.1 版，近危（NT）。

鹊鸭

分　　类：鸟纲 雁形目 鸭科 鹊鸭属

学　　名：*Bucephala clangula* Linnaeus

别　　名：凤头鸭子。

形态特征：体长 32 ～ 69cm。嘴短粗，颈亦短，尾较尖。雄鸟头黑色，两颊近嘴基处有大形白色圆斑；上体黑色，颈、胸、腹、两胁和体侧白色；嘴黑色，眼金黄色，脚橙黄色；飞行时头和上体黑色，下体白色，翅上有大形白斑。雌鸟略小，嘴黑色，先端橙色，头和颈褐色，颈基有白色颈环，眼淡黄色；上体淡黑褐色，上胸、两胁灰色；其余下体白色。

生活习性：栖息于湖泊和较大河流等地。通过潜水觅食，以昆虫、蠕虫、甲壳类动物、软体动物及以小鱼和蛙等水生动物为食。

地理分布：玛沁。旅鸟。

保护级别：列入《世界自然保护联盟濒危物种红色名录》（IUCN 红色名录）2022 年 3.1 版，无危（LC）。

大天鹅

分　　类：鸟纲 雁形目 鸭科 天鹅属

学　　名：*Cygnus cygnus* Linnaeus

别　　名：咳声天鹅、喇叭天鹅、黄嘴天鹅。

形态特征：体长 120 ～ 160cm。全身的羽毛均为雪白的颜色，雌雄鸟同色，雌鸟略较雄鸟小。全身洁白，仅头稍沾棕黄色。虹膜暗褐色。嘴黑色，上嘴基部黄色，此黄斑沿两侧向前延伸至鼻孔之下，形成一喇叭形，嘴端黑色。跗跖、蹼、爪亦为黑色。

生活习性：栖息于开阔的、水生植物繁茂的浅水水域。以水生植物叶、种子和根茎为食。

地理分布：玛沁、班玛、久治、玛多。冬候鸟。

保护级别：列入 2021 年《国家重点保护野生动物名录》，二级。列入《世界自然保护联盟濒危物种红色名录》（IUCN 红色名录）2022 年 3.1 版，无危（LC）。

赤颈鸭

分　　类：鸟纲 雁形目 鸭科 Mareca 属

学　　名：*Mareca penelope* Linnaeus

别　　名：红鸭、赤颈凫。

形态特征：体长 41 ～ 52cm。雄鸟头和颈棕红色，额至头顶有一乳黄色纵带；背和两胁灰白色，满杂以暗褐色波状细纹；翼镜翠绿色，翅上覆羽纯白色；在水中时可见体侧形成的显著白斑，飞翔时和后面的绿色翼镜形成鲜明对照，容易和其他鸭类区别。雌鸟上体大都黑褐色；翼镜暗灰褐色；上胸棕色，其余下体白色。

生活习性：栖息于江河、湖泊、水塘、河口、海湾、沼泽等各类水域中。以植物性食物为食。

地理分布：玛沁、玛多。旅鸟。

保护级别：列入《世界自然保护联盟濒危物种红色名录》（IUCN 红色名录）2022 年 3.1 版，无危（LC）。

赤膀鸭

分　　类：鸟纲 雁形目 鸭科 Mareca 属

学　　名：*Mareca strepera* Linnaeus

别　　名：青边仔、漈凫。

形态特征：体长 44 ～ 55cm。雄鸟嘴黑色，脚橙黄色，上体暗褐色，背上部具白色波状细纹，腹白色，胸暗褐色而具新月形白斑，翅具宽阔的棕栗色横带和黑白二色翼镜，飞翔时尤为明显。雌鸟嘴橙黄色，嘴峰黑色，上体暗褐色而具白色斑纹，翼镜白色。

生活习性：栖息于江河、湖泊、水库、河湾、水塘和沼泽等内陆水域中。以水生植物为食，也常到岸上或农田地中觅食青草、草籽、浆果和谷粒。

地理分布：玛沁、班玛、久治。旅鸟。

保护级别：列入《世界自然保护联盟濒危物种红色名录》（IUCN 红色名录）2022 年 3.1 版，无危（LC）。

普通秋沙鸭

分　　类：鸟纲 雁形目 鸭科 秋沙鸭属

学　　名：*Mergus merganser* Linnaeus

别　　名：尖嘴鸭。

形态特征：体长 54 ～ 68cm。雄鸟头和上颈黑褐色而具绿色金属光泽，枕部有短的黑褐色冠羽，使头颈显得较为粗大；下颈、胸以及整个下体和体侧白色，背黑色；翅上有大形白斑；腰和尾灰色。雌鸟头和上颈棕褐色，上体灰色，下体白色；冠羽短，棕褐色；喉白色；具白色翼镜。

生活习性：栖息于森林和森林附近的江河、湖泊和河口。以小鱼为食，也食软体动物、甲壳类动物、石蚕等，偶尔也吃少量植物性食物。

地理分布：玛沁、班玛、达日、久治、甘德、玛多。夏候鸟。

保护级别：列入《世界自然保护联盟濒危物种红色名录》（IUCN 红色名录）2022 年 3.1 版，无危（LC）。

赤嘴潜鸭

分　　类：鸟纲 雁形目 鸭科 狭嘴潜鸭属

学　　名：*Netta rufina* Pallas

别　　名：红嘴鸭。

形态特征：体长 45 ～ 55cm。雄鸟头浓栗色，具淡棕黄色羽冠；上体暗褐色；翼镜白色；嘴赤红色；下体黑色，两胁白色，特征极明显，野外容易辨别。雌鸟通体褐色，头的两侧、颈侧以及颏和喉部灰白色；飞翔时翼上和翼下大形白斑极为醒目。

生活习性：栖息于大小湖泊和河流等地，甚至咸水湖中。以水藻、眼子菜和其他水生植物的嫩芽、茎和种子为食。

地理分布：玛沁、班玛、达日、久治、甘德、玛多。夏候鸟。

保护级别：列入《世界自然保护联盟濒危物种红色名录》（IUCN 红色名录）2022 年 3.1 版，无危（LC）。

琵嘴鸭

分　　类：鸟纲 雁形目 鸭科 Spatula 属

学　　名：*Spatula clypeata* Linnaeus

别　　名：铲土鸭、宽嘴鸭。

形态特征：体长 43 ～ 51cm。雄鸟头至上颈暗绿色而具光泽；背黑色，两边以及外侧肩羽和胸白色，且连成一体；翼镜金属绿色；腹和两胁栗色；脚橙红色；嘴黑色，大而扁平，先端扩大成铲状，形态极为特别。雌鸟略较雄鸟小，外貌特征亦不及雄鸟明显，也有大而呈铲状的嘴。

生活习性：栖息于淡水湖畔，亦成群活动于江河、湖泊、水库、海湾和沿海滩涂盐场等水域。以植物为食，也吃无脊椎动物和甲壳类动物。

地理分布：玛沁、班玛、达日、久治、甘德、玛多。旅鸟。

保护级别：列入《世界自然保护联盟濒危物种红色名录》（IUCN 红色名录）2022 年 3.1 版，无危（LC）。

白眉鸭

分　　类：鸟纲 雁形目 鸭科 Spatula 属

学　　名：*Spatula querquedula* Linnaeus

别　　名：巡凫、小石鸭。

形态特征：体长 34 ～ 41cm。雄鸟嘴黑色，头和颈淡栗色，具白色细纹；眉纹白色，宽而长，一直延伸到头后，极为醒目；上体棕褐色，两肩与翅蓝灰色，肩羽延长成尖形，且呈黑白二色；翼镜绿色，前后均衬以宽阔的白边；胸棕黄色而杂以暗褐色波状斑；两胁棕白色而缀有灰白色波浪形细斑，这同前后的暗色形成鲜明对照。雌鸟上体黑褐色，下体白色而带棕色；眉纹白色，但不及雄鸟显著。

生活习性：栖息于开阔的江河、湖泊、沼泽等水域中，也出现于山区水塘、河流和海滩上。主要以水生植物的叶、茎、种子为食。

地理分布：玛沁、玛多。旅鸟。

保护级别：列入《世界自然保护联盟濒危物种红色名录》（IUCN 红色名录）2022 年 3.1 版，无危（LC）。

赤麻鸭

分　　类：鸟纲 雁形目 鸭科 麻鸭属

学　　名：*Tadorna ferruginea* Pallas

别　　名：黄鸭、黄凫、渎凫、红雁。

形态特征：体长 51 ～ 68cm，比家鸭稍大。全身赤黄褐色，翅上有明显的白色翅斑和铜绿色翼镜。嘴、脚、尾黑色。雄鸟有一黑色颈环。飞翔时黑色的飞羽、尾、嘴、脚，黄褐色的体羽和白色的翼上和翼下覆羽形成鲜明的对比。

生活习性：栖息于江河、湖泊、河口、水塘及其附近的草原、荒地、沼泽、沙滩、农田和平原疏林等各类生境中。以水生植物叶、芽、种子、农作物幼苗、谷物等植物性食物为食，也吃昆虫。

地理分布：玛沁、班玛、达日、久治、甘德、玛多。留鸟。

保护级别：列入《世界自然保护联盟濒危物种红色名录》（IUCN 红色名录）2022 年 3.1 版，无危（LC）。

翘鼻麻鸭

分　　类：鸟纲 雁形目 鸭科 麻鸭属

学　　名：*Tadorna tadorna* Linnaeus

别　　名：冠鸭、翘鼻鸭、白鸭。

形态特征：体长 52 ～ 63cm。体羽大都白色。头和上颈黑色，具绿色光泽。嘴向上翘，红色；繁殖期雄鸟上嘴基部有一红色瘤状物。自背至胸部有 1 条宽的栗色环带。肩羽和尾羽末端黑色，腹中央有 1 条宽的黑色纵带，其余体羽白色。飞翔时翼上和翼下的白色覆羽，绿色翼镜，黑色的头、飞羽和腹部纵带，棕栗色的胸环及鲜红色的嘴、脚形成鲜明对比。

生活习性：栖息于淡水湖泊、河流等湿地活动。以水生昆虫、小鱼和鱼卵等动物性食物为食，也吃植物嫩芽和种子等植物性食物。

地理分布：玛沁、玛多。夏候鸟。

保护级别：列入《世界自然保护联盟濒危物种红色名录》（IUCN 红色名录）2022 年 3.1 版，无危（LC）。

戴胜

分　　类：鸟纲 犀鸟目 戴胜科 戴胜属

学　　名：*Upupa epops* Linnaeus

别　　名：胡哱哱、花蒲扇、山和尚、鸡冠鸟、臭姑鸪。

形态特征：体长 26 ～ 28cm。雄鸟头部具扇形棕栗色冠羽，各羽先端黑色，后头部分的冠羽黑端下还具白端。头和颈淡棕栗色。上背和翅上小覆羽棕褐色，下背和肩羽黑褐色。腰白色。

生活习性：栖息于原野、树林及居民点。以昆虫、蚯蚓、螺类为食。

地理分布：玛沁、班玛、达日、久治、甘德、玛多。留鸟。

保护级别：列入《国家保护的有益的或者有重要经济、科学研究价值的陆生野生动物名录》。列入《世界自然保护联盟濒危物种红色名录》（IUCN 红色名录）2022 年 3.1 版，无危（LC）。

普通雨燕

分　　类：鸟纲 夜鹰目 雨燕科 雨燕属

学　　名：*Apus apus* Linnaeus

别　　名：楼燕、大燕子、褐雨燕、北京雨燕。

形态特征：体长 10 ～ 30cm。尾略叉开。白色的喉及胸部为一道深褐色的横带所隔开。两翼相当宽。虹膜褐色。嘴、脚黑色。振翅频率相对较慢。

生活习性：栖息于森林、平原、荒漠、海岸、城镇等各类生境中。白天常成群在空中飞翔捕食。以昆虫为食。

地理分布：玛沁、班玛、久治。旅鸟。

保护级别：列入《世界自然保护联盟濒危物种红色名录》（IUCN 红色名录）2022 年 3.1 版，无危（LC）。

白腰雨燕

分　　类：鸟纲 夜鹰目 雨燕科 雨燕属

学　　名：*Apus pacificus* Latha

别　　名：大燕子、雨燕、白尾根。

形态特征：体长 17 ～ 20cm。两翼和尾大都黑褐色。头顶至上背具淡色羽缘。下背、两翅表面和尾上覆羽微具光泽，亦具近白色羽缘。腰白色，具细的暗褐色羽干纹。颏、喉部白色，具细的黑褐色羽干纹。

生活习性：常成群地在栖息地上空来回飞翔。栖息于陡峻的山坡、悬岩，尤其是靠近河流、水库等水源附近的悬崖峭壁。以膜翅目昆虫和蚂蚁为食。

地理分布：玛沁、班玛、久治。夏候鸟。

保护级别：列入《国家保护的有益的或者有重要经济、科学研究价值的陆生野生动物名录》。列入《世界自然保护联盟濒危物种红色名录》（IUCN 红色名录）2022 年 3.1 版，无危（LC）。

环颈鸻

分　　类：鸟纲 鸻形目 鸻科 鸻属

学　　名：*Charadrius alexandrinus* Linnaeus

别　　名：白领鸻。

形态特征：体长 17 ～ 20cm。羽毛的颜色为灰褐色，常随季节和年龄而变化。跗跖修长，胫下部亦裸出。中趾最长，趾间具蹼或不具蹼，后趾小或退化。翅形尖长，第一枚初级飞羽退化，形狭窄，甚短小；第二枚初级飞羽较第三枚长或者等长。三级飞羽特长。尾形短圆，尾羽 12 枚。

生活习性：栖息于河岸沙滩、沼泽草地上。以蠕虫、昆虫、软体动物为食，兼食植物种子、植物碎片。

地理分布：玛沁、玛多。夏候鸟。

保护级别：列入《国家保护的有益的或者有重要经济、科学研究价值的陆生野生动物名录》。列入《世界自然保护联盟濒危物种红色名录》（IUCN 红色名录）2022 年 3.1 版，无危（LC）。

金眶鸻

分　　类：鸟纲 鸻形目 鸻科 鸻属

学　　名：*Charadrius dubius* Scopoli

别　　名：黑领鸻。

形态特征：体长 15 ～ 18cm。夏羽前额和眉纹白色。额基和头顶前部绒黑色。头顶后部和枕灰褐色。眼先、眼周和眼后耳区黑色，并与额基和头顶前部黑色相连。眼睑四周金黄色。冬羽额顶和额基黑色全被褐色取代，额呈棕白色或皮黄白色。头顶至上体沙褐色。眼先、眼后至耳覆羽以及胸带暗褐色。虹膜暗褐色，眼睑金黄色。嘴黑色，脚和趾橙黄色。

生活习性：栖息于开阔平原和低山丘陵地带的湖泊、河流岸边、沼泽、草地等。以昆虫幼虫、蠕虫、蜘蛛、甲壳类动物和软体动物等为食。

地理分布：玛沁、达日、玛多。夏候鸟。

保护级别：列入《国家保护的有益的或者有重要经济、科学研究价值的陆生野生动物名录》。列入《世界自然保护联盟濒危物种红色名录》（IUCN 红色名录）2022 年 3.1 版，无危（LC）。

蒙古沙鸻

分　　类：鸟纲 鸻形目 鸻科 鸻属

学　　名：*Charadrius mongolus* Pallas

形态特征：体长 18 ～ 20cm。上体灰褐色。下体包括颏、喉、前颈、腹部均为白色。跗跖修长，胫下部亦裸出。中趾最长，趾间具蹼或不具蹼，后趾小或退化。翅形尖长，第一枚初级飞羽退化，形狭窄，甚短小；第二枚初级飞羽较第三枚长或者等长。三级飞羽特长。尾形短圆，尾羽 12 枚。

生活习性：栖息于河岸沙滩、沼泽草地上。以蠕虫、昆虫、软体动物为食，兼食植物种子、植物碎片。

地理分布：玛沁、达日、玛多。夏候鸟。

保护级别：列入《国家保护的有益的或者有重要经济、科学研究价值的陆生野生动物名录》。列入《世界自然保护联盟濒危物种红色名录》（IUCN 红色名录）2022 年 3.1 版，无危（LC）。

灰头麦鸡

分　　类：鸟纲 鸻形目 鸻科 麦鸡属

学　　名：*Vanellus cinreus* Blyth

形态特征：体长32～36cm。夏羽上体棕褐色。头颈部灰色。眼周及眼先黄色。两翼翼尖黑色，内侧飞羽白色。尾白色，具一阔的黑色端斑。喉及上胸部灰色，胸部具黑色宽带。下腹及腹部白色。冬羽似夏羽，但头及胸带褐色。

生活习性：栖息于近水的开阔地带。以蚯蚓、昆虫、螺类等为食。

地理分布：玛沁、玛多。旅鸟。

保护级别：列入《国家保护的有益的或者有重要经济、科学研究价值的陆生野生动物名录》。列入《世界自然保护联盟濒危物种红色名录》（IUCN红色名录）2022年3.1版，未予评估（NE）。

凤头麦鸡

分　　类：鸟纲 鸻形目 鸻科 麦鸡属

学　　名：*Vannellus vanellus* Linnaeus

别　　名：田凫。

形态特征：体长 29 ～ 34cm。头顶具细长而稍向前弯的黑色冠羽，像凸出于头顶的角，甚为醒目。鼻孔线形，位于鼻沟里。鼻沟的长度超过嘴长的一半。翅圆形。跗跖修长，胫下部亦裸出。中趾最长，趾间具蹼或不具蹼，后趾小或退化。

生活习性：栖息于湿地、水塘、水渠、沼泽等。食蝗虫、蛙类、小形无脊椎动物和植物种子等。

地理分布：玛沁、班玛。夏候鸟。

保护级别：列入《国家保护的有益的或者有重要经济、科学研究价值的陆生野生动物名录》。列入《世界自然保护联盟濒危物种红色名录》（IUCN 红色名录）2022 年 3.1 版，未予评估（NE）。

鹮嘴鹬

分　　类：鸟纲 鸻形目 鹮嘴鹬科 鹮嘴鹬属

学　　名：*Ibidorhyncha struthersii* Vigors

形态特征：体长 37 ～ 44cm。腿及嘴红色，嘴长且下弯。一道黑白色的横带将灰色的上胸与其白色的下部隔开。翼下白色，翼上中心具大片白色斑。炫耀时姿势下蹲，头前伸，黑色顶冠的后部耸起。

生活习性：栖息于山地、高原和丘陵溪流。以昆虫为食。

地理分布：玛沁、班玛、久治、玛多。夏候鸟。

保护级别：列入 2021 年《国家重点保护野生动物名录》，二级。列入《世界自然保护联盟濒危物种红色名录》（IUCN 红色名录）2022 年 3.1 版，无危（LC）。

棕头鸥

分　　类：鸟纲 鸻形目 鸥科 Chroicocephalus 属

学　　名：*Chroicocephalus brunnicephalus* Jerdon

别　　名：小海鸥。

形态特征：体长 41 ～ 46cm。成鸟雌雄无显著区别，体形均比岩鸽略大；头棕红色，背部浅灰色；嘴、脚深红色，腹部及各级飞羽纯白色；趾间具蹼。幼鸟除头部棕红色稍浅外，均同成鸟。雏鸟嘴稍长，乳白色，全身有污白色绒毛，并杂以黑色斑点，常在亲鸟的周围或附近浅水中活动。

生活习性：栖息于湖泊、河流、沼泽、草原湿地的岸边及环水的岛屿中。以鱼、虾、软体动物、甲壳类动物和水生昆虫为食。

地理分布：玛沁、班玛、达日、甘德、久治、玛多。旅鸟。

保护级别：列入《国家保护的有益的或者有重要经济、科学研究价值的陆生野生动物名录》。列入《世界自然保护联盟濒危物种红色名录》（IUCN 红色名录）2022 年 3.1 版，未予评估（NE）。

渔鸥

分　　类：鸟纲 鸻形目 鸥科 Ichthyaetus 属

学　　名：*Ichthyaetus ichthyaetus* Pallas

别　　名：大海鸥、海猫子。

形态特征：体长 63 ～ 72cm。成鸟头顶至枕部下至喉部黑色，并有金属光泽；眼棕色，眼帘下具一白纹；嘴端弯曲，呈暗黄色，但有一道黑黄色斑，横贯在上下嘴端；两翅覆羽浅灰色，飞羽为白色；腿、脚淡黄色。幼鸟体形大小与成鸟相同，但头部灰褐，无金属光泽。雏鸟全身被以污白色绒羽，嘴、跗跖肉红色。

生活习性：栖息于海岸、海岛、咸水湖。以鱼为食。也吃其他鸟类的鸟卵、雏鸟，蜥蜴、昆虫、甲壳类动物，以及鱼和其他动物内脏等废弃物。

地理分布：玛沁、班玛、达日、甘德、久治、玛多。旅鸟。

保护级别：列入《国家保护的有益的或者有重要经济、科学研究价值的陆生野生动物名录》。列入《世界自然保护联盟濒危物种红色名录》（IUCN 红色名录）2022 年 3.1 版，未予评估（NE）。

西伯利亚银鸥

分　　类：鸟纲 鸻形目 鸥科 鸥属

学　　名：*Larus smithsonianus* Coues

别　　名：织女银鸥、休氏银鸥。

形态特征：体长63～65cm。头、颈及整个下体白色。冬鸟头及颈背具深色纵纹，并及胸部。背部羽色为浅灰色至灰色或灰色至深灰色。两翅飞羽外端黑色，翅合拢时可见突出的白色尖端。腰及尾白色。虹膜浅黄色或黄褐色。嘴黄色，下嘴先端具红斑。脚粉红色或淡红色。

生活习性：栖息于海边、海港和盛产鱼虾的渔场。以海滨昆虫、软体动物、甲壳类动物以及耕地里的蠕虫和蛴螬为食。

地理分布：玛多。旅鸟。

保护级别：列入《国家保护的有益的或者有重要经济、科学研究价值的陆生野生动物名录》。列入《世界自然保护联盟濒危物种红色名录》（IUCN红色名录）2022年3.1版，无危（LC）。

普通燕鸥

分　　类：鸟纲 鸻形目 鸥科 燕鸥属

学　　名：*Sterna hirundo* Linnaeus

形态特征：体长 31 ～ 37cm。繁殖期整个头顶黑色，胸灰色，尾深叉型。非繁殖期上翼及背灰色，尾上覆羽、腰及尾白色，下体额白色，头顶具黑色及白色杂斑，颈背最黑。飞行时，非繁殖期成鸟及亚成鸟的特征为前翼具近黑色的横纹，外侧尾羽羽缘近黑色。虹膜褐色。嘴冬季黑色，夏季嘴基红色。脚偏红色，冬季较暗。

生活习性：栖息于平原、草地、荒漠中的湖泊、河流、水塘和沼泽地带。以小鱼、虾、甲壳类动物、昆虫等小形动物为食。

地理分布：玛沁、班玛、达日、甘德、久治、玛多。夏候鸟。

保护级别：列入《国家保护的有益的或者有重要经济、科学研究价值的陆生野生动物名录》。列入《世界自然保护联盟濒危物种红色名录》（IUCN 红色名录）2022 年 3.1 版，无危（LC）。

黑翅长脚鹬

分　　类：鸟纲 鸻形目 反嘴鹬科 长脚鹬属

学　　名：*Himantopus himantopus* Linnaeus

别　　名：红腿娘子、高跷鸻。

形态特征：体长 27 ～ 40cm。雄鸟额白色，头顶至后颈黑色，或白色而杂以黑色。翕、肩、背和翅上覆羽也为黑色，且富有绿色金属光泽。腰和尾上覆羽白色。尾羽淡灰色或灰白色，外侧尾羽近白色。额、前头、两颊自眼下缘、前颈、颈侧、胸和其余下体均为白色。

生活习性：栖息于开阔平原草地中的湖泊、浅水塘和沼泽地带。以软体动物、虾、小鱼、甲壳类动物、环节动物及昆虫为食。

地理分布：玛沁、班玛、玛多。夏候鸟。

保护级别：列入《国家保护的有益的或者有重要经济、科学研究价值的陆生野生动物名录》。列入《世界自然保护联盟濒危物种红色名录》（IUCN 红色名录）2022 年 3.1 版，无危（LC）。

矶鹬

分　　类：鸟纲 鸻形目 鹬科 Actitis 属

学　　名：*Actitis hypoleucos* Linnaeus

形态特征：体长 16 ～ 22cm。嘴、脚均较短，嘴暗褐色，脚淡黄褐色具白色眉纹和黑色过眼纹。上体黑褐色，下体白色，并沿胸侧向背部延伸。翅折叠时在翼角前方形成显著的白斑，飞翔时明显可见尾两边的白色横斑和翼上宽阔的白色翼带，飞翔姿势两翅朝下扇动，身体呈弓状，站立时不住地点头、摆尾。

生活习性：栖息于浅水河滩、水中沙滩或江心小岛上。以昆虫为食，也吃螺、蠕虫等无脊椎动物、小鱼以及蝌蚪等。

地理分布：玛沁、班玛、达日、久治、甘德、玛多。旅鸟。

保护级别：列入《国家保护的有益的或者有重要经济、科学研究价值的陆生野生动物名录》。列入《世界自然保护联盟濒危物种红色名录》（IUCN 红色名录）2022 年 3.1 版，无危（LC）。

黑腹滨鹬

分　　类：鸟纲 鸻形目 鹬科 滨鹬属

学　　名：*Calidris alpina* Linnaeus

形态特征：体长 17 ～ 22cm。夏羽头顶棕栗色，具黑褐色纵纹。眉纹白色。眼先暗褐色。耳覆羽淡白色，微具暗色纵纹。后颈灰色或淡褐色，具黑褐色纵纹。腰和尾上覆羽中间黑褐色，两边白色。中央尾羽黑褐色。两侧尾羽灰色。颏、喉白色。前颈白色，微具黑褐色纵纹，到胸和胸侧纵纹更为显著。腹也为白色，腹中央有大的黑色斑。冬羽头顶、耳区、后颈、背、肩和翅上覆羽淡灰褐色。眉纹、下体白色。胸侧缀有灰色，微具细的黑褐色纵纹。虹膜暗褐色。嘴黑色，较长，尖端显著地向下弯曲。脚黑色或灰黑色。

生活习性：栖息于湖泊、河流、水塘、河口等附近沼泽与草地上。以昆虫等各种小形动物为食。

地理分布：玛沁、玛多。旅鸟。

保护级别：列入《国家保护的有益的或者有重要经济、科学研究价值的陆生野生动物名录》。列入《世界自然保护联盟濒危物种红色名录》（IUCN 红色名录）2022 年 3.1 版，无危（LC）。

弯嘴滨鹬

分　　类：鸟纲 鸻形目 鹬科 滨鹬属

学　　名：*Calidris ferruginea* Pontoppidan

形态特征：体长 19 ～ 21cm。腰部白色明显。嘴长而下弯。上体大部分灰色，几无纵纹。下体白色；眉纹、翼上横纹及尾上覆羽的横斑均白色。虹膜褐色。嘴、脚黑色。

生活习性：栖息于湖泊、河流、河口和附近沼泽地带。以甲壳类动物、软体动物、蠕虫和水生昆虫为食。

地理分布：玛沁、玛多。旅鸟。

保护级别：列入《国家保护的有益的或者有重要经济、科学研究价值的陆生野生动物名录》。列入《世界自然保护联盟濒危物种红色名录》（IUCN 红色名录）2022 年 3.1 版，近危（NT）。

青脚滨鹬

分　　类：鸟纲 鸻形目 鹬科 滨鹬属

学　　名：*Calidris temminckii* Leisler

形态特征：体长 13 ～ 15cm。矮壮，腿短，灰色，嘴尖细长。上体全暗灰色，下体胸灰色，渐变为近白色的腹部。尾长于拢翼。头顶至颈后灰褐色，染栗黄色，有暗色条纹。眼先暗褐色。眉纹不明显。多数羽毛有栗色羽缘和黑色纤细羽干纹。颏、喉白色。腋羽、翼下覆羽白色。虹膜褐色。嘴黑色。脚偏绿或近黄色。

生活习性：栖息于淡水湖泊浅滩、河流附近的沼泽地。以昆虫、小甲壳类动物和蠕虫为食。

地理分布：玛沁、玛多。旅鸟。

保护级别：列入《国家保护的有益的或者有重要经济、科学研究价值的陆生野生动物名录》。列入《世界自然保护联盟濒危物种红色名录》（IUCN 红色名录）2022 年 3.1 版，无危（LC）。

扇尾沙锥

分　　类：鸟纲 鸻形目 鹬科 沙锥属

学　　名：*Gallinago gallinago* Linnaeus

别　　名：田鹬。

形态特征：体长24～30cm。背部及肩羽褐色，有黑褐色斑纹，羽缘乳黄色，形成明显的肩带。头顶冠纹和眉线乳黄色或黄白色，头侧线和贯眼纹黑褐色。前胸黄褐色，具黑褐色纵斑。腹部灰白色，具黑褐色横斑。次级飞羽具白色宽后缘，翼下具白色宽横纹。

生活习性：栖息于冻原和开阔平原上的淡水或盐水湖泊、河流、芦苇塘和沼泽地。以蚂蚁、金针虫、小甲虫、鞘翅目昆虫、蠕虫、蜘蛛、蚯蚓和软体动物为食。

地理分布：玛沁。夏候鸟。

保护级别：列入《国家保护的有益的或者有重要经济、科学研究价值的陆生野生动物名录》。列入《世界自然保护联盟濒危物种红色名录》（IUCN红色名录）2022年3.1版，无危（LC）。

孤沙锥

分　　类：鸟纲 鸻形目 鹬科 沙锥属

学　　名：*Gallinago solitaria* Hodgson

形态特征：体长 26 ～ 31cm。中型或小形涉禽。体色暗淡而富于条纹。嘴形直，有时微向上或向下弯曲。鼻沟长，通常超过上嘴长度的一半。颈部也略长。翅稍尖而短。尾亦短。脚细长，跗跖前缘被盾状鳞片。雌雄鸟羽色及大小相同，多数具 4 趾，趾间无蹼，或趾基微具蹼膜。

生活习性：栖息于山地森林中的河流与水塘岸边以及林中和林缘沼泽地。以昆虫、蠕虫、软体动物和甲壳类动物等为食。

地理分布：玛沁。冬候鸟。

保护级别：列入《国家保护的有益的或者有重要经济、科学研究价值的陆生野生动物名录》。列入《世界自然保护联盟濒危物种红色名录》（IUCN 红色名录）2022 年 3.1 版，无危（LC）。

黑尾塍鹬

分　　类：鸟纲 鸻形目 鹬科 塍鹬属

学　　名：*Limosa limosa* Linnaeus

形态特征：体长 36 ～ 44cm。夏羽头栗色，具暗色细条纹。眉纹乳白色，到眼后变为栗色。眼先黑褐色，贯眼纹黑褐色，细窄而长，一直延伸到眼后。后颈栗色，具黑褐色细条纹。腰和尾上覆羽白色，尾也为白色，尾具宽阔的黑色端斑。颏白色，喉、前颈和胸亮栗红色，下颈两侧和胸具黑褐色星月形横斑。脚细长，黑灰色或蓝灰色。虹膜暗褐色。嘴细长，几近直形，尖端微向上弯曲，基部在繁殖期橙黄色。

生活习性：栖息于平原草地和森林平原地带的沼泽、湿地、湖边等。以水生和陆生昆虫、昆虫幼虫、甲壳类动物和软体动物为食。

地理分布：玛沁、玛多。旅鸟。

保护级别：列入《国家保护的有益的或者有重要经济、科学研究价值的陆生野生动物名录》。列入《世界自然保护联盟濒危物种红色名录》（IUCN 红色名录）2022 年 3.1 版，近危（NT）。

白腰杓鹬

分　　类：鸟纲 鸻形目 鹬科 杓鹬属

学　　名：*Numenius arquata* Linnaeus

形态特征：体长 57 ～ 63cm。头顶和上体淡褐色。头、颈、上背具黑褐色羽轴纵纹。飞羽为黑褐色与淡褐色相间横斑，颈与前胸淡褐色，具细的褐色纵纹。下背、腰及尾上覆羽白色。尾羽白色，具黑褐色细横纹。腹、胁部白色，具粗重黑褐色斑点。下腹及尾下覆羽白色。

生活习性：栖息于森林和平原中的湖泊、河流岸边和附近的沼泽地带、草地等。以甲壳类动物、软体动物、蠕虫、昆虫为食，也啄食小鱼和蛙。

地理分布：玛沁、玛多。夏候鸟。

保护级别：列入 2021 年《国家重点保护野生动物名录》，二级。列入《世界自然保护联盟濒危物种红色名录》（IUCN 红色名录）2022 年 3.1 版，近危（NT）。

林鹬

分　　类：鸟纲 鸻形目 鹬科 鹬属

学　　名：*Tringa glareola* Linnaeus

形态特征：体长 19 ～ 20cm。体形略小，纤细，褐灰色，腹部及臀偏白色，腰白色。上体灰褐色而极具斑点。眉纹长，白色。尾白色而具褐色横斑。飞行时尾部的横斑、白色的腰部及下翼以及翼上无横纹。脚远伸于尾后。与白腰草鹬区别在腿较长，黄色较深，翼下色浅，眉纹长，外形纤细。

生活习性：栖息于林中或林缘开阔沼泽、湖泊、水塘与溪流岸边。以昆虫、蠕虫、虾、蜘蛛、软体动物和甲壳类动物等为食。

地理分布：玛多。夏候鸟。

保护级别：列入《国家保护的有益的或者有重要经济、科学研究价值的陆生野生动物名录》。列入《世界自然保护联盟濒危物种红色名录》（IUCN 红色名录）2022 年 3.1 版，无危（LC）。

青脚鹬

分　　类：鸟纲 鸻形目 鹬科 鹬属

学　　名：*Tringa nebularia* Gunnerus

形态特征：体长 30 ～ 35cm。头顶至后颈灰褐色，羽缘白色。背、肩灰褐色或黑褐色，具黑色羽干纹和窄的白色羽缘，下背、腰及尾上覆羽白色，长的尾上覆羽具少量灰褐色横斑。尾白色，具细窄的灰褐色横斑。眼先、颊、颈侧和上胸白色而缀有黑褐色羽干纹。下胸、腹和尾下覆羽白色。腋羽和翼下覆羽也是白色，具黑褐色斑点。虹膜黑褐色，嘴较长，基部较粗，往尖端逐渐变细和向上倾斜，基部为蓝灰色或绿灰色，尖端黑色。脚淡灰绿色、草绿色或青绿色，有时为黄绿色或暗黄色。

生活习性：栖息于湖泊、河流、水塘和沼泽地带。以虾、蟹、小鱼、螺和水生昆虫为食。

地理分布：玛沁、玛多。旅鸟。

保护级别：列入《国家保护的有益的或者有重要经济、科学研究价值的陆生野生动物名录》。列入《世界自然保护联盟濒危物种红色名录》（IUCN 红色名录）2022 年 3.1 版，无危（LC）。

白腰草鹬

分　　类：鸟纲 鸻形目 鹬科 鹬属

学　　名：*Tringa ochropus* Linnaeus

形态特征：体长 20 ～ 24cm。前额、头顶、后颈黑褐色具白色纵纹。上背、肩、翅覆羽和三级飞羽黑褐色，羽缘具白色斑点。下背和腰黑褐色微具白色羽缘。尾上覆羽白色，尾羽亦为白色。虹膜暗褐色。嘴灰褐色或暗绿色，尖端黑色。脚橄榄绿色或灰绿色。

生活习性：栖息于湖泊岸边、河边、沼泽地、草地。以蠕虫、虾、蜘蛛、小蚌、田螺和昆虫等小形无脊椎动物为食。

地理分布：班玛、达日、玛多。旅鸟。

保护级别：列入《国家保护的有益的或者有重要经济、科学研究价值的陆生野生动物名录》。列入《世界自然保护联盟濒危物种红色名录》（IUCN 红色名录）2022 年 3.1 版，无危（LC）。

红脚鹬

分　　类：鸟纲 鸻形目 鹬科 鹬属

学　　名：*Tringa totanus* Linnaeus

别　　名：赤足鹬、东方红腿、红腿鹭。

形态特征：体长 25 ～ 29cm。上体灰褐色，下体白色。胸具褐色纵纹。飞行时腰部白色明显，次级飞羽具明显白色外缘。尾上具黑白色细斑。虹膜黑褐色。嘴长直而尖，基部橙红色，尖端黑褐色。脚较细长，亮橙红色，繁殖期变为暗红色。幼鸟橙黄色。

生活习性：栖息于沼泽、草地、河流等地。以甲壳类动物、软体动物、环节动物、昆虫等各种小形陆栖和水生无脊椎动物为食。

地理分布：玛沁、班玛、达日、甘德、久治、玛多。夏候鸟。

保护级别：列入《国家保护的有益的或者有重要经济、科学研究价值的陆生野生动物名录》。列入《世界自然保护联盟濒危物种红色名录》（IUCN 红色名录）2022 年 3.1 版，无危（LC）。

黑鹳

分　　类：鸟纲 鹳形目 鹳科 鹳属

学　　名：*Ciconia nigra* Linnaeus

别　　名：乌鹳、锅鹳、黑巨鸡。

形态特征：体长 1 ～ 1.2m。嘴长而粗壮。头、颈、脚均甚长。嘴和脚红色。身上的羽毛除胸腹部为纯白色外，其余都是黑色，在不同角度的光线照射下，可以变幻多种颜色。飞时头颈伸直。

生活习性：栖息于有水的河边、农田、沼泽，在高树或岩石上筑大形的巢。以鱼、蛙、蛇和甲壳类动物为食。

地理分布：玛沁、玛多。夏候鸟。

保护级别：列入 2021 年《国家重点保护野生动物名录》，一级。列入《濒危野生动植物种国际贸易公约》，附录Ⅱ。列入《世界自然保护联盟濒危物种红色名录》（IUCN 红色名录）2022 年 3.1 版，无危（LC）。

雪鸽

分　　类：鸟纲 鸽形目 鸠鸽科 鸽属

学　　名：*Columba leuconota* vigors

形态特征：体长 26 ～ 37cm。头深灰色，领、下背及下体白色。上背灰褐色。腰、尾黑色，中间部位具白色宽带。翼灰色，具 2 道黑色横纹。虹膜黄色。嘴深灰色，蜡膜洋红色；脚和趾亮红色。爪黑色。幼鸟和成鸟相似，但上体和翅具窄的淡皮黄色羽缘。

生活习性：栖息于高山悬岩地带。以草籽和谷物种子等为食。

地理分布：玛沁、班玛、久治。留鸟。

保护级别：列入《国家保护的有益的或者有重要经济、科学研究价值的陆生野生动物名录》。列入《世界自然保护联盟濒危物种红色名录》（IUCN 红色名录）2022 年 3.1 版，无危（LC）。

岩鸽

分　　类：鸟纲 鸽形目 鸠鸽科 鸽属

学　　名：*Columba rupestris* Pallas

别　　名：野鸽子、横纹尾石鸽、山石鸽。

形态特征：体长 23 ～ 35cm。成鸟头、颈和上胸石板灰色，颈和上胸有绿色和紫色的闪光。上背和两翅为亮灰色。翼上具 2 道不完全的黑色横斑。

生活习性：栖息于山地岩石和悬崖峭壁处。以种子、小形果实、球茎、球根和小坚果等为食。

地理分布：玛沁、班玛、达日、久治、甘德、玛多。留鸟。

保护级别：列入《国家保护的有益的或者有重要经济、科学研究价值的陆生野生动物名录》。列入《世界自然保护联盟濒危物种红色名录》（IUCN 红色名录）2022 年 3.1 版，无危（LC）。

珠颈斑鸠

分　　类：鸟纲 鸽形目 鸠鸽科 斑鸠属

学　　名：*Streptopelia chinensis* Scopoli

别　　名：鸪雕、鸪鸟、中斑、花斑鸠、花脖斑鸠、珍珠鸠、斑颈鸠、珠颈鸽、斑甲。

形态特征：体长 27 ～ 34cm。头为鸽灰色。上体大都褐色，下体粉红色。后颈有宽阔的黑色，其上满布以白色细小斑点形成的领斑，在淡粉红色的颈部极为醒目。尾甚长，外侧尾羽黑褐色，末端白色，飞翔时极明显。嘴暗褐色，脚红色。

生活习性：栖息于农区、村庄附近的人造林和果园地带。以谷粒为食。

地理分布：玛沁。留鸟。

保护级别：列入《国家保护的有益的或者有重要经济、科学研究价值的陆生野生动物名录》。列入《世界自然保护联盟濒危物种红色名录》（IUCN 红色名录）2022 年 3.1 版，未予评估（NE）。

灰斑鸠

分　　类：鸟纲 鸽形目 鸠鸽科 斑鸠属

学　　名：*Streptopelia decaocto* Frivaldszky

别　　名：斑鸠。

形态特征：体长 25 ～ 34cm。全身灰褐色。颈后有黑色颈环，环外有白色羽毛围绕。翅膀上有蓝灰色斑块，尾羽尖端为白色。虹膜红色，眼睑也为红色，眼周裸露皮肤浅灰色。嘴近黑色，脚和趾暗粉红色。雌雄鸟相似。

生活习性：栖息于平原和低山丘陵地带的森林中。以植物的果实和种子为食，也吃少量动物性食物。

地理分布：玛沁。留鸟。

保护级别：列入《国家保护的有益的或者有重要经济、科学研究价值的陆生野生动物名录》。列入《世界自然保护联盟濒危物种红色名录》（IUCN 红色名录）2022 年 3.1 版，无危（LC）。

山斑鸠

分　　类：鸟纲 鸽形目 鸠鸽科 斑鸠属

学　　名：*Streptopelia orientalis* Latham

别　　名：斑鸠、金背斑鸠、麒麟鸠 、雉鸠、麒麟斑、花翼。

形态特征：体长 26 ～ 36cm。嘴爪平直或稍弯曲，嘴基部柔软，被蜡膜，嘴端膨大而具角质。颈和脚均较短，胫全被羽。上体的深色扇贝斑纹体羽羽缘棕色。腰灰色。尾羽近黑色，尾梢浅灰色。下体多偏粉色。脚红色。

生活习性：栖息于开阔农耕区、村庄及房前屋后附近。食物多为谷物颗粒。

地理分布：班玛。留鸟。

保护级别：列入《国家保护的有益的或者有重要经济、科学研究价值的陆生野生动物名录》。列入《世界自然保护联盟濒危物种红色名录》（IUCN 红色名录）2022 年 3.1 版，无危（LC）。

火斑鸠

分　　类：鸟纲 鸽形目 鸠鸽科 斑鸠属

学　　名：*Streptopelia tranquebarica* Hermann

别　　名：红鸠、红斑鸠、斑甲、红咖追、火鸪鷯。

形态特征：体长约 23cm。雄鸟额、头顶至后颈蓝灰色，头侧和颈侧亦为蓝灰色，但稍淡。颏和喉上部白色或蓝灰白色。后颈有一黑色领环横跨在后颈基部，并延伸至颈两侧。背、肩、翅上覆羽和三级飞羽葡萄红色。腰、尾上覆羽和中央尾羽暗蓝灰色，其余尾羽灰黑色，具宽阔的白色端斑。

生活习性：栖息于开阔的平原、田野、村庄、果园、山麓疏林及宅旁竹林地带。以植物浆果、种子和果实为食，有时也吃白蚁、蛹和昆虫等动物性食物。

地理分布：班玛。留鸟。

保护级别：列入《国家保护的有益的或者有重要经济、科学研究价值的陆生野生动物名录》。列入《世界自然保护联盟濒危物种红色名录》（IUCN 红色名录）2022 年 3.1 版，无危（LC）。

普通翠鸟

分　　类：鸟纲 佛法僧目 翠鸟科 翠鸟属

学　　名：*Alcedo atthis* Linnaeus

别　　名：鱼虎、鱼狗、钓鱼翁、金鸟仔、大翠鸟、蓝翡翠。

形态特征：体长 16 ～ 17cm。上体金属浅蓝绿色，体羽艳丽而具光辉。头顶布满暗蓝绿色和艳翠蓝色细斑。眼下和耳后颈侧白色。体背灰翠蓝色。肩和翅暗绿蓝色，翅有翠蓝色斑。喉部白色。胸部以下呈鲜明的栗棕色。

生活习性：栖息于溪流、河谷等地。以小形鱼类、虾等水生动物为食。

地理分布：玛沁、班玛、玛多。夏候鸟。

保护级别：列入《国家保护的有益的或者有重要经济、科学研究价值的陆生野生动物名录》。列入《世界自然保护联盟濒危物种红色名录》（IUCN 红色名录）2022 年 3.1 版，易危（VU）。

大杜鹃

分　　类：鸟纲 鹃形目 杜鹃科 杜鹃属

学　　名：*Cuculus canorus* Linnaeus

别　　名：鸤鸠、郭公、布谷、喀咕。

形态特征：体长 26 ～ 35cm。大额浅灰褐色，头顶、枕至后颈暗银灰色。背暗灰色，沿羽轴两侧具白色细斑点，且多成对分布，末端具白色先斑。两侧尾羽浅黑褐色，羽干两侧也具白色斑点，内侧边缘具一系列白斑和白色端斑。两翅内侧覆羽暗灰色，外侧覆羽和飞羽暗褐色。

生活习性：栖息于山地、丘陵的森林中。以鳞翅目幼虫为食。

地理分布：玛沁、班玛、达日、久治、甘德、玛多。夏候鸟。

保护级别：列入《国家保护的有益的或者有重要经济、科学研究价值的陆生野生动物名录》。列入《世界自然保护联盟濒危物种红色名录》（IUCN 红色名录）2022 年 3.1 版，无危（LC）。

猎隼

分　　类：鸟纲 隼形目 隼科 隼属

学　　名：*Falco cherrug* milvipes Jerdon

别　　名：猎鹰、兔鹰、鹞子。

形态特征：体长 27 ～ 77cm。颈背偏白色，头顶浅褐色。头部对比色少。眼下方具不明显黑色线条，眉纹白色。上体多褐色而略具横斑，与翼尖的深褐色成对比。尾具狭窄的白色羽端。下体偏白色，狭窄翼尖深色，翼下大覆羽具黑色细纹。翼比游隼形钝且色浅。幼鸟上体褐色深沉，下体满布黑色纵纹。

生活习性：栖息于平原、山地、河谷、农田及草原。以鸟类和小形兽类为食。

地理分布：玛沁、班玛、达日、久治、甘德、玛多。留鸟。

保护级别：列入 2021 年《国家重点保护野生动物名录》，一级。列入《世界自然保护联盟濒危物种红色名录》（IUCN 红色名录）2022 年 3.1 版，濒危（EN）。

红隼

分　　类：鸟纲 隼形目 隼科 隼属

学　　名：*Falco tinnunculus* Linnaeus

别　　名：茶隼、红鹰、黄鹰、红鹞子。

形态特征：体长 31 ～ 34cm。嘴较短，先端两侧有齿突，基部不被蜡膜或须状羽。鼻孔圆形，自鼻孔向内可见一柱状骨棍。翅长而狭尖，扇翅节奏较快。尾较细长。

生活习性：飞行快速，善于在空中振翅悬停观察并伺机捕捉猎物。以猎食时有翱翔习性而著名。栖息于山地和旷野中，多单个或成对活动，飞行较高。以啮齿类、小形鸟类及昆虫为食。

地理分布：玛沁、班玛、达日、久治、甘德、玛多。留鸟。

保护级别：列入 2021 年《国家重点保护野生动物名录》，二级。列入《世界自然保护联盟濒危物种红色名录》（IUCN 红色名录）2022 年 3.1 版，无危（LC）。

石鸡

分　　类：鸟纲 鸡形目 雉科 石鸡属

学　　名：*Alectoris chukar* J. E. Gray

别　　名：嘎嘎鸡、红腿鸡、尕拉鸡。

形态特征：体长 27 ～ 37cm。两胁具显著的黑色和栗色斑。眼的上方有 1 条白纹。围绕头侧和黄棕色的喉部有完整的黑色环带。上体紫棕褐色。胸部灰色。腹部棕黄色。两胁各具 10 余条黑色、栗色并列的横斑。

生活习性：栖息于低山丘陵地带。以植物嫩芽、地衣和昆虫为食。

地理分布：玛多。留鸟。

保护级别：列入《国家保护的有益的或者有重要经济、科学研究价值的陆生野生动物名录》。列入《世界自然保护联盟濒危物种红色名录》（IUCN 红色名录）2022 年 3.1 版，无危（LC）。

大石鸡

分　　类：鸟纲 鸡形目 雉科 石鸡属

学　　名：*Alectoris magna* Przevalski

形态特征：体长 23 ～ 45cm。羽色为棕褐色，比较深。眼上方的眉纹是黑色的。围绕喉部的黑圈有内外两层，内层为黑色，外层为栗褐色，但不完整，多有断开。两肋的黑色横斑较多而密，有 18 条。

生活习性：栖息于低山丘陵、荒漠、半荒漠、岩石山坡，以及高山峡谷和裸岩地区。为广食性鸟。

地理分布：玛沁。留鸟。

保护级别：列入 2021 年《国家重点保护野生动物名录》，二级。列入《世界自然保护联盟濒危物种红色名录》（IUCN 红色名录）2022 年 3.1 版，无危（LC）。

蓝马鸡

分　　类：鸟纲 鸡形目 雉科 马鸡属

学　　名：*Crossoptilon auritum* Pallas

别　　名：角鸡、松鸡、马鸡。

形态特征：体长 80 ～ 103cm。雄性成鸟前额有白色狭带，头顶和枕部为黑色绒羽覆盖；上体蓝灰色，颈部及两肩较深，且辉亮；两翅内侧覆羽以及飞羽的表面暗褐色而带紫色光泽；颏、喉均为带乳黄色的白色；耳羽白色，似角状；下体自喉以下纯蓝灰色，至腹部转为淡灰褐色。雌鸟与雄鸟同，但脚不具距，有的仅具距的痕迹。

生活习性：栖息于云杉林、山杨林、油松林、混交林和高山灌丛地带。以植物的叶、芽、果实和种子等为食，也吃少量昆虫等动物性食物。

地理分布：玛沁、班玛。留鸟。

保护级别：列入 2021 年《国家重点保护野生动物名录》，二级。列入《世界自然保护联盟濒危物种红色名录》（IUCN 红色名录）2022 年 3.1 版，无危（LC）。

白马鸡

分　　类：鸟纲 鸡形目 雉科 马鸡属

学　　名：*Crossoptilon crossoptilon* Hodgson

别　　名：雪雉。

形态特征：体长 69 ～ 102cm。雄鸟头顶有黑色绒状短羽；面部裸露，呈瘤状突出，鲜红色；耳羽白色，呈簇状；上下体羽几乎纯白色，翅上覆羽和尾上覆羽稍有灰色；初级飞羽和小翼羽暗褐色；次级飞羽黑褐色而有紫色反光；尾羽基部灰，向后转为紫铜色，端部呈暗绿色或深黄紫色，均有金属光泽。雌鸟体形与雄鸟相似，但稍小；虹膜橙黄色；嘴粉红色；跗跖、趾鲜红色；爪褐黑色。

生活习性：栖息于高山和亚高山针叶林和针阔叶混交林带，有时也到林线上林缘疏林灌丛中活动。以植物的叶、芽、果实和种子等为食，也吃少量昆虫等动物性食物。

地理分布：班玛。留鸟。

保护级别：列入 2021 年《国家重点保护野生动物名录》，二级。列入《濒危野生动植物种国际贸易公约》，附录Ⅰ。列入《世界自然保护联盟濒危物种红色名录》（IUCN 红色名录）2022 年 3.1 版，近危（NT）。

血雉

分　　类：鸟纲 鸡形目 雉科 血雉属

学　　名：*Ithaginis cruentus* Hardwicke

别　　名：松花鸡、太白鸡、血鸡、薮鸡、绿鸡、柳鸡。

形态特征：体长 37 ～ 47cm。雄鸟额、眼先、眉纹和颊呈黑色，除眼先外多少沾有绯红色。背至尾上覆羽黑褐色，具白色羽干纹。尾下覆羽黑褐色，具白色羽干纹和端斑，并具宽阔的绯红色边缘。雌鸟额、眼先和眼的上下浅棕褐色，头顶灰色，具有棕褐色羽干纹。头顶羽毛并向后延长成羽冠。耳羽灰褐色，具有棕白色羽干，并向后延伸与头顶羽毛共同形成羽冠。其余上体和两翅表面棕白色，具有褐色羽干纹，并密缀有黑褐色虫蠹状斑。

生活习性：栖于松林和云杉林。以松（杉）类植物的叶和种子为食。

地理分布：班玛、达日。留鸟。

保护级别：列入 2021 年《国家重点保护野生动物名录》，二级。列入《濒危野生动植物种国际贸易公约》，附录Ⅱ。列入《世界自然保护联盟濒危物种红色名录》（IUCN 红色名录）2022 年 3.1 版，无危（LC）。

斑翅山鹑

分　　类：鸟纲 鸡形目 雉科 山鹑属

学　　名：*Perdix dauurica* Pallas

别　　名：沙斑鸡、斑鸡子。

形态特征：体长 25 ～ 31cm。雄鸟的脸、喉中部及腹部橘黄色，腹中部有一倒“U”字形黑色斑块。与灰山鹑的区别在于胸为黑色而非栗色，喉部橘黄色延至腹部，喉部有羽须。雌鸟胸部无橘黄色及黑色，但有羽须。

生活习性：栖息于平原森林草原、灌丛草地、低山丘陵和农田荒地等各类生境中。以植物性食物为食，也吃蝗虫、蚱蜢等昆虫和小形无脊推动物。

地理分布：玛沁、班玛。留鸟。

保护级别：列入《国家保护的有益的或者有重要经济、科学研究价值的陆生野生动物名录》。列入《世界自然保护联盟濒危物种红色名录》（IUCN 红色名录）2022 年 3.1 版，无危（LC）。

高原山鹑

分　　类：鸟纲 鸡形目 雉科 山鹑属

学　　名：*Perdix hodgsoniae* Hodgson

别　　名：沙拌鸡。

形态特征：体长 23 ～ 30cm。具醒目的白色眉纹和特有的栗色颈圈。眼下脸侧有黑色点斑。上体黑色横纹密布，外侧尾羽棕褐色。下体显黄白色，胸部具很宽的黑色鳞状斑纹并至体侧。

生活习性：栖息于矮树丛和灌丛。以各种植物种子、幼芽、浆果以及苔藓为食。

地理分布：玛沁、班玛、达日、久治。留鸟。

保护级别：列入《国家保护的有益的或者有重要经济、科学研究价值的陆生野生动物名录》。列入《世界自然保护联盟濒危物种红色名录》（IUCN 红色名录）2022 年 3.1 版，无危（LC）。

环颈雉

分　　类：鸟纲 鸡形目 雉科 雉属

学　　名：*Phasianus colchicus* Linnaeus

别　　名：野鸡、山鸡、雉鸡。

形态特征：体长 60 ～ 85cm。雄鸟头顶青铜绿色；额、颏、喉和后颈均黑色，且具金属绿色或蓝光反光；白色颈圈有或无；上背深金黄色，而具黑斑；下体自喉以下均呈带栗色的铜红色，羽端具锚状黑斑；两胁棕黄色，并缀以黑斑；腹乌褐色；尾下覆羽同色，而杂以栗色。雌鸟体形较雄鸟小，尾亦较短，体羽大都沙褐色，背面满杂以黑色斑点，上背缀以栗色；尾羽沙褐色沾栗色，具多数黑色横斑；下体大都沙褐色，胸及两胁稍杂以黑斑。

生活习性：栖息于林缘灌丛、河滩灌丛、耕地附近灌丛或草丛中。以野生植物的嫩芽、种子、果实以及豆类和各种谷物为食。

地理分布：玛沁、班玛。留鸟。

保护级别：列入《国家保护的有益的或者有重要经济、科学研究价值的陆生野生动物名录》。列入《世界自然保护联盟濒危物种红色名录》（IUCN 红色名录）2022 年 3.1 版，无危（LC）。

暗腹雪鸡

分　　类：鸟纲 鸡形目 雉科 雪鸡属

学　　名：*Tetraogallus himalayensis* G. R. Gray

别　　名：高山雪鸡、喜马拉雅雪鸡。

形态特征：体长 50 ～ 65cm。通体以土棕色或红棕色为主，密布有黑褐色的斑点。额、眉纹、脸、耳羽土黄色。眼先和脸具模糊的黑色细纹，眼睑边缘石板蓝色，眼周围裸露部分皮黄色。颈侧有白斑。虹膜暗角褐色。嘴角褐色或角石板色。跗跖和趾橙色至亮红色；爪黑色。

生活习性：栖息于高山、裸岩、高山草甸和稀疏的灌丛附近。以金露梅、珠芽蓼的嫩叶和花果及昆虫为食。

地理分布：玛沁。留鸟。

保护级别：列入 2021 年《国家重点保护野生动物名录》，二级。列入《世界自然保护联盟濒危物种红色名录》（IUCN 红色名录）2022 年 3.1 版，无危（LC）。

藏雪鸡

分　　类：鸟纲 鸡形目 雉科 雪鸡属

学　　名：*Tetraogallus tibetanusy* Gould

别　　名：雪鸡、淡腹雪鸡。

形态特征：体长 50 ～ 61㎜。头顶、后颈、颈侧为青石板色，耳羽污白。上背土棕色，近颈部有一淡棕色半环，其余背部羽毛黑褐色。前胸和后胸之间有一灰色带状羽毛，胸部和腹部白色。尾羽 20 枚，最外侧尾羽较短；除中央一对尾羽具有明显的横斑外，其余尾羽近羽根 2/3 的外缘为淡粉棕色。

生活习性：栖息于高山裸岩、荒漠或半灌丛漠地，亦常在雪线附近活动。有垂直迁移习性。食物以早熟禾等禾本科植物的花、球茎及草叶等为主，兼食昆虫。

地理分布：玛沁、班玛、达日、久治、甘德、玛多。留鸟。

保护级别：列入 2021 年《国家重点保护野生动物名录》，二级。列入《世界自然保护联盟濒危物种红色名录》（IUCN 红色名录）2022 年 3.1 版，无危（LC）。

红喉雉鹑

分　　类：鸟纲 鸡形目 雉科 雉鹑属

学　　名：*Tetraogphasis obscurus* J. Verreaux

别　　名：雉鹑。

形态特征：体长 44 ～ 54cm。上体大都褐色。头顶与两侧深灰色，头顶与枕羽中央有黑褐色纵纹。飞羽暗褐色，羽缘具白色和棕色端斑。中央一对尾羽灰褐色具白色端斑，外侧尾羽灰褐色具黑褐斑，近端部为深黑色，羽端纯白色。颏、喉、前颈至尾下覆羽红栗色。胸、腹灰褐色。胸羽具黑褐色纵纹。腹羽杂以淡黄色和棕色。

生活习性：栖息于高山针叶林上缘和林线以上的杜鹃灌丛地带。喜欢啄食松树、野蔷薇、委陵菜、野燕麦、针茅、贝母、青稞等植物的球茎、块根、草叶、花和种子，也以少量昆虫等小动物为食。

地理分布：班玛。留鸟。

保护级别：列入 2021 年《国家重点保护野生动物名录》，一级。列入《世界自然保护联盟濒危物种红色名录》（IUCN 红色名录）2022 年 3.1 版，未予评估（NE）。

黄喉雉鹑

分　　类：鸟纲 鸡形目 雉科 雉鹑属

学　　名：*Tetraophasis szechenyii* Madarász

别　　名：西康雉鹑、四川雉鹑、木坪雉雷鸟。

形态特征：体长 44 ～ 54cm。与红喉雉鹑非常相似，喉块皮黄色，缺白色边缘。眼周裸皮猩红色。虹膜褐色；嘴灰黑色；脚深红色。

生活习性：栖息于高山针叶林上缘和林线以上的杜鹃灌丛地带。喜欢啄食植物的球茎、块根、草叶、花和种子，也以少量昆虫等小动物为食。

地理分布：班玛。留鸟。

保护级别：列入 2021 年《国家重点保护野生动物名录》，一级。列入《世界自然保护联盟濒危物种红色名录》（IUCN 红色名录）2022 年 3.1 版，无危（LC）。

斑尾榛鸡

分　　类：鸟纲 鸡形目 雉科 榛鸡属

学　　名：*Tetrastes sewerzowi* Przewalski

别　　名：羊角鸡。

形态特征：体长 31 ～ 38cm。上体栗色，具显著的黑色横斑。颏、喉黑色，周边围有白边。胸栗色，向后近白色。各羽均具黑色横斑，外侧尾羽黑褐色，具若干白色横斑和端斑。

生活习性：栖息于山坡金露梅等灌丛、云杉林下。以油菜籽、麦粒为食。

地理分布：玛沁、班玛。留鸟。

保护级别：列入 2021 年《国家重点保护野生动物名录》，一级。列入《世界自然保护联盟濒危物种红色名录》（IUCN 红色名录）2022 年 3.1 版，未予评估（NE）。

灰鹤

分　　类：鸟纲 鹤形目 鹤科 鹤属

学　　名：*Grus grus* Linnaeus

别　　名：大雁、千岁鹤、玄鹤、番薯鹤。

形态特征：体长 100 ～ 120cm。全身羽毛大都灰色。头顶裸出皮肤鲜红色。眼后至颈侧有灰白色纵带。脚黑色。虹膜赤褐色呈黄褐色。嘴青灰色。裸出的胫部、跗跖及趾均为灰褐色。

生活习性：栖息于近水的开阔沼泽地。以水草、种子、昆虫为食。

地理分布：玛沁、玛多。旅鸟。

保护级别：列入 2021 年《国家重点保护野生动物名录》，二级。列入《世界自然保护联盟濒危物种红色名录》（IUCN 红色名录）2022 年 3.1 版，无危（LC）。

黑颈鹤

分　　类：鸟纲 鹤形目 鹤科 鹤属

学　　名：*Grus nigricollis* Przevalski

别　　名：青庄、冲虫、干鹅。

形态特征：体长 110 ～ 120cm。成鸟头顶皮肤血红色，并布有稀疏发状羽；除眼后和眼下方具小白色或灰白色斑外，头的其余部分和颈的上部约 2/3 为黑色；初级飞羽和最内侧延长的次级飞羽呈黑色，后者被覆于尾羽上面。外侧次级飞羽内翈、尾羽黑色，尾上覆羽灰色。虹膜黄色。嘴角橄榄绿到角灰色，端部黄。跗跖和趾黑色。雌雄鸟相似。

生活习性：栖息于高山草甸沼泽地、芦苇沼泽地或湖泊河流沼泽地。杂食性，以植物性食物为主。

地理分布：玛沁、甘德、达日、久治、玛多。夏候鸟。

保护级别：列入 2021 年《国家重点保护野生动物名录》，一级。列入《世界自然保护联盟濒危物种红色名录》（IUCN 红色名录）2022 年 3.1 版，近危（NT）。

白胸苦恶鸟

分　　类：鸟纲 鹤形目 秧鸡科 苦恶鸟属

学　　名：*Amaurornis phoenicurus* Pennant

别　　名：白腹秧鸡、白胸秧鸡、白脸秧鸡、白胸苦厄鸟。

形态特征：体长 26 ～ 35cm。上体暗石板灰色。两颊、喉至胸、腹均为白色，与上体形成黑白分明的对比。下腹和尾下覆羽栗红色。成鸟两性相似，雌鸟稍小。头顶、枕、后颈、背和肩暗石板灰色，沾橄榄褐色，并微着绿色光辉。两翅和尾羽橄榄褐色。胸至上腹中央均白色。下腹中央白色而稍沾红褐色，两侧、肛周和尾下覆羽红棕色。幼鸟面部有模糊的灰色羽尖，上体的橄榄褐色多于石板灰色。

生活习性：栖息于长有芦苇或杂草的沼泽地，以及河流、湖泊、灌渠和池塘边。杂食性。

地理分布：班玛。旅鸟。

保护级别：列入《国家保护的有益的或者有重要经济、科学研究价值的陆生野生动物名录》。列入《世界自然保护联盟濒危物种红色名录》（IUCN 红色名录）2022 年 3.1 版，无危（LC）。

白骨顶

分　　类：鸟纲 鹤形目 秧鸡科 骨顶属

学　　名：*Fulica atra* Linnaeus

别　　名：白骨顶鸡、骨顶鸡。

形态特征：体长 38 ～ 43cm。嘴长度适中，高而侧扁。头具额甲，白色，端部钝圆。趾均具宽而分离的瓣蹼。体羽全黑色或暗灰黑色，多数尾下覆羽有白色。

生活习性：栖息于有水生植物的大面积静水或近海的水域。杂食性。

地理分布：玛沁、班玛、玛多。留鸟。

保护级别：列入《国家保护的有益的或者有重要经济、科学研究价值的陆生野生动物名录》。列入《世界自然保护联盟濒危物种红色名录》（IUCN 红色名录）2022 年 3.1 版，无危（LC）。

银喉长尾山雀

分　　类：鸟纲 鹤形目 长尾山雀科 长尾山雀属

学　　名：*Aegithalos glaucogularis* Gould

形态特征：体长 10 ～ 12cm。尾长约占或超过体长一半。冬季全身绒毛较厚。头顶黑色并具浅色纵纹，头和颈侧呈葡萄棕色。背灰色或黑色。翅黑色并具白边。下体淡葡萄红色。部分喉部具银灰色斑。尾较长，呈凸尾状。

生活习性：栖息于针叶林及针阔叶混交林、灌丛等地。以昆虫为食，也食少许植物种子。

地理分布：玛沁、班玛。留鸟。

保护级别：列入《国家保护的有益的或者有重要经济、科学研究价值的陆生野生动物名录》。列入《世界自然保护联盟濒危物种红色名录》（IUCN 红色名录）2022 年 3.1 版，无危（LC）。

凤头雀莺

分　　类：鸟纲 鹤形目 长尾山雀科 雀莺属

学　　名：*Leptopoecile elegans* Przevalski

形态特征：体长 9 ～ 10cm。雄鸟呈毛绒绒的紫色和绛紫色。顶冠淡紫灰色。额及头白色。尾全蓝。雌鸟喉及上胸白色，至臀部渐变成淡紫色。耳羽灰色，一道黑线将灰色头顶及近白色的凤头与偏粉色的枕部及上背隔开。与花彩雀莺的区别在凤头显著，尾无白色，头顶灰色。

生活习性：栖于针叶林及林线以上的灌丛，冬季下至亚高山林带。结小群并与其他种类混群。

地理分布：玛沁、班玛。留鸟。

保护级别：列入《国家保护的有益的或者有重要经济、科学研究价值的陆生野生动物名录》。列入《世界自然保护联盟濒危物种红色名录》（IUCN 红色名录）2022 年 3.1 版，无危（LC）。

花彩雀莺

分　　类：鸟纲 鹤形目 长尾山雀科 雀莺属

学　　名：*Leptopoecile sophiae* Severtzovl

形态特征：体长 9 ～ 12cm。顶冠棕色，眉纹白色。雄鸟头顶中央向后颈栗红色。前额及两侧乳黄色。背及两肩稍沾沙色的灰色。腰及尾上覆羽呈带有紫色的辉蓝色，尾下覆羽栗色。眉纹淡黄色，自嘴或起一道黑褐色斑纹，通过眼睛直到耳羽上方。翼羽沙褐色，飞羽的外边缘灰蓝色。颏栗色，胸、颈侧及两胁呈带栗色的灰蓝色。腹部乳黄色。

生活习性：栖息于针叶树和栎类植物混生的针阔叶混交林中。以昆虫为食，且大都系有害昆虫，故为益鸟。

地理分布：玛沁、班玛、达日、久治、甘德、玛多。旅鸟。

保护级别：列入《世界自然保护联盟濒危物种红色名录》（IUCN 红色名录）2022 年 3.1 版，无危（LC）。

云雀

分　　类：鸟纲 鹤形目 百灵科 云雀属

学　　名：*Alauda arvensis* Linnaeus。

别　　名：告天子、告天鸟、阿兰、大鹨、天鹨、朝天子。

形态特征：体长 17 ～ 18cm。顶冠及耸起的羽冠具细纹。尾分叉，羽缘白色，后翼缘的白色于飞行时可见。它飞到一定高度时，稍稍浮翔，又疾飞而上，直入云霄，故得此名。

生活习性：栖息于草地、干旱平原、泥淖及沼泽地。正常飞行起伏不定，警惕时下蹲。主要以草籽、昆虫等为食。

地理分布：玛沁、玛多。留鸟。

保护级别：列入 2021 年《国家重点保护野生动物名录》，二级。列入《世界自然保护联盟濒危物种红色名录》（IUCN 红色名录）2022 年 3.1 版，无危（LC）。

小云雀

分　　类：鸟纲 鹤形目 百灵科 云雀属

学　　名：*Alauda gulgula* Franklin

别　　名：大鹨、天鹨、百灵、告天鸟。

形态特征：体长 13 ～ 18cm。小形鸣禽。雌雄鸟羽色相似。具耸起的短羽冠，上有细纹。全身羽毛黄褐色。上体、双翼和尾巴有纵斑纹，尾羽有白色羽缘。

生活习性：典型草原鸟类，地面生活。杂食性，以植物种子、小形甲虫、摇蚊、蜂、鳞翅目的幼虫、蜘蛛以及蝗虫等为食。

地理分布：玛沁、班玛、达日、久治、甘德、玛多。留鸟。

保护级别：列入《国家保护的有益的或者有重要经济、科学研究价值的陆生野生动物名录》。列入《世界自然保护联盟濒危物种红色名录》（IUCN 红色名录）2022 年 3.1 版，无危（LC）。

细嘴短趾百灵

分　　类：鸟纲 鹤形目 百灵科 短趾百灵属

学　　名：*Calandrella acutirostris* Hume

别　　名：细嘴沙百灵。

形态特征：体长约 14cm。颈侧具黑色的小块斑。上体具少量近黑色纵纹。短眉纹皮黄色。胸部纵纹散布较开。站势甚直，上体有纵纹且尾具白色的宽边而有别于其他小形百灵。鼻孔上有悬羽掩盖。翅膀稍尖长，尾较翅为短，跗跖后缘较钝，具有盾状鳞，后爪长而直。虹膜褐色。嘴粉红色。脚偏粉色。野外易与大短趾百灵混淆，区别在体羽灰色较重，且深褐色的外侧尾羽羽端白色，但白色甚少，眉纹较细，嘴较长而尖。

生活习性：栖息于多裸露岩石的高山两侧及多草的干旱平原。主要以草籽、嫩芽等为食，也捕食昆虫，如蚱蜢、蝗虫等。

地理分布：玛沁、久治、达日、玛多。留鸟。

保护级别：列入《世界自然保护联盟濒危物种红色名录》（IUCN 红色名录）2022 年 3.1 版，无危（LC）。

角百灵

分　　类：鸟纲 鹤形目 百灵科 角百灵属

学　　名：*Eremophila alpestris* Linnaeus

别　　名：花脸百灵。

形态特征：体长 15 ～ 17cm。上体棕褐色至灰褐色。前额白色，顶部红褐色，在额部与顶部之间具宽阔的黑色带纹，带纹的后两侧有黑色羽毛凸起于头后如角。颊部白色并具有黑色宽阔胸带。尾暗褐色，但外侧一对尾羽白色。后爪长而稍弯曲。

生活习性：栖息于高山草原和草甸草原地区。杂食性，以鳞翅目幼虫及甲虫和青稞草籽等为食。

地理分布：玛沁、班玛、达日、久治、甘德、玛多。留鸟。

保护级别：列入《国家保护的有益的或者有重要经济、科学研究价值的陆生野生动物名录》。列入《世界自然保护联盟濒危物种红色名录》（IUCN 红色名录）2022 年 3.1 版，无危（LC）。

凤头百灵

分　　类：鸟纲 鹤形目 百灵科 凤头百灵属

学　　名：*Galerida cristata* Linnaeus

别　　名：凤头阿兰。

形态特征：体长 17 ～ 18cm。具羽冠，冠羽长而窄。上体沙褐色而具近黑色纵纹。尾深褐而两侧黄褐，覆羽皮黄色。下体浅皮黄色，胸密布近黑色纵纹。看似矮墩而尾短，嘴略长而下弯。飞行时两翼宽，翼下锈色。

生活习性：栖息于干燥平原、旷野、半荒漠、沙漠边缘、农耕地及弃耕地。主要以草籽、嫩芽、浆果等为食，也捕食昆虫，如甲虫、蚱蜢、蝗虫等。

地理分布：玛沁、久治。留鸟。

保护级别：列入《世界自然保护联盟濒危物种红色名录》（IUCN 红色名录）2022 年 3.1 版，无危（LC）。

长嘴百灵

分　　类：鸟纲 鹤形目 百灵科 百灵属

学　　名：*Melanocorypha maxima* Blyth

别　　名：大百灵。

形态特征：体长约21cm。成鸟上体褐色。头和腰沾棕色，各羽中央暗褐色，边缘淡。眉纹、颊部白色。耳羽茶黄色。颈部羽色常明显沾灰色。尾羽褐色，边缘茶褐色的嘴比较尖细而呈圆锥状，嘴尖处略有弯曲。鼻孔上有悬羽掩盖。

生活习性：栖息于较湿润的草甸草原地带或沼泽地。杂食性，以青稞和鞘翅目的幼虫为食。

地理分布：玛沁、班玛、达日、久治、甘德、玛多。留鸟。

保护级别：列入《世界自然保护联盟濒危物种红色名录》（IUCN红色名录）2022年3.1版，无危（LC）。

蒙古百灵

分　　类：鸟纲 鹤形目 百灵科 百灵属

学　　名：*Melanocorypha mongolica* Pallas

别　　名：蒙古鹨、百灵鸟。

形态特征：体长 16 ～ 21cm。上体黄褐色，具棕黄色羽缘。头顶周围栗色，中央浅棕色。下体白色，胸部具有不连接的宽阔横带。两胁稍杂以栗纹。颊部皮黄色。2 条长而显著的白色眉纹在枕部相接。雌鸟似雄鸟，但颜色暗淡。它们的嘴较尖细而呈圆锥状，嘴尖处略有弯曲。鼻孔上有悬羽掩盖。翅膀稍尖长，尾较翅为短。跗跖后缘较钝，具有盾状鳞，后爪长而直。

生活习性：栖息于草原、半荒漠等开阔地带。以杂草草籽和其他植物种子为食，也吃昆虫和其他小形动物。

地理分布：玛沁。留鸟。

保护级别：列入 2021 年《国家重点保护野生动物名录》，二级。列入《世界自然保护联盟濒危物种红色名录》（IUCN 红色名录）2022 年 3.1 版，无危（LC）。

长尾山椒鸟

分　　类：鸟纲 雀形目 山椒鸟科 山椒鸟属

学　　名：*Pericrocotus ethologus* Bangs et J. C. Phillips

形态特征：体长 17 ～ 20cm。雄鸟头和上背亮黑色，下背至尾上覆羽以及自胸起的整个下体赤红色；两翅和尾黑色，翅上具红色翼斑，第一枚初级飞羽外缘粉红色，内侧 2 ～ 4 枚飞羽具红色羽缘；尾具红色端斑，最外侧一对尾羽几全为红色。雌鸟前额黄色；头顶至后颈暗褐灰色，背灰橄榄绿色或灰黄绿色；腰和尾上覆羽鲜绿黄色。

生活习性：栖息于山地森林中。主要以昆虫为食。

地理分布：班玛。夏候鸟。

保护级别：列入《国家保护的有益的或者有重要经济、科学研究价值的陆生野生动物名录》。列入《世界自然保护联盟濒危物种红色名录》（IUCN 红色名录）2022 年 3.1 版，无危（LC）。

欧亚旋木雀

分　　类：鸟纲 雀形目 旋木雀科 旋木雀属

学　　名：*Certhia familiaris* Linnaeus

别　　名：爬树鸟、普通旋木雀。

形态特征：体长 12 ～ 15cm。嘴长而下曲。上体棕褐色并具白色纵纹。腰和尾上覆羽红棕色，尾黑褐色，外翈羽缘淡棕色。翅黑褐色，翅上覆羽羽端棕白色，飞羽中部具 2 道淡棕色带斑。下体白色。尾为很硬且尖的楔形尾。

生活习性：栖息于高山针叶林或针阔叶混交林及山区林缘。以鞘翅目、双翅目的昆虫为食。

地理分布：玛沁。留鸟。

保护级别：列入《世界自然保护联盟濒危物种红色名录》（IUCN 红色名录）2022 年 3.1 版，无危（LC）。

高山旋木雀

分　　类：鸟纲 雀形目 旋木雀科 旋木雀属

学　　名：*Certhia himalayana* Vigors

别　　名：斑尾旋木雀、喜马拉雅旋木雀、喜山旋木雀。

形态特征：体长 12 ～ 14cm。以其腰或下体无棕色、尾多灰色、尾上具明显横斑而易与其他旋木雀相区别；嘴较其他旋木雀显长而下弯。喉白色。胸腹部烟黄色。

生活习性：栖息于高山针叶林或针阔叶混交林及山区林缘。以昆虫等动物性食物为食，也吃植物果实和种子。

地理分布：班玛。留鸟。

保护级别：列入《世界自然保护联盟濒危物种红色名录》（IUCN 红色名录）2022 年 3.1 版，无危（LC）。

霍氏旋木雀

分　　类：鸟纲 雀形目 旋木雀科 旋木雀属

学　　名：*Certhia hodgsoni* Brooks

别　　名：霍奇森旋木雀。

形态特征：体长 12 ～ 15cm。嘴长而下曲，上体棕褐色并具白色纵纹。腰和尾上覆羽红棕色，尾黑褐色，外翈羽缘淡棕色。翅黑褐色，翅上覆羽羽端棕白色，飞羽中部具 2 道淡棕色带斑。虹膜暗褐色或茶褐色。嘴黑色，下嘴乳白色，跗跖淡褐色。

生活习性：栖息于高山针叶林、针阔叶混交林及山区林缘。以昆虫等动物性食物为食，也吃植物果实和种子。

地理分布：班玛。留鸟。

保护级别：列入《世界自然保护联盟濒危物种红色名录》（IUCN 红色名录）2022 年 3.1 版，无危（LC）。

河乌

分　　类：鸟纲 雀形目 河乌科 河乌属

学　　名：*Cinclus cinclus* Linnaeus

别　　名：普通河乌、小水老鸹。

形态特征：体长 17 ～ 20cm。头、颈部及两侧和上背咖啡褐色，羽端色泽略浅。上体余部暗石板灰色，每片羽毛的中央和背部部分羽毛边缘黑灰色。颏、喉及胸部纯白色。下体余部咖啡褐色，但向后褐色减弱，渐呈黑褐色。两胁暗灰色。褐色型上体与白色型相似，仅咖啡褐色部分的褐色较弱。

生活习性：栖息于水流湍急的山溪中。以溪、泉水中害虫为食。

地理分布：玛沁、班玛、甘德、达日、久治、玛多。留鸟。

保护级别：列入《世界自然保护联盟濒危物种红色名录》（IUCN 红色名录）2022 年 3.1 版，无危（LC）。

渡鸦

分　　类：鸟纲 雀形目 鸦科 鸦属

学　　名：*Corvus corax* Linnaeus

别　　名：大老、夏若（藏名音译）。

形态特征：成鸟体长 56 ～ 69cm。通体黑色，并呈紫蓝色的金属光泽。虹膜褐色。嘴粗大。嘴和跗跖亮黑色。

生活习性：栖息于高山草甸和山区林缘地带。杂食性。主要取食小形啮齿类、小形鸟类、爬行类、昆虫和腐肉等，也取食植物的果实等，甚至人类活动留下的剩食等。

地理分布：玛沁、班玛、久治、甘德、达日、玛多。留鸟。

保护级别：列入《国家保护的有益的或者有重要经济、科学研究价值的陆生野生动物名录》。列入《世界自然保护联盟濒危物种红色名录》（IUCN 红色名录）2022 年 3.1 版，无危（LC）。

小嘴乌鸦

分　　类：鸟纲 雀形目 鸦科 鸦属

学　　名：*Corvus corone* Linnaeus

形态特征：体长 45 ～ 50cm。雌雄鸟同形同色，通体漆黑，无论是嘴、虹膜还是双足均是饱满的黑色。头顶、后颈和颈侧之外的其他部分羽毛，多少都带有一些蓝色、紫色和绿色的金属光泽。飞羽和尾羽的光泽略呈蓝绿色，其他部分的光泽则呈蓝偏紫色。下体的光泽较黯淡。

生活习性：在低山区繁殖，冬季游荡到平原地区和居民点附近寻找食物和越冬。杂食性鸟类。

地理分布：玛沁、班玛。留鸟。

保护级别：列入《世界自然保护联盟濒危物种红色名录》（IUCN 红色名录）2022 年 3.1 版，无危（LC）。

达乌里寒鸦

分　　类：鸟纲 雀形目 鸦科 鸦属

学　　名：*Corvus dauuricus* Pallas

别　　名：寒鸦、慈鸦、燕乌、孝乌、小山老鸹、侉老鸹、麦鸦、白脖寒鸦、白腹寒鸦。

形态特征：体长 30 ～ 35cm。全身羽毛主要为黑色，仅后颈有一宽阔的白色颈圈向两侧延伸至胸和腹部，在黑色体羽衬托下极为醒目。

生活习性：栖息于山地、丘陵、平原、农田、旷野等各类生境中。以蝼蛄、甲虫、金龟子等昆虫为食，食性较杂。

地理分布：玛沁、班玛。留鸟。

保护级别：列入《国家保护的有益的或者有重要经济、科学研究价值的陆生野生动物名录》。列入《世界自然保护联盟濒危物种红色名录》（IUCN 红色名录）2022 年 3.1 版，无危（LC）。

大嘴乌鸦

分　　类：鸟纲 雀形目 鸦科 鸦属

学　　名：*Corvus macrorhynchos* Wagler

别　　名：巨嘴鸦、老鸦、老鸹。

形态特征：体长 44 ～ 54cm。雌雄鸟同形同色，通身漆黑，除头顶、后颈和颈侧之外的其他部分羽毛均带有一些显蓝色、紫色和绿色的金属光泽。嘴粗大，嘴峰弯曲，峰嵴明显，嘴基有长羽，伸至鼻孔处。额较陡突。尾长，呈楔状。后颈羽毛柔软松散如发状，羽干不明显。

生活习性：栖息于低山、平原，山地阔叶林、针阔叶混交林、针叶林、次生杂木林、人工林等各种森林类型中，尤以疏林和林缘地带较常见。以昆虫为食，也吃雏鸟、鸟卵、鼠类、腐肉、动物尸体以及植物叶、芽、果实和种子等，属杂食性。

地理分布：玛沁、班玛、久治、甘德、达日。留鸟。

保护级别：列入《世界自然保护联盟濒危物种红色名录》（IUCN 红色名录）2022 年 3.1 版，无危（LC）。

灰喜鹊

分　　类：鸟纲 雀形目 鸦科 灰喜鹊属

学　　名：*Cyanopica cyanus* Pallas

别　　名：山喜鹊、蓝鹊、蓝膀香鹊、长尾鹊、鸢喜鹊、长尾巴郎。

形态特征：体长 33 ～ 40cm。嘴、脚、额至后颈黑色。背灰色。两翅和尾灰蓝色，初级飞羽外翈端部白色。尾长，呈凸状，具白色端斑，外侧尾羽较短，不及中央尾羽之半。下体灰白色。

生活习性：栖息于河谷的沙滩灌木林和林缘灌丛地带。以甲虫、鳞翅目幼虫、蚂蚁及草籽等为食。

地理分布：玛沁。留鸟。

保护级别：列入《国家保护的有益的或者有重要经济、科学研究价值的陆生野生动物名录》。列入《世界自然保护联盟濒危物种红色名录》（IUCN 红色名录）2022 年 3.1 版，无危（LC）。

松鸦

分　　类：鸟纲 雀形目 鸦科 松鸦属

学　　名：*Garrulus glandarius* Linnaeus

别　　名：塞皋、屋鸟、橿鸟、山和尚。

形态特征：体长 28 ～ 35cm。羽毛蓬松，呈绒毛状。头顶有羽冠，遇刺激时能够竖直起来。上体葡萄棕色。尾长，尾上覆羽白色，尾和翅黑色，翅短，翅上有辉亮的黑、白、蓝三色相间的横斑，极为醒目。

生活习性：栖息在针叶林、针阔叶混交林、阔叶林等森林中。以昆虫、蜘蛛、雏鸟、鸟卵以及植物性食物为食。

地理分布：玛沁。留鸟。

保护级别：列入《世界自然保护联盟濒危物种红色名录》（IUCN 红色名录）2022 年 3.1 版，无危（LC）。

黑头噪鸦

分　　类：鸟纲 雀形目 鸦科 噪鸦属

学　　名：*Perisoreus internigrans* Thayer et Bangs

形态特征：体长 29 ～ 32cm。体羽呈黑色及灰褐色，通体无鲜亮色调。尾甚短。嘴黄橄榄色至角质色。脚黑色。与北噪鸦的区别在体羽全灰色，嘴钝短，两翼、腰及尾少棕色。虹膜褐色。

生活习性：栖息于山林中。以昆虫、蜘蛛及植物性食物等为食。

地理分布：班玛。留鸟。

保护级别：列入 2021 年《国家重点保护野生动物名录》，一级。列入《世界自然保护联盟濒危物种红色名录》（IUCN 红色名录）2022 年 3.1 版，近危（NT）。

喜鹊

分　　类：鸟纲 雀形目 鸦科 鹊属

学　　名：*Pica pica* Linnaeus

别　　名：鹊、客鹊。

形态特征：体长 40 ～ 50cm。雌雄鸟羽色相似。头、颈、背至尾均为黑色，并自前往后分别呈现紫色、蓝绿色、绿色等光泽。双翅黑色而在翼肩有一大形白斑。尾远较翅长，呈楔形。嘴、腿、脚纯黑色。腹面以胸为界，前黑色后白色。

生活习性：栖息地多样，常出没于人类活动地区，喜欢将巢筑在民宅旁的大树上。杂食性，以蝗虫、地老虎、蜂、蝇蛆和蚂蚁等为食。

地理分布：玛沁、班玛、达日、久治、甘德、玛多。留鸟。

保护级别：列入《国家保护的有益的或者有重要经济、科学研究价值的陆生野生动物名录》。列入《世界自然保护联盟濒危物种红色名录》（IUCN 红色名录）2022 年 3.1 版，无危（LC）。

红嘴山鸦

分　类：鸟纲 雀形目 鸦科 山鸦属

学　名：*Pyrrhocorax pyrrhocorax* Linnaeus

别　名：红嘴山老鸦。

形态特征：体长 36 ～ 48cm。雌雄鸟羽色相似，全身羽毛纯黑色并具蓝色金属光泽。两翅和尾纯黑色具蓝绿色金属光泽。虹膜褐色或暗褐色。嘴、脚朱红色。相似种黄嘴山鸦的嘴为黄色而不为红色。

生活习性：栖息于开阔的低山丘陵和山地。以蚊子、蚂蚁等昆虫为食，也吃植物果实、种子、草籽和嫩芽等植物性食物。

地理分布：玛沁、班玛、达日、久治、甘德、玛多。留鸟。

保护级别：列入《世界自然保护联盟濒危物种红色名录》（IUCN 红色名录）2022 年 3.1 版，无危（LC）。

发冠卷尾

分　　类：鸟纲 雀形目 卷尾科 卷尾属

学　　名：*Dicrurus hottentottus* Linnaeus

别　　名：卷尾燕、山黎鸡、黑铁练甲、大鱼尾燕。

形态特征：体长 28～35cm。头具细长羽冠，体羽斑点闪烁。尾长而分叉，外侧羽端钝而上翘，形似竖琴。指名亚种嘴较厚重。

生活习性：栖息于森林，有时也出现在林缘、村落和农田附近的小块丛林与树上。以各种昆虫为食，偶尔也吃少量植物果实、种子、叶芽等植物性食物。

地理分布：班玛。旅鸟。

保护级别：列入《国家保护的有益的或者有重要经济、科学研究价值的陆生野生动物名录》。列入《世界自然保护联盟濒危物种红色名录》（IUCN 红色名录）2022 年 3.1 版，无危（LC）。

黑卷尾

分　　类：鸟纲 雀形目 卷尾科 卷尾属

学　　名：*Dicrurus macrocercus* Vieillot

别　　名：吃杯茶、铁炼甲、篱鸡、铁燕子、黑黎鸡、黑乌秋、黑鱼尾燕、龙尾燕。

形态特征：体长 23 ～ 30cm。全身羽毛呈辉黑色。前额、眼先羽绒黑色。上体自头部、背部至腰部及尾上覆羽深黑色，缀铜绿色金属闪光。尾羽深黑色，羽表面沾铜绿色光泽；中央一对尾羽最短，向外侧依次顺序增长，最外侧一对最长，其末端向外上方卷曲；尾羽末端呈深叉状。翅黑褐色，飞羽外翈及翅上覆羽具铜绿色金属光泽，翅下覆羽及腋羽黑褐色。下体自颏、喉至尾下覆羽均呈黑褐色，仅在胸部铜绿色金属光泽较显著。

生活习性：栖息活动于城郊区村庄附近和广大农村。主要以昆虫为食。

地理分布：班玛、达日。夏候鸟。

保护级别：列入《国家保护的有益的或者有重要经济、科学研究价值的陆生野生动物名录》。列入《世界自然保护联盟濒危物种红色名录》（IUCN 红色名录）2022 年 3.1 版，无危（LC）。

三道眉草鹀

分　　类：鸟纲 雀形目 鹀科 鹀属

学　　名：*Emberiza cioides* Brandt

别　　名：铁雀、山带子、山麻雀、小栗鸡。

形态特征：体长 14 ～ 18cm。体形似麻雀。雄鸟头顶及后头暗栗色，具淡色羽端；眉纹白色，眼及颊下部各具 1 条黑纹，其间夹一白纹连接着耳羽后面的白色横斑，耳羽深栗色；上体栗红色，向后渐淡，具黑褐色纵纹。

生活习性：栖息于山地、河谷、平原的草丛、灌木、岩石等地。杂食性，以昆虫及卵，蓼、稗、狗尾草、稻谷及小麦种子等为食。

地理分布：玛沁。留鸟。

保护级别：列入《国家保护的有益的或者有重要经济、科学研究价值的陆生野生动物名录》。列入《世界自然保护联盟濒危物种红色名录》（IUCN 红色名录）2022 年 3.1 版，无危（LC）。

灰眉岩鹀

分　　类：鸟纲 雀形目 鹀科 鹀属

学　　名：*Emberiza godlewskii* Linnaeus

别　　名：戈氏岩鹀。

形态特征：体长约 17cm。头、枕、头侧、喉、上胸、眉纹、颊、耳覆羽蓝灰色。贯眼纹和头顶两侧的侧贯纹黑色或栗色。背红褐色或栗色，具黑色中央纹。腰和尾上覆羽栗色，黑色纵纹少而不明显。下胸、腹等下体红棕色或粉红栗色。

生活习性：栖息于山地、草丛、灌丛、岩石、耕地及林缘。以杂草种子及昆虫为食。

地理分布：玛沁、班玛、甘德、达日、久治、玛多。留鸟。

保护级别：列入《国家保护的有益的或者有重要经济、科学研究价值的陆生野生动物名录》。列入《世界自然保护联盟濒危物种红色名录》（IUCN 红色名录）2022 年 3.1 版，无危（LC）。

藏鹀

分　　类：鸟纲 雀形目 鹀科 鹀属

学　　名：*Emberiza koslowi* Bianchi

形态特征：体长 17 ～ 19cm。雄鸟头顶、后颈及颈侧黑色。眉纹白色，自嘴基延伸至颈部；眼先、前颊及下嘴基部暗红褐色。上背及两肩鲜红栗色，与后颈之间具一深灰色横带，下延至下胸。两翅除大覆羽与背同色外，其余覆羽大都暗蓝灰色；翅下覆羽白色，腋羽灰色或灰白色。尾羽黑褐色，最外侧两对尾羽除羽基和外翈黑褐色外，其余尾羽黑褐色；尾下覆羽沾淡肉桂红色。颏和喉白色。上胸有一宽阔黑带，与颈侧的黑色相连；下胸暗蓝色直延至两胁。腹近白色。

生活习性：栖息于高山草甸、草原和灌丛。以鳞翅目幼虫及植物种子为食。

地理分布：玛沁、班玛、甘德、久治。留鸟。青藏高原特有种。

保护级别：列入 2021 年《国家重点保护野生动物名录》，二级。列入《世界自然保护联盟濒危物种红色名录》（IUCN 红色名录）2022 年 3.1 版，近危（NT）。

白头鹀

分　　类：鸟纲 雀形目 鹀科 鹀属

学　　名：*Emberiza leucocephalos* Cmelin

形态特征：体长 17 ～ 18cm。体羽似麻雀。头顶黄褐色杂以栗褐色羽干纹，头正中有一不明显的白色块斑。眉纹土黄色。耳羽土褐色。胸部具显著纵纹。

生活习性：栖息于山地林缘、山坡、灌丛、河谷小片树林等地。以杂草种子及昆虫等为食。

地理分布：玛沁。留鸟。

保护级别：列入《国家保护的有益的或者有重要经济、科学研究价值的陆生野生动物名录》。列入《世界自然保护联盟濒危物种红色名录》（IUCN 红色名录）2022 年 3.1 版，无危（LC）。

小鹀

分　　类：鸟纲 雀形目 鹀科 鹀属

学　　名：*Emberiza pusilla* Pallas

别　　名：高粱头、虎头儿、铁脸儿、花椒子儿、麦寂寂。

形态特征：体长 11 ～ 15cm。属小形鸣禽。嘴为圆锥形，与雀科的鸟类相比较为细弱，上下嘴边缘不紧密切合而微向内弯，因而切合线略有缝隙。体羽似麻雀，外侧尾羽有较多的白色。雄鸟夏羽头部赤栗色。头侧线和耳羽后缘黑色。上体余部大致沙褐色。背部具暗褐色纵纹。下体偏白色。胸及两胁具黑色纵纹。

生活习性：栖息于山溪沟谷、林缘、林间空地和林下灌丛或草丛活动。以草籽，昆虫等为食。

地理分布：玛沁。旅鸟和冬候鸟。

保护级别：列入《国家保护的有益的或者有重要经济、科学研究价值的陆生野生动物名录》。列入《世界自然保护联盟濒危物种红色名录》（IUCN 红色名录）2022 年 3.1 版，无危（LC）。

灰头鹀

分　　类：鸟纲 雀形目 鹀科 鹀属

学　　名：*Emberiza spodocephala* Pallas

别　　名：青头楞、黑脸鹀、青头鬼。

形态特征：体长 12 ～ 16cm。雄鸟嘴基周围、眼先及颊等均近黑色。头的余部、颈、颏、喉及胸部橄榄绿色。肩、背棕褐色并具黑色条纹。腰及尾上覆羽淡橄榄褐色。两翼黑褐色。覆羽具棕白色羽端，飞羽外缘棕褐色。尾羽黑褐色，外侧两对尾羽有白色楔状斑。腹及尾下覆羽辉黄色。两胁具黑褐色纵纹。

生活习性：栖息于溪流、平原灌丛、较稀疏的林地、耕地等环境中。杂食性，以植物种子和昆虫为食。

地理分布：玛沁。夏候鸟。

保护级别：列入《国家保护的有益的或者有重要经济、科学研究价值的陆生野生动物名录》。列入《世界自然保护联盟濒危物种红色名录》（IUCN 红色名录）2022 年 3.1 版，无危（LC）。

稀树草鹀

分　　类：鸟纲 雀形目 鹀科 稀树草鹀属

学　　名：*Passerculus sandwichensis* Beldingi

形态特征：体长约 15cm。头部多黑色。下体胸部棕色或黑色，腹部及侧面白色并具条纹。顶冠、喉咙白色。眼眉具条纹。双颊棕色。飞羽黑褐色，有浅棕色或白色边框。雌性成鸟羽色与雄鸟相似，但较浅淡。虹膜、脚褐色。嘴黑色，尖端褐色。爪黑色。

生活习性：栖息于半开放地区的灌木丛中。以草籽、种子和果实等植物为食，也吃昆虫等动物性食物。

地理分布：玛沁、班玛。旅鸟。

保护级别：列入《世界自然保护联盟濒危物种红色名录》（IUCN 红色名录）2022 年 3.1 版，无危（LC）。

白眉朱雀

分　　类：鸟纲 雀形目 燕雀科 朱雀属

学　　名：*Carpodacus dubius* Przevalski

形态特征：体长 15 ～ 17cm。雄鸟额基、眼先、颊深红色，额和一长而宽阔的眉纹珠白色，羽缘沾粉红色并具丝绢光泽。头顶、枕、后颈、背、肩棕褐色并具黑褐色羽干纹。腰和尾上覆羽玫瑰红色，尾黑褐色，羽缘稍淡。雌鸟前额白色并杂有黑色。头顶至背橄榄褐色或棕褐色，具宽的黑褐色纵纹。眉纹皮黄白色。腰和尾上覆羽棕黄色或金黄色，具细的暗褐色羽干纹。两翅和尾黑褐色，外翈羽缘色淡但无玫瑰色沾染。下体皮黄白色或污白色，密被黑褐色羽干纹。

生活习性：栖息于灌丛、草地等开阔地带。以草籽、果实、种子、嫩芽、嫩叶和浆果等植物为食。

地理分布：玛沁、班玛。留鸟。

保护级别：列入《国家保护的有益的或者有重要经济、科学研究价值的陆生野生动物名录》。列入《世界自然保护联盟濒危物种红色名录》（IUCN 红色名录）2022 年 3.1 版，无危（LC）。

普通朱雀

分　　类：鸟纲 雀形目 燕雀科 朱雀属

学　　名：*Carpodacus erythrinus* Pallas

别　　名：红麻料、青麻料。

形态特征：体长 13 ～ 16cm。雄鸟额、头顶、枕深朱红色或深洋红色。后颈、背、肩暗褐色或橄榄褐色，具不明显的暗褐色羽干纹和沾染有深朱红色或红色，腰和尾上覆羽玫瑰红色或深红色。尾羽黑褐色，羽缘沾棕红色。两翅黑褐色，翅上覆羽具宽的洋红色羽缘，飞羽外翈具窄的土红色羽缘。眼先暗褐色，有时微染白色，耳羽褐色而杂有粉红色。雌鸟上体灰褐色或橄榄褐色，头顶至背具暗褐色纵纹，两翅和尾黑褐色。下体灰白色或皮黄白色。颏、喉、胸和两胁具暗褐色纵纹。

生活习性：栖息于针叶林、针阔叶混交林及其林缘地带。以植物种子为食。

地理分布：玛沁、班玛、甘德、达日、久治。夏候鸟。

保护级别：列入《国家保护的有益的或者有重要经济、科学研究价值的陆生野生动物名录》。列入《世界自然保护联盟濒危物种红色名录》（IUCN 红色名录）2022 年 3.1 版，无危（LC）。

红眉朱雀

分　　类：鸟纲 雀形目 燕雀科 朱雀属

学　　名：*Carpodacus pulcherrimus* Moore

别　　名：喜山红眉朱雀。

形态特征：体长 13 ～ 16cm。上体褐色斑驳，眉纹、脸颊、胸及腰淡紫粉色，臀近白色。雌鸟无粉色，但具明显的皮黄色眉纹。雄雌鸟均甚似体形较小的曙红朱雀，但嘴较粗厚且尾较长。

生活习性：栖息于高山、草滩、灌丛、林缘及耕地旁树林灌丛地带。以草籽、野生植物的果实及农作物种子等为食。

地理分布：玛沁、班玛、达日、久治、甘德、玛多。留鸟。

保护级别：列入《国家保护的有益的或者有重要经济、科学研究价值的陆生野生动物名录》。列入《世界自然保护联盟濒危物种红色名录》（IUCN 红色名录）2022 年 3.1 版，无危（LC）。

红胸朱雀

分　类：鸟纲 雀形目 燕雀科 朱雀属

学　名：*Carpodacus puniceus* Blyth

形态特征：体长 19～22cm。嘴甚长。繁殖期雄鸟眉纹红色，眉线短而绯红色，颏至胸绯红色，腰粉红色，眼纹色深。雌鸟无粉色，上下体均具浓密纵纹。雄鸟与体形大小相似的大朱雀及拟大朱雀的区别为腹部灰色，与体形较小但色彩相似的红眉松雀的区别在腹部具纵纹且体形较大。雌鸟比大朱雀或拟大朱雀的雌鸟多橄榄色且腰具黄色调。

生活习性：栖息于高山、荒漠、草原及林缘、灌丛、居民点。以草籽、植物叶及果实等为食。

地理分布：玛沁、班玛、达日、甘德、久治、玛多。留鸟。

保护级别：列入《国家保护的有益的或者有重要经济、科学研究价值的陆生野生动物名录》。列入《世界自然保护联盟濒危物种红色名录》（IUCN 红色名录）2022 年 3.1 版，无危（LC）。

藏雀

分　　类：鸟纲 雀形目 燕雀科 朱雀属

学　　名：*Carpodacus roborowskii* Przevalski

形态特征：体长 17 ～ 18cm。雄鸟头部深红色并具光辉，喉部暗红色并具白色点斑；背部灰白色，各羽具玫瑰红色羽端，形成许多斑纹；腰部淡玫瑰红色；翅暗褐色，沾灰白，羽端沾玫瑰红色或灰白色；尾暗棕色，端缘玫瑰红色；下体胸和腹部玫瑰红色，具浅黄色斑纹，下腹、尾下覆羽及胁部灰白色并沾玫瑰红色。雌鸟较雄鸟小，形态酷似雄鸟，全身褐色具暗褐色条纹或斑纹，并不沾红色，与雄鸟显然有别。

生活习性：栖息于荒芜、多岩石的高山旷野、高山草地和山坡的小灌木间。以草籽、种子和植物绿色部分为食。

地理分布：玛多。留鸟。青藏高原特有种。

保护级别：列入 2021 年《国家重点保护野生动物名录》，二级。列入《世界自然保护联盟濒危物种红色名录》（IUCN 红色名录）2022 年 3.1 版，无危（LC）。

大朱雀

分　　类：鸟纲 雀形目 燕雀科 朱雀属

学　　名：*Carpodacus rubicilla* Güldenstädt

形态特征：体长 17 ～ 20cm。体羽深红色，羽中央具白色或带粉白色斑点。颊深红色。雌鸟体羽淡灰色，稍暗的颊具有阴暗或带褐色斑纹。下背和腰无斑纹。

生活习性：栖息于河谷石头上、溪边土坎及泉水旁沼泽地灌丛、农田及居民点附近。以草籽及种子和植物绿色部分为食。

地理分布：班玛、玛多。留鸟。青藏高原特有种。

保护级别：列入《国家保护的有益的或者有重要经济、科学研究价值的陆生野生动物名录》。列入《世界自然保护联盟濒危物种红色名录》（IUCN 红色名录）2022 年 3.1 版，无危（LC）。

拟大朱雀

分　　类：鸟纲 雀形目 燕雀科 朱雀属

学　　名：*Carpodacus rubicilloides* Przevalski

形态特征：体长 17 ～ 20cm。嘴大，两翼及尾长。繁殖期雄鸟的脸、额及下体深红色，顶冠及下体具白色纵纹。颈背及上背灰褐色而具深色纵纹，略沾粉色。 腰粉红色。雌鸟灰褐色而密布纵纹。雄鸟与大朱雀的区别在整体红色不如其浓，颈背及上背褐色较重且多纵纹。与雄鸟相比，雌鸟的颈背、背及腰具纵纹，且褐色较重。

生活习性：栖息于较开阔的草甸、草原、林缘及山沟近水的灌丛地带。以草籽、植物叶子及豆类等为食。

地理分布：玛沁、班玛、达日、久治、甘德、玛多。留鸟。

保护级别：列入《国家保护的有益的或者有重要经济、科学研究价值的陆生野生动物名录》。列入《世界自然保护联盟濒危物种红色名录》（IUCN 红色名录）2022 年 3.1 版，无危（LC）。

中华长尾雀

分　　类：鸟纲 雀形目 燕雀科 朱雀属

学　　名：*Carpodacus sibiricus* Pallas

别　　名：长尾朱雀。

形态特征：体长 13 ～ 17cm。嘴甚粗厚。繁殖期雄鸟脸、腰及胸粉红色；额及颈背苍白，两翼多具白色；上背褐色而具近黑色且边缘粉红色的纵纹；繁殖期外色彩较淡。雌鸟具灰色纵纹，腰及胸棕色。与朱鹀的区别为嘴较粗厚，外侧尾羽白，眉纹浅淡霜白色，腰粉红色。

生活习性：栖息于山区、丘陵，多见于沿溪小柳丛、蒿草丛、次生林以及苗圃中。以树木和杂草的种子、谷物和昆虫为食。

地理分布：班玛。留鸟。

保护级别：列入《国家保护的有益的或者有重要经济、科学研究价值的陆生野生动物名录》。列入《世界自然保护联盟濒危物种红色名录》（IUCN 红色名录）2022 年 3.1 版，无危（LC）。

斑翅朱雀

分　　类：鸟纲 雀形目 燕雀科 朱雀属

学　　名：*Carpodacus trifasciatus* Verreaux

形态特征：体长 18cm。嘴比头短，嘴基粗大；翅较短，与尾端相距超过跗跖的长度。具两道显著的浅色翼斑，肩羽边缘及三级飞羽外侧的白色形成特征性第三道“条带”。雄鸟脸偏黑色，头顶、颈背、胸、腰及下背深绯红色。雌鸟及幼鸟上体深灰色，满布黑色纵纹；虹膜褐色；鸟嘴角质色；脚深褐色。

生活习性：栖息于高山和亚高山针叶林及林缘地带。以树木和杂草的种子为食。

地理分布：班玛。夏候鸟。

保护级别：列入《国家保护的有益的或者有重要经济、科学研究价值的陆生野生动物名录》。列入《世界自然保护联盟濒危物种红色名录》（IUCN 红色名录）2022 年 3.1 版，无危（LC）。

曙红朱雀

分　　类：鸟纲 雀形目 燕雀科 朱雀属

学　　名：*Carpodacus waltoni* Sharpe

形态特征：体长 12.5cm。眉纹、脸颊、胸及腰粉色。甚似红眉朱雀但体形较小，嘴细而尾短，无红眉朱雀的皮黄褐色两胁。额不似玫红眉朱雀鲜艳，且额上密布纵纹，腰更偏淡粉色。雌鸟体羽无粉色，羽色似玫红眉朱雀。

生活习性：栖息于开阔的高山草甸、有矮树及灌丛的干热河谷。以草籽为食。

地理分布：玛沁、班玛。留鸟。

保护级别：列入《国家保护的有益的或者有重要经济、科学研究价值的陆生野生动物名录》。列入《世界自然保护联盟濒危物种红色名录》（IUCN 红色名录）2022 年 3.1 版，无危（LC）。

金翅雀

分　　类：鸟纲 雀形目 燕雀科 Chloris 属

学　　名：*Chloris sinica* Linnaeus

别　　名：弱鸟、绿雀、黄雀、黄豆雀、铜铃。

形态特征：体长 12 ～ 14cm。嘴细直而尖，基部粗厚。头顶暗灰色。背栗褐色并具暗色羽干纹。腰金黄色。尾下覆羽和尾基金黄色。翅上翅下都有 1 块大的金黄色斑，无论站立还是飞翔时都醒目。

生活习性：栖息于农业区和山地。以杂草种子及昆虫等为食。

地理分布：玛沁、班玛。夏候鸟。

保护级别：列入《国家保护的有益的或者有重要经济、科学研究价值的陆生野生动物名录》。列入《世界自然保护联盟濒危物种红色名录》（IUCN 红色名录）2022 年 3.1 版，无危（LC）。

锡嘴雀

分　　类：鸟纲　雀形目　燕雀科　锡嘴属

学　　名：*Coccothraustes coccothraustes* Linnaeus

别　　名：蜡嘴雀、老西子、老醯儿、铁嘴蜡子。

形态特征：体长 15 ～ 20cm。雄鸟嘴基、眼先、颏和喉中部黑色。额、头顶、头侧、颊、耳羽棕黄色或淡皮黄色，额较浅淡，常呈棕白色，头顶往后至后颈较暗，多为棕褐色或棕色。后颈灰色形成 1 条宽带，向两侧延伸至喉侧。背、肩茶褐色或暗棕褐色。腰淡皮黄色或橄榄褐色，基部亮灰色。下腹中央略沾棕红色。尾下覆羽白色。

生活习性：栖息于低山、丘陵灌丛中。以植物果实和种子为食，也吃昆虫。

地理分布：玛沁。冬候鸟。

保护级别：列入《国家保护的有益的或者有重要经济、科学研究价值的陆生野生动物名录》。列入《世界自然保护联盟濒危物种红色名录》（IUCN 红色名录）2022 年 3.1 版，无危（LC）。

燕雀

分　　类：鸟纲 雀形目 燕雀科 燕雀属

学　　名：*Fringilla montifringilla* Linnaeus

形态特征：体长14～17cm。嘴粗壮而尖，呈圆锥状。雄鸟从头至背辉黑色，背具黄褐色羽缘。腰白色。颏、喉、胸橙黄色。腹至尾下覆羽白色。两胁淡棕色而具黑色斑点。两翅和尾黑色，翅上具白斑。雌鸟和雄鸟大致相似，但体色较浅淡，上体褐色而具有黑色斑点，头顶和枕具窄的黑色羽缘，头侧和颈侧灰色，腰白色。

生活习性：栖息于林缘疏林、次生林、农田、旷野、果园和村庄附近的小林内。以草籽、果实和种子等植物性食物为食。

地理分布：玛沁。冬候鸟。

保护级别：列入《国家保护的有益的或者有重要经济、科学研究价值的陆生野生动物名录》。列入《世界自然保护联盟濒危物种红色名录》（IUCN红色名录）2022年3.1版，无危（LC）。

高山岭雀

分　　类：鸟纲 雀形目 燕雀科 岭雀属

学　　名：*Leucosticte brandti* Bonaparte

形态特征：体长约 18cm。头顶颜色较深。颈背及上背灰色。覆羽明显浅色。腰偏粉色。下体灰褐色。腹部和尾下覆羽色更淡。虹膜褐色。嘴、跗跖均黑色。雌雄同色。

生活习性：栖息于喜高海拔的多岩、碎石地带及多沼泽地区。以植物种子和昆虫等为食。

地理分布：玛沁、班玛、达日、久治、甘德、玛多。留鸟。

保护级别：列入《世界自然保护联盟濒危物种红色名录》（IUCN 红色名录）2022 年 3.1 版，无危（LC）。

林岭雀

分　　类：鸟纲 雀形目 燕雀科 岭雀属

学　　名：*Leucosticte nemoricola* Hodgson

形态特征：体长约 15cm。全身带浅色纵纹，具浅色的眉纹和白色或乳白色的细小翼斑，凹形的尾无白色。雄雌同色，雏鸟较成鸟多暖褐色。与高山岭雀的区别在头色较浅，腰部羽的羽端无粉红色。

生活习性：栖息于高山砾石环境中。以植物和昆虫等为食。

地理分布：玛沁、班玛、达日、甘德、久治、玛多。留鸟。

保护级别：列入《世界自然保护联盟濒危物种红色名录》（IUCN 红色名录）2022 年 3.1 版，无危（LC）。

黄嘴朱顶雀

分　　类：鸟纲 雀形目 燕雀科 Linaria 属

学　　名：*Linaria flavirostris* Linnaeus

别　　名：黄嘴雀。

形态特征：体长约 13cm。腰粉红色或近白色。与其他朱顶雀的区别在头顶无红色点斑，体羽色深而多褐色，尾较长，叫声也不同。与赤胸朱顶雀的区别在嘴黄且小，头褐色较浓，颈背及上背多纵纹，翼上及尾基部的白色较少。

生活习性：栖息于沟谷、山坡、灌丛、土崖等地。以草籽、植物碎片和昆虫等为食。

地理分布：玛沁、班玛、达日、甘德、久治、玛多。留鸟。

保护级别：列入《国家保护的有益的或者有重要经济、科学研究价值的陆生野生动物名录》。列入《世界自然保护联盟濒危物种红色名录》（IUCN 红色名录）2022 年 3.1 版，无危（LC）。

红交嘴雀

分　　类：鸟纲 雀形目 燕雀科 交嘴雀属

学　　名：*Loxia curvirostra* Linnaeus

别　　名：交啄鸟、青交嘴。

形态特征：体长 16.5cm。红色一般多杂斑，嘴较松雀的钩嘴更弯曲。繁殖期雄鸟的砖红色随亚种而有异，从橘黄色至玫红色到猩红色，但一般比其他朱雀的红色多些黄色调。雌鸟似雄鸟，但为暗橄榄绿色而非红色。幼鸟似雌鸟而具纵纹。

生活习性：栖息于针叶林或针阔叶混交林中。以植物种子和果实为食。

地理分布：玛沁、班玛。留鸟。

保护级别：列入 2021 年《国家重点保护野生动物名录》，二级。列入《世界自然保护联盟濒危物种红色名录》（IUCN 红色名录）2022 年 3.1 版，无危（LC）。

白斑翅拟蜡嘴雀

分　　类：鸟纲 雀形目 燕雀科 拟蜡嘴属

学　　名：*Mycerobas carnipes* Hodgson

形态特征：体长约 23cm。嘴厚重。繁殖期雄鸟体形似雄白点翅拟蜡嘴雀，但腰黄色，胸黑色，三级飞羽及大覆羽羽端点斑黄色，初级飞羽基部白色块斑在飞行时明显易见。雌鸟似雄鸟，但色暗，胸部灰色取代黑色，脸颊及胸具模糊的浅色纵纹。幼鸟似雌鸟，但褐色较重。

生活习性：栖息于针叶林下层和森林灌丛中。食物为植物种子，包括野生植物、一些农作物和浆果。

地理分布：玛沁、班玛。留鸟。

保护级别：列入《世界自然保护联盟濒危物种红色名录》（IUCN 红色名录）2022 年 3.1 版，无危（LC）。

灰头灰雀

分　　类：鸟纲 雀形目 燕雀科 灰雀属

学　　名：*Pyrrhula erythaca* Blyth

形态特征：体长约 17cm。嘴厚略带钩。似其他灰雀但成鸟的头灰色。雄鸟胸及腹部深橘黄色。雌鸟下体及上背暖褐色，背有黑色条带。幼鸟似雌鸟，但整个头全褐色，仅有极细小的黑色眼罩。飞行时白色的腰及灰白色的翼斑明显可见。

生活习性：栖息于高山林区。以植物种子、果实及枝叶的嫩芽等为食。

地理分布：玛沁、班玛。留鸟。

保护级别：列入《国家保护的有益的或者有重要经济、科学研究价值的陆生野生动物名录》。列入《世界自然保护联盟濒危物种红色名录》（IUCN 红色名录）2022 年 3.1 版，无危（LC）。

金腰燕

分　　类：鸟纲 雀形目 燕科 Cecropis 属

学　　名：*Cecropis daurica* Laxmann

别　　名：巧燕、赤腰燕、花燕儿。

形态特征：体长 16 ～ 17cm。嘴短而宽扁，基部宽大，呈倒三角形，上嘴近先端有一缺刻；口裂极深，嘴须不发达。翅狭长而尖。尾呈叉状，形成“燕尾”。脚短而细弱，趾三前一后。最显著的标志是有 1 条栗黄色的腰带，因此又名赤腰燕。

生活习性：栖息于山间村庄建筑物或周围土墙及河岸岩壁地方，多见于山间村镇附近的树枝或电线上。以昆虫为食。

地理分布：玛沁、班玛、久治。夏候鸟。

保护级别：列入《国家保护的有益的或者有重要经济、科学研究价值的陆生野生动物名录》。列入《世界自然保护联盟濒危物种红色名录》（IUCN 红色名录）2022 年 3.1 版，无危（LC）。

烟腹毛脚燕

分　　类：鸟纲 雀形目 燕科 毛脚燕属

学　　名：*Delichon dasypus* Bonaparte

形态特征：体长10～12cm。腰白色。尾浅叉。下体偏灰色，上体钢蓝色。胸烟白色。虹膜褐色。嘴黑色。脚粉红色，被白色羽至趾。与毛脚燕的区别在翼衬黑色。

生活习性：栖息于山地悬崖峭壁处。在空中捕食飞行性昆虫，以昆虫为食。

地理分布：玛沁、班玛。夏候鸟。

保护级别：列入《国家保护的有益的或者有重要经济、科学研究价值的陆生野生动物名录》。列入《世界自然保护联盟濒危物种红色名录》（IUCN红色名录）2022年3.1版，无危（LC）。

家燕

分　　类：鸟纲 雀形目 燕科 燕属

学　　名：*Hirundo rustica* Linnaeus

别　　名：燕子、越燕。

形态特征：体长 13 ～ 20cm。上体蓝黑色，还闪着金属光泽。腹面白色。体态轻捷伶俐，两翅狭长，飞行时好像镰刀，尾分叉像剪子。飞行迅速如箭，忽上忽下，时东时西，能够急速变换方向。

生活习性：栖息于山间村庄建筑物或周围土墙及河岸岩壁等地。以昆虫、杂草茎秆为食。

地理分布：玛沁。夏候鸟。

保护级别：列入《国家保护的有益的或者有重要经济、科学研究价值的陆生野生动物名录》。列入《世界自然保护联盟濒危物种红色名录》（IUCN 红色名录）2022 年 3.1 版，无危（LC）。

岩燕

分　　类：鸟纲 雀形目 燕科 岩燕属

学　　名：*Ptyonoprogne rupestris* Scopoli

形态特征：体长 14 ～ 15cm。方形尾的近端处具 2 个白色点斑。与纯色岩燕相似，但色较淡，且于飞行时从下方看其深色的翼下覆羽、尾下覆羽及尾与颜色较淡的头顶、飞羽、喉及胸形成对比。活动敏捷，以擅长飞行而著称。

生活习性：栖息于高山峡谷地带，尤喜陡峻的岩石悬崖峭壁，善于在高空疾飞啄取昆虫。主要以昆虫为食。

地理分布：玛沁、班玛、达日、久治、甘德、玛多。夏候鸟。

保护级别：列入《国家保护的有益的或者有重要经济、科学研究价值的陆生野生动物名录》。列入《世界自然保护联盟濒危物种红色名录》（IUCN 红色名录）2022 年 3.1 版，无危（LC）。

淡色崖沙燕

分　　类：鸟纲 雀形目 燕科 沙燕属

学　　名：*Riparia diluta* Sharpe et Wyatt

别　　名：灰沙燕、土燕、水燕子。

形态特征：体长 11 ～ 14cm。背羽褐色或沙灰褐色。胸具灰褐色横带。腹与尾下覆羽白色，尾羽不具白斑。耳羽灰褐色，至颈侧灰白。灰褐色胸带完整。两翅内侧飞羽和覆羽与背同色，外侧飞羽和覆羽黑褐色；腋羽灰褐色。尾羽黑褐色沾棕色。两性同形。

生活习性：栖息于湖沼河川泥沙滩或附近的岩石间。以空中飞行的小形昆虫为食。

地理分布：玛沁、班玛、达日、久治、甘德、玛多。夏候鸟。

保护级别：列入《世界自然保护联盟濒危物种红色名录》（IUCN 红色名录）2022 年 3.1 版，无危（LC）。

崖沙燕

分　　类：鸟纲 雀形目 燕科 沙燕属

学　　名：*Riparia riparia* Linnaeus

别　　名：土燕、水燕子。

形态特征：体长 11 ～ 14cm。背羽褐色或沙灰褐色。胸具灰褐色横带。腹与尾下覆羽白色，尾羽不具白斑。成鸟上体暗灰褐色，额、腰及尾上覆羽略淡。眼先黑褐色。耳羽灰褐色，至颈侧灰白色。灰褐色胸带完整。腹及尾下覆羽白色。两翅内侧飞羽和覆羽与背同色，外侧飞羽和覆羽黑褐色；腋羽灰褐色。尾羽黑褐色沾棕色。两性同形。

生活习性：栖息于湖沼河川泥沙滩或附近的岩石间。以空中飞行的小形昆虫为食。

地理分布：达日、甘德、玛多。夏候鸟。

保护级别：列入《国家保护的有益的或者有重要经济、科学研究价值的陆生野生动物名录》。列入《世界自然保护联盟濒危物种红色名录》（IUCN 红色名录）2022 年 3.1 版，无危（LC）。

楔尾伯劳

分　　类：鸟纲 雀形目 伯劳科 伯劳属

学　　名：*Lanius sphenocercus* Cabanis

别　　名：长尾灰伯劳。

形态特征：体长 25 ～ 32cm，是伯劳属中最大的种类。嘴强健具钩和齿。黑色贯眼纹明显。上体灰色。中央尾羽及飞羽黑色，尾特长，凸形尾。翼表具大形白色翅斑。

生活习性：栖息于低山、平原和丘陵地带的疏林和林缘灌丛草地。以鞘翅目、鳞翅目及其他昆虫为食。

地理分布：玛沁、班玛、达日、久治、甘德、玛多。留鸟。

保护级别：列入《世界自然保护联盟濒危物种红色名录》（IUCN 红色名录）2022 年 3.1 版，无危（LC）。

灰背伯劳

分　　类：鸟纲 雀形目 伯劳科 伯劳属

学　　名：*Lanius tephronotus* Vigors

别　　名：大头鸟、厚嘴伯劳。

形态特征：体长20～25cm。自前额、眼先过眼至耳羽黑色。头顶至下背暗灰色。翅、尾黑褐色。下体近白色。胸染锈棕。似棕背伯劳但区别在上体深灰色，仅腰及尾上覆羽具狭窄的棕色带。

生活习性：栖息于农田、农舍附近、森林、灌丛及小片林区。以金龟子、鳞翅目幼虫和啮齿类动物为食。

地理分布：玛沁、班玛、达日、久治、甘德、玛多。冬候鸟。

保护级别：列入《国家保护的有益的或者有重要经济、科学研究价值的陆生野生动物名录》。列入《世界自然保护联盟濒危物种红色名录》（IUCN 红色名录）2022 年 3.1 版，无危（LC）。

山噪鹛

分　　类：鸟纲 雀形目 噪鹛科 噪鹛属

学　　名：*Garrulax davidi* Swinhoe

形态特征：体长约25cm。全身黑褐色。上体、下体灰沙褐色或暗灰褐色，无显著花纹。嘴稍向下曲；鼻孔完全被须羽掩盖；嘴在鼻孔处的厚度与其宽度几乎相等。

生活习性：栖息于丛生灌木和矮树的河谷中或山坡上、林缘灌丛中。以草籽和鞘翅目昆虫、小甲虫、鳞翅目幼虫及蚂蚁等为食。

地理分布：玛沁、班玛。留鸟。

保护级别：列入《国家保护的有益的或者有重要经济、科学研究价值的陆生野生动物名录》。列入《世界自然保护联盟濒危物种红色名录》（IUCN红色名录）2022年3.1版，无危（LC）。

大噪鹛

分　　类：鸟纲 雀形目 噪鹛科 噪鹛属

学　　名：*Garrulax maxima* Verreaux

别　　名：花背噪鹛。

形态特征：体长 32 ～ 36cm。额至头顶黑褐色。背栗褐色满杂以白色斑点，斑点前缘或四周还围有黑色。初级覆羽、大覆羽和初级飞羽具白色端斑。尾特长，均具黑色亚端斑和白色端斑。颏、喉棕褐色，喉具棕白色端斑和窄的黑色亚端斑。其余下体棕褐色。

生活习性：栖息于亚高山和高山森林灌丛及其林缘地带。主要以昆虫等动物性食物为食，也吃植物果实和种子。

地理分布：玛沁、班玛。留鸟。

保护级别：列入 2021 年《国家重点保护野生动物名录》，二级。列入《世界自然保护联盟濒危物种红色名录》（IUCN 红色名录）2022 年 3.1 版，未予评估（NE）。

橙翅噪鹛

分　　类：鸟纲 雀形目 噪鹛科 Trochalopteron 属

学　　名：*Trochalopteron elliotii* Verreaux

形态特征：体长 22 ～ 25cm。头顶深葡萄灰色或沙褐色。上体灰橄榄褐色。外侧飞羽外翈蓝灰色，基部橙黄色。中央尾羽灰褐色，外侧尾羽外翈绿色而羽缘橙黄色，具白色端斑。喉、胸棕褐色，下腹和尾下覆羽砖红色。

生活习性：栖息于森林与灌丛中。以鞘翅目昆虫，忍冬果、悬钩子及草籽等为食。

地理分布：玛沁、班玛、甘德、久治。留鸟。

保护级别：列入 2021 年《国家重点保护野生动物名录》，二级。列入《世界自然保护联盟濒危物种红色名录》（IUCN 红色名录）2022 年 3.1 版，无危（LC）。

树鹨

分　　类：鸟纲 雀形目 鹡鸰科 鹨属

学　　名：*Anthus hodgsoni* Richmond

别　　名：木鹨、麦如蓝儿、树鲁。

形态特征：上体橄榄绿色或绿褐色，头顶具细密的黑褐色纵纹，往后到背部纵纹逐渐不明显。眼先黄白色或棕色，眉纹自嘴基起棕黄色，后转为白色或棕白色、具黑褐色贯眼纹。下背、腰至尾上覆羽几纯橄榄绿色、无纵纹或纵纹极不明显。尾羽黑褐色具橄榄绿色羽缘，最外侧一对尾羽具大形楔状白斑，次一对外侧尾羽仅尖端白色。

生活习性：栖息于杂木林、针叶林、阔叶林、灌丛及其附近的草地、居民点、田野等地。野外停栖时，尾常上下摆动。以昆虫和植物性食物为食。

地理分布：玛沁、班玛、达日、久治。夏候鸟。

保护级别：列入《国家保护的有益的或者有重要经济、科学研究价值的陆生野生动物名录》。列入《世界自然保护联盟濒危物种红色名录》（IUCN 红色名录）2022 年 3.1 版，无危（LC）。

粉红胸鹨

分　　类：鸟纲 雀形目 鹡鸰科 鹨属

学　　名：*Anthus roseatus* Blyth

形态特征：体长 13 ～ 15cm。上嘴较细长，先端具缺刻。翅尖长，内侧飞羽（三级飞羽）极长，几与翅尖平齐。尾细长，外侧尾羽具白色羽缘，野外停栖时，常做有规律地上、下摆动。腿细长，后趾具长爪，适于在地面行走。

生活习性：栖息于山地、林缘、灌木丛、草原、河谷地带。以昆虫为食，也以各种杂草种子等植物性食物为食。

地理分布：玛沁、班玛、甘德、达日、久治、玛多。夏候鸟。

保护级别：列入《国家保护的有益的或者有重要经济、科学研究价值的陆生野生动物名录》。列入《世界自然保护联盟濒危物种红色名录》（IUCN 红色名录）2022 年 3.1 版，无危（LC）。

水鹨

分　　类：鸟纲 雀形目 鹡鸰科 鹨属

学　　名：*Anthus spinoletta* Linnaeus

形态特征：上体灰褐色或橄榄色，具不明显的暗褐色纵纹。外侧尾羽具大形白斑，翅下有两条白色横带，下体棕白色或浅棕色。繁殖期喉、胸部沾葡萄红色，胸和两胁微具细的暗色纵纹或斑点。虹膜褐色或暗褐色，嘴暗褐色，脚肉色或暗褐色。尾羽暗褐色，最外侧的 1 对尾羽外翈白色。虹膜褐色或暗褐色，嘴暗褐色，脚肉色或暗褐色。

生活习性：栖息于多水的河滩、湖边、沼泽地、沟渠、农田、居民点附近。以昆虫，少量植物性食物为食。

地理分布：玛沁、班玛、甘德、达日、久治、玛多。冬候鸟。

保护级别：列入《国家保护的有益的或者有重要经济、科学研究价值的陆生野生动物名录》。列入《世界自然保护联盟濒危物种红色名录》（IUCN 红色名录）2022 年 3.1 版，无危（LC）。

白鹡鸰

分　　类：鸟纲 雀形目 鹡鸰科 鹡鸰属

学　　名：*Motacilla alba* Linnaeus

别　　名：马兰花儿、白颠儿、濒鸰、点水雀、白面鸟。

形态特征：体长 15 ～ 20cm。雄鸟额、头顶前部、头侧、颈侧为白色。枕、背、肩及腰部黑色。尾羽及尾上覆羽黑色。肩羽和小覆羽黑色，中覆羽和大覆羽外翈及内翈边缘为白色。下体除胸部具一半圆形的黑斑外，均为白色。

生活习性：栖息于河岸、溪边、湖沼、水渠、离水较近的耕地附近等处。以鞘翅目成虫及幼虫、鳞翅目幼虫、蛾类、蝇类成虫、蚂蚁和蚜虫等为食。

地理分布：玛沁、班玛、达日、久治、甘德、玛多。夏候鸟。

保护级别：列入《国家保护的有益的或者有重要经济、科学研究价值的陆生野生动物名录》。列入《世界自然保护联盟濒危物种红色名录》（IUCN 红色名录）2022 年 3.1 版，无危（LC）。

灰鹡鸰

分　　类：鸟纲 雀形目 鹡鸰科 鹡鸰属

学　　名：*Motacilla cinerea* Tunstall

别　　名：牛屎、黄鹨。

形态特征：体长 17 ～ 19cm。雄鸟前额、头顶、枕和后颈灰色或深灰色。肩、背、腰灰色沾暗绿褐色或暗灰褐色。尾上覆羽鲜黄色，部分沾有褐色；中央尾羽黑色或黑褐色，具黄绿色羽缘。眉纹和颧纹白色，眼先、耳羽灰黑色。颏、喉夏季为黑色，冬季为白色，其余下体鲜黄色。雌鸟和雄鸟相似，但雌鸟上体较绿灰；颏、喉白色，不为黑色。

生活习性：栖息于河流或离河流不远的各类环境中。以昆虫为食。

地理分布：玛沁、班玛。夏候鸟。

保护级别：列入《国家保护的有益的或者有重要经济、科学研究价值的陆生野生动物名录》。列入《世界自然保护联盟濒危物种红色名录》（IUCN 红色名录）2022 年 3.1 版，无危（LC）。

黄头鹡鸰

分　　类：鸟纲 雀形目 鹡鸰科 鹡鸰属

学　　名：*Motacilla citreola* Pallas

形态特征：体长15～20cm。体形较纤细。嘴较细长，先端具缺刻。翅尖长，几乎与翅尖平齐。尾细长，呈圆尾状，中央尾羽较外侧尾羽长。

生活习性：栖息于滨水的草地、溪边、湖岸、农田、路边等。多活动于水边，停息时尾上下摆动，单个或成对地寻食昆虫，飞行时呈波浪状起伏。以昆虫为食。

地理分布：玛沁、班玛、达日、久治、甘德、玛多。夏候鸟。

保护级别：列入《国家保护的有益的或者有重要经济、科学研究价值的陆生野生动物名录》。列入《世界自然保护联盟濒危物种红色名录》（IUCN红色名录）2022年3.1版，无危（LC）。

红喉歌鸲

分　　类：鸟纲 雀形目 鹟科 Calliope 属

学　　名：*Calliope calliope* Pallas

别　　名：红点颏、红脖、白点颏鸲。

形态特征：体长 14 ～ 17cm。雄鸟头部、上体主要为橄榄褐色。眉纹白色。颏、喉部红色，周围有黑色狭纹。胸部灰色。腹部白色。雌鸟颏、喉部不呈赤红色，而为白色。虹膜褐色。嘴暗褐色。脚角质色。

生活习性：栖息于低山丘陵和山脚平原地带的次生阔叶林和混交林中，喜欢靠近溪流等近水地方。以昆虫为食，也吃少量植物性食物。

地理分布：玛沁。夏候鸟。

保护级别：列入 2021 年《国家重点保护野生动物名录》，二级。列入《世界自然保护联盟濒危物种红色名录》（IUCN 红色名录）2022 年 3.1 版，无危（LC）。

白顶溪鸲

分　　类：鸟纲 雀形目 鹟科 溪鸲属

学　　名：*Chaimarrornis leucocephalus* Vigors

别　　名：白顶水鸲、白顶鸲。

形态特征：体长 15 ～ 21cm。全身是黑色及栗色溪鸲。头顶及颈背白色。腰、尾基部及腹部栗色。雄雌同色。亚成鸟色暗而近褐色，头顶具黑色鳞状斑纹。

生活习性：栖息于山间溪流及近山河川中的巨大岩石间。以鞘翅目伪步甲科昆虫、其他甲虫、蚂蚁和蜘蛛等为食。

地理分布：玛沁、班玛、达日。留鸟。

保护级别：列入《世界自然保护联盟濒危物种红色名录》（IUCN 红色名录）2022 年 3.1 版，无危（LC）。

棕胸蓝姬鹟

分　　类：鸟纲 雀形目 鹟科 姬鹟属

学　　名：*Ficedula hyperythra* Blyth

形态特征：体长 10 ～ 13cm。口裂大，嘴宽阔而扁平，一般较短，上嘴正中有棱嵴，先端微有缺刻。鼻孔覆羽。翅短圆，飞行灵便。腿较短，脚弱。尾楔形，雌雄鸟羽色不同，雄鸟羽色艳丽，雌鸟羽色暗淡。

生活习性：栖息于潮湿低地森林和山地森林。善在空中飞捕昆虫。以昆虫为食。

地理分布：班玛。旅鸟。

保护级别：列入《世界自然保护联盟濒危物种红色名录》（IUCN 红色名录）2022 年 3.1 版，无危（LC）。

锈胸蓝姬鹟

分　　类：鸟纲 雀形目 鹟科 姬鹟属

学　　名：*Ficedula sordida* Godwin-Austen

别　　名：赤胸鸟。

形态特征：体长 11 ～ 13cm。雄鸟上体、肩、背暗灰蓝色；头顶及枕部色较暗；尾上覆羽近黑色；尾羽黑褐色，除中央一对外，基部均为白色；眼先及颊黑色；耳羽蓝黑色；飞羽黑褐色，羽缘沾淡棕色，三级飞羽淡棕色羽缘较宽；下体自颏至胸棕栗色；腹中央白色；尾下覆羽淡皮黄色，两胁沾橄榄褐色。雌鸟上体橄榄绿褐色；头顶色较暗；尾上覆羽沾棕色；翅和尾黑褐色，羽缘色淡，大覆羽具棕白色羽缘；眼先、颊褐色杂有白斑；下体除腹及尾下覆羽白色外均浅褐色，胸部沾皮黄色；嘴和跗跖黑色。

生活习性：栖息于针叶林和针阔叶混交林中。以鞘翅目甲虫、膜翅目、鳞翅目昆虫等为食。

地理分布：玛沁、班玛、久治。夏候鸟。

保护级别：列入《世界自然保护联盟濒危物种红色名录》（IUCN 红色名录）2022 年 3.1 版，无危（LC）。

白眉姬鹟

分　　类：鸟纲 雀形目 鹟科 姬鹟属

学　　名：*Ficedula zanthopygia* Hay

形态特征：体长 11 ～ 14cm。雄鸟上体大部黑色；眉纹白色，在黑色的头上极为醒目；腰鲜黄色；两翅和尾黑色，翅上具白斑；下体鲜黄色。雌鸟上体大部橄榄绿色；腰鲜黄色；翅上亦具白斑；下体淡黄绿色。

生活习性：栖息于丘陵和山脚地带的阔叶林和针阔叶混交林中。以天牛科、拟天牛科成虫、叩头虫、瓢虫、象甲、金花虫等昆虫为食。

地理分布：玛沁、达日。旅鸟。

保护级别：列入《世界自然保护联盟濒危物种红色名录》（IUCN 红色名录）2022 年 3.1 版，无危（LC）。

白背矶鸫

分　　类：鸟纲 雀形目 鹟科 矶鸫属

学　　名：*Monticola saxatilis* Linnaeus

形态特征：体长 18 ～ 20cm。具 2 种色型。背白色。翼偏褐色。尾栗色，中央尾羽蓝色。虹膜、嘴深褐色。冬季雄鸟体羽黑色，羽缘白色并呈扇贝形斑纹。雌鸟比蓝矶鸫雌鸟色浅，上体具浅色点斑，且尾赤褐色似雄鸟。亚成鸟似雌鸟，但色较浅，杂斑较多。脚褐色。

生活习性：栖息于突出岩石或裸露树顶。以昆虫及幼虫为食。

地理分布：玛沁。夏候鸟。

保护级别：列入《世界自然保护联盟濒危物种红色名录》（IUCN 红色名录）2022 年 3.1 版，无危（LC）。

蓝矶鸫

分　　类：鸟纲 雀形目 鹟科 矶鸫属

学　　名：*Monticola solitarius* Linnaeus

别　　名：麻石青。

形态特征：体长 20 ~ 25cm。上体几乎纯蓝色。两翅和尾近黑色。下体前蓝色后栗色。蓝矶鸫藏西亚种红色。雌鸟上体暗灰蓝色；背具黑褐色横斑；喉中部白色；翅和尾亦呈黑色；下体棕白色；各羽缀以黑色波状斑。雄性幼鸟上体淡蓝色，自额至上背各羽端部具有棕白色点斑，并缘以黑端；下背和腰各羽均具白端，并贯以黑斑；翅上各羽、尾上覆羽以及尾羽均具棕色或棕白色羽端；下体与雌性成鸟的秋羽略同，但下腹或全部或仅中央为棕白色而微具黑斑。

生活习性：栖息于多岩石的低山峡谷以及山溪、湖泊等水域附近的岩石山地。以鞘翅目昆虫为食。

地理分布：班玛。夏候鸟。

保护级别：列入《世界自然保护联盟濒危物种红色名录》（IUCN 红色名录）2022 年 3.1 版，无危（LC）。

乌鹟

分　　类：鸟纲 雀形目 鹟科 鹟属

学　　名：*Muscicapa sibirica* Gmelin

形态特征：体长约13cm。上体深灰色。翼上具不明显皮黄色斑纹。下体白色。两胁深色具烟灰色杂斑。上胸具灰褐色模糊带斑。白色眼圈明显。喉白，通常具白色的半颈环。下颊具黑色细纹。翼长至尾的2/3。

生活习性：栖息于山区或山麓森林的林下植被层及林间。紧立于裸露低枝，冲出捕捉过往昆虫。以昆虫为食。

地理分布：玛沁、班玛、达日、甘德、久治、玛多。夏候鸟。

保护级别：列入《国家保护的有益的或者有重要经济、科学研究价值的陆生野生动物名录》。列入《世界自然保护联盟濒危物种红色名录》（IUCN红色名录）2022年3.1版，无危（LC）。

漠䳭

分　　类：鸟纲 雀形目 鹟科 䳭属

学　　名：*Oenanthe deserti* Temminck

别　　名：漠䳭鸟、黑喉石栖鸟。

形态特征：体长 14 ～ 17cm。头顶、背及肩土棕色。腰及尾上覆羽白色，尾羽黑色，基部白色。眉纹白色。颊、耳羽、喉及翼上覆羽黑色。飞羽黑褐色，内翈几全白色，黑白界限明显；腋羽黑色，前端白色。胸浅棕色。腹及尾下覆羽白色；秋羽下体沾染深棕色。虹膜暗茶色。嘴基、跗跖黑色。雌鸟头部无黑色部分，飞羽较淡，为褐色。幼鸟似雌鸟，仅上体较暗褐。

生活习性：栖息于干旱荒漠环境。以甲虫、鞘翅目昆虫为食。

地理分布：玛沁。夏候鸟。

保护级别：列入《世界自然保护联盟濒危物种红色名录》（IUCN 红色名录）2022 年 3.1 版，无危（LC）。

沙䳭

分　　类：鸟纲 雀形目 鹟科 䳭属

学　　名：*Oenanthe isabellina* Cretzschmar

形态特征：体长 15 ～ 16cm。雄鸟上体沙褐色；尾上覆羽白色，中央尾羽黑色，基部白色，其余尾羽白色，先端黑色；眉纹白色，头侧及整个下体污白色；翼上覆羽褐色，外缘稍淡，飞羽暗褐色，内翈边缘白色；腋羽及翼下覆羽白色。雌鸟比雄鸟色稍淡，体色无显著差异。幼鸟上体偏褐色，头和背部羽毛具黄白色羽轴纹，胸羽沾乳黄色。

生活习性：栖息于干旱荒漠环境。以昆虫及幼虫、甲虫、蚂蚁和蜜蜂等为食。

地理分布：玛沁。夏候鸟。

保护级别：列入《世界自然保护联盟濒危物种红色名录》（IUCN 红色名录）2022 年 3.1 版，无危（LC）。

白顶鹏

分　　类：鸟纲 雀形目 鹟科 鹏属

学　　名：*Oenanthe pleschanka* Lepechin

别　　名：白头鹏、黑喉白顶鹏、白头、白朵朵。

形态特征：体长约 14.5cm。雄鸟上体全黑，仅腰、头顶及颈背白色；外侧尾羽基部灰白色；下体全白仅颏及喉黑色。与东方斑鹏雄鸟的区别在头顶灰色较重且胸沾皮黄色。雌鸟上体偏褐色，眉纹皮黄色，外侧尾羽基部白色；颏及喉色深，白色羽尖成鳞状纹；胸偏红色，两胁皮黄色，臀白色。

生活习性：栖息于山地荒漠的多石地段、农田间荒地、山前缓坡及矮树丛。以甲虫、鳞翅目幼虫和蚂蚁等为食。

地理分布：玛沁。夏候鸟。

保护级别：列入《世界自然保护联盟濒危物种红色名录》（IUCN 红色名录）2022 年 3.1 版，无危（LC）。

蓝额红尾鸲

分　　类：鸟纲 雀形目 鹟科 Phoenicuropsis 属

学　　名：*Phoenicuropsis frontalis* Vigors

别　　名：火焰焰。

形态特征：体长 14 ～ 16cm。雄鸟夏羽前额和一短眉纹辉蓝色；头顶、头侧、后颈、颈侧、背、肩、两翅小覆羽和中覆羽、颏、喉和上胸均为黑色具蓝色金属光泽。雌鸟头顶至背棕褐色或暗棕褐色，腰和尾上覆羽栗棕色或棕色，中央尾羽黑褐色，外侧尾羽栗棕色具黑褐色端斑。虹膜暗褐色，嘴、脚黑色。

生活习性：栖息于针叶林和灌丛草甸地带。以甲虫、蝗虫、毛虫、蚂蚁、鳞翅目幼虫等为食，也吃少量植物果实与种子。

地理分布：玛沁、班玛、甘德、久治。留鸟。

保护级别：列入《世界自然保护联盟濒危物种红色名录》（IUCN 红色名录）2022 年 3.1 版，未予评估（NE）。

白喉红尾鸲

分　　类：鸟纲 雀形目 鹟科 Phoenicuropsis 属

学　　名：*Phoenicuropsis schisticeps* G.R.Gray

别　　名：火焰焰。

形态特征：体长 14 ～ 16cm。雄鸟额至枕钴蓝色；头侧、背、两翅和尾黑色；翅上有一大形白斑；腰和尾上覆羽栗棕色；颏、喉黑色，下喉中央有一白斑，在四周黑色衬托下极为醒目；其余下体栗棕色；腹部中央灰白色。雌鸟上体橄榄褐色沾棕色；腰和尾上覆羽栗棕色；尾棕褐色；翅暗褐色并具白斑；下体褐灰色沾棕色；喉亦具白斑。

生活习性：栖息于灌丛草地、林缘、疏林、河谷和针叶林中。以鞘翅目昆虫为食。

地理分布：玛沁、班玛、甘德、久治、玛多。留鸟。

保护级别：列入《世界自然保护联盟濒危物种红色名录》（IUCN 红色名录）2022 年 3.1 版，未予评估（NE）。

贺兰山红尾鸲

分　　类：鸟纲 雀形目 鹟科 红尾鸲属

学　　名：*Phoenicurus alaschanicus* Przevalski

形态特征：体长约 16cm。胸赤褐色。雄鸟头顶、颈背、头侧至上背蓝灰色；下背及尾橙褐色，仅中央尾羽褐色；颏、喉及胸橙褐色；腹部橘黄色较浅近白色；翼褐色具白色块斑，甚似红背红尾鸲，但头顶、头侧及颈背蓝灰色。雌鸟褐色较重，上体色暗；下体灰色而非棕色；两翼褐色并具皮黄色斑块。

生活习性：栖于山地灌丛或疏林中。以昆虫为食。

地理分布：玛沁。留鸟。

保护级别：列入 2021 年《国家重点保护野生动物名录》，二级。列入《世界自然保护联盟濒危物种红色名录》（IUCN 红色名录）2022 年 3.1 版，近危（NT）。

北红尾鸲

分　　类：鸟纲 雀形目 鹟科 红尾鸲属

学　　名：*Phoenicurus auroreus* Pallas

别　　名：灰顶茶鸲、红尾溜、火燕。

形态特征：体长 13 ～ 15cm。虹膜暗褐色。嘴、脚黑色。雄鸟头顶至背石板灰色；下背和两翅黑色具明显的白色翅斑；腰、尾上覆羽和尾橙棕色，中央一对尾羽和最外侧一对尾羽外翈黑色；前额基部、头侧、颈侧、颏喉和上胸均为黑色，其余下体橙棕色。雌鸟上体橄榄褐色；两翅黑褐色并具白斑；眼圈微白，下体暗黄褐色。相似种红腹红尾鸲头顶至枕羽色较淡，多为灰白色，尾全为橙棕色，中央尾羽和外侧一对尾羽外翈不为黑色。

生活习性：栖息于山地、森林、河谷、林缘和居民点附近的灌丛与低矮树丛中。以昆虫为食。

地理分布：玛沁、班玛。夏候鸟。

保护级别：列入《国家保护的有益的或者有重要经济、科学研究价值的陆生野生动物名录》。列入《世界自然保护联盟濒危物种红色名录》（IUCN 红色名录）2022 年 3.1 版，无危（LC）。

红腹红尾鸲

分　　类：鸟纲 雀形目 鹟科 红尾鸲属

学　　名：*Phoenicurus erythrogastrus* Gŭldenstadt

形态特征：体长约 18cm。色彩醒目。雄鸟似北红尾鸲但体形较大；头顶及颈背灰白色；尾羽栗色；翼上白斑甚大，黑色部位于冬季有烟灰色的缘饰。雌鸟似雌性欧亚红尾鸲但体形较大，褐色的中央尾羽与棕色尾羽对比不强烈；翼上无白斑；具点斑羽衣的幼鸟已具明显的白色翼斑；虹膜褐色；嘴黑色；脚黑色。

生活习性：栖息于林地内。性惧生而孤僻。以昆虫为食。

地理分布：玛沁、班玛、达日、久治、甘德、玛多。留鸟。

保护级别：列入《世界自然保护联盟濒危物种红色名录》（IUCN 红色名录）2022 年 3.1 版，无危（LC）。

黑喉红尾鸲

分　　类：鸟纲 雀形目 鹟科 红尾鸲属

学　　名：*Phoenicurus hodgsoni* Moore

别　　名：何氏鸲。

形态特征：体长 13 ～ 16cm。雄鸟前额白色；头顶至背灰色；腰、尾上覆羽和尾羽棕色或栗棕色，中央一对尾羽褐色；两翅暗褐色具白色翅斑；下体颏、喉、胸均黑色，其余下体棕色。雌鸟上体和两翅灰褐色；腰至尾和雄鸟相似，亦为棕色；眼周一圈白色；下体灰褐色；尾下覆羽浅棕色。

生活习性：栖息于林缘、疏林、河谷、灌丛、草丛和针叶林中。以鞘翅目昆虫为食。

地理分布：玛沁、班玛、甘德、久治。夏候鸟。

保护级别：列入《世界自然保护联盟濒危物种红色名录》（IUCN 红色名录）2022 年 3.1 版，无危（LC）。

赭红尾鸲

分　　类：鸟纲 雀形目 鹟科 红尾鸲属

学　　名：*Phoenicurus ochruros* Gmelin

形态特征：体长 13 ～ 16cm。雄鸟头、颈、背、颏、喉与胸均黑色；额和眼的上部沾灰色；腰、尾上覆羽、腹与尾下覆羽栗棕色；尾羽除中央一对的端部呈褐色外，均为栗棕色；翼上覆羽黑色，飞羽暗褐色而外缘具棕色狭边。雌鸟除腰、尾上覆羽、尾羽、腹和尾下覆羽同雄鸟但稍淡外，其余均褐色。雄性幼鸟羽色同雌鸟，但上体沾染棕色，次级飞羽具宽而显著的棕色羽缘，胸部灰褐色。上腹棕褐色，腹部浅棕栗色，各羽均具浅棕色斑点。虹膜黑褐色。嘴、跗跖暗褐色。

生活习性：栖息于高山草原地区、荒漠中。以鞘翅目甲虫、鳞翅目幼虫、蚂蚁、草籽等为食。

地理分布：玛沁、班玛、达日、久治、甘德、玛多。留鸟。

保护级别：列入《世界自然保护联盟濒危物种红色名录》（IUCN 红色名录）2022 年 3.1 版，无危（LC）。

红尾水鸲

分　　类：鸟纲 雀形目 鹟科 水鸲属

学　　名：*Rhyacornis fuliginosus* Vigors

别　　名：蓝石青儿、溪红尾鸲、石燕、铅色水、溪红色鸲、铅色红尾鸲。

形态特征：体长 11 ～ 14cm。虹膜褐色。嘴黑色，雄鸟脚黑色、雌鸟脚暗褐色。雄鸟通体大都暗灰蓝色；翅黑褐色；尾羽和尾的上、下覆羽均为栗红色。雌鸟上体灰褐色；翅褐色，具 2 道白色点状斑；尾羽白色，端部及羽缘褐色；尾的上、下覆羽纯白色；下体灰色，杂以不规则的白色细斑。

生活习性：栖息于山地溪流与河谷沿岸，尤以多石的林间或林缘地带的溪流沿岸。以昆虫为食。

地理分布：玛沁、班玛。夏候鸟。

保护级别：列入《世界自然保护联盟濒危物种红色名录》（IUCN 红色名录）2022 年 3.1 版，无危（LC）。

白喉石䳭

分　　类：鸟纲 雀形目 鹟科 石䳭属

学　　名：*Saxicola insignis* G.R.Gray

别　　名：何氏树丛石栖鸟。

形态特征：体长 14 ～ 15cm。胸红色。臀近白色。上体黑白色。似黑喉石䳭，但颏、喉及颈侧的白色形成不完整颈圈，飞羽基部色白。虹膜褐色。嘴、脚黑色。雌鸟似黑喉石䳭但背部灰色较重，飞羽基部色白。

生活习性：栖息于多岩石的高山上、山下的平原或草地的灌丛中。多在地面取食，跃起捕食昆虫。以昆虫为食。

地理分布：玛多。旅鸟。

保护级别：列入 2021 年《国家重点保护野生动物名录》，二级。列入《世界自然保护联盟濒危物种红色名录》（IUCN 红色名录）2022 年 3.1 版，易危（VU）。

黑喉石䳭

分　　类：鸟纲 雀形目 鹟科 石䳭属

学　　名：*Saxicola maurus* Pallas

别　　名：野鹟、石栖鸟、谷尾鸟。

形态特征：体长 12 ～ 15cm。上体自额至腰以及头侧和颏、喉等均黑色，至腰则转为白色；尾上覆羽纯白色。尾羽黑色。翅上的飞羽黑褐色。三级飞羽的基部及一部分内侧覆羽纯白色，形成一个显著地翼斑。其余覆羽均黑色。两侧肩羽白色，在肩上形成两个显著地白斑。整个下体余部浓棕。雌雄鸟相似，但无黑喉，上体黑色变为淡黑褐色而多棕纹。

生活习性：栖息于农田、草原、森林、灌丛等环境中。以鞘翅目的叶甲，半翅目的盲蝽、蝗虫等为食。

地理分布：玛沁、班玛、甘德、达日、久治。夏候鸟。

保护级别：列入《世界自然保护联盟濒危物种红色名录》（IUCN 红色名录）2022 年 3.1 版，未予评估（NE）。

红胁蓝尾鸲

分　　类：鸟纲 雀形目 鹟科 鸲属

学　　名：*Tarsiger cyanurus* Pallas

别　　名：红胁歌鸲、蓝尾欧鸲、蓝尾巴根。

形态特征：体长 13 ～ 15cm。虹膜褐色。嘴和跗跖均黑色。雄鸟额、眉纹亮深蓝色；腰羽、翅上小覆羽和尾上覆羽呈蓝靛色，头、颈和上体余部以及下体、胸和胸的两侧均为深蓝色；眼先近黑色；两翼和尾黑褐色，外翈边缘均镶以深蓝色羽缘；颏、喉和胸等的中央白色，自胸以下带灰色；两胁栗橙色。雌鸟上体包括两翅的覆羽均橄榄褐色；羽缘棕黄色，腰和尾羽外翈蓝绿色；颏、喉亦不白；胸部呈棕褐色；腹较白；余部同雄鸟。

生活习性：栖息于灌丛间。以鞘翅目、鳞翅目、膜翅目昆虫，甲壳类动物，草籽和野果为食。

地理分布：玛沁、班玛。旅鸟。

保护级别：列入《国家保护的有益的或者有重要经济、科学研究价值的陆生野生动物名录》。列入《世界自然保护联盟濒危物种红色名录》（IUCN 红色名录）2022 年 3.1 版，无危（LC）。

蓝眉林鸲

分　　类：鸟纲 雀形目 鹟科 鸲属

学　　名：*Tarsiger rufilatus* Hodgson

别　　名：喜马拉雅蓝尾鸲、喜马拉雅红胁蓝尾鸲、喜山蓝尾鸲。

形态特征：体长约 14cm。成年雄鸟头部至上背深蓝色；眉纹亮蓝色，且从眼先延伸至耳部，有些个体眉纹在眼先模糊显得左右连接，眼圈深色；喉纯白色；胸、腹白色带灰，与喉部对比明显；深蓝色从两颊延至胸侧，两胁橙黄色；翅膀不沾褐而尖端发黑，无翼斑；小覆羽、腰部和尾亮海蓝色，尾端色深，在形态上与红胁蓝尾鸲雄鸟有明显区别。

生活习性：栖息于山地灌丛或疏林中。以昆虫为食。

地理分布：班玛。夏候鸟。

保护级别：列入《世界自然保护联盟濒危物种红色名录》（IUCN 红色名录）2022 年 3.1 版，无危（LC）。

蓝喉太阳鸟

分　　类：鸟纲 雀形目 花蜜年科 太阳鸟属

学　　名：*Aethopyga gouldiae* Vigors

形态特征：体长 13 ～ 16cm。嘴细长而向下弯曲。雄鸟前额至头顶、颏和喉辉紫蓝色；背、胸、头侧、颈侧朱红色，耳后和胸侧各有一紫蓝色斑，在四周朱红色衬托下极为醒目；腰、腹黄色；中央尾羽延长，紫蓝色。雌鸟上体橄榄绿色；腰黄色；喉至胸灰绿色；其余下体绿黄色。

生活习性：栖息于常绿阔叶林、沟谷季雨林和常绿－落叶混交林中。以花蜜为食，也吃昆虫等动物性食物。

地理分布：班玛。旅鸟。

保护级别：列入《国家保护的有益的或者有重要经济、科学研究价值的陆生野生动物名录》。列入《世界自然保护联盟濒危物种红色名录》（IUCN 红色名录）2022 年 3.1 版，无危（LC）。

褐冠山雀

分　　类：鸟纲 雀形目 山雀科 Lophophanes 属

学　　名：*Lophophanes dichrous* Blyth

形态特征：体长 9 ～ 11cm。雌雄鸟羽色相似。前额、眼先和耳覆羽皮黄色杂有灰褐色。头顶至后颈、背、肩及以腰等上体均为褐灰色和暗灰色，翅上覆羽同背。飞羽褐色，初级飞羽除最外侧两枚外，羽缘均微缀蓝灰色，其余飞羽羽缘微缀灰棕色。颏、喉、胸至尾下覆羽等整个下体淡棕色。颈侧棕白色，向后颈延伸形成半领环状。

生活习性：栖息于高山针叶林或灌丛中。以昆虫为食。

地理分布：玛沁、班玛。留鸟。

保护级别：列入《国家保护的有益的或者有重要经济、科学研究价值的陆生野生动物名录》。列入《世界自然保护联盟濒危物种红色名录》（IUCN 红色名录）2022 年 3.1 版，无危（LC）。

大山雀

分　　类：鸟纲 雀形目 山雀科 山雀属

学　　名：*Parus cinereus* Vieillot

别　　名：呼呼黑、山呼呼黑、白脸山雀。

形态特征：体长 13 ～ 15cm。整个头黑色，头两侧各具一大形白斑。上体蓝灰色。背沾绿色。下体白色。胸、腹有 1 条宽阔的中央纵纹与颏、喉黑色相连。

生活习性：栖息于低山和山麓针阔叶混交林中，也出入于人工林和针叶林。以金龟子、毒蛾幼虫、蚂蚁、蜂、松毛虫和螽斯等昆虫为食。

地理分布：玛沁、班玛。留鸟。

保护级别：列入《国家保护的有益的或者有重要经济、科学研究价值的陆生野生动物名录》。列入《世界自然保护联盟濒危物种红色名录》（IUCN 红色名录）2022 年 3.1 版，未予评估（NE）。

黑冠山雀

分　　类：鸟纲 雀形目 山雀科 Periparus 属

学　　名：*Periparus rubidiventris* Blyth

别　　名：呼呼黑。

形态特征：体长 10 ～ 12cm。冠羽及胸兜黑色。脸颊白色。上体灰色，无翼斑，下体灰色，臀棕色。幼鸟色暗而羽冠较短。虹膜褐色。嘴黑色。脚蓝灰色。与棕枕山雀的区别在黑色的胸兜较小，飞羽灰色。

生活习性：栖息于林区。以昆虫、嫩枝叶和杂草种子为食。

地理分布：玛沁、班玛。留鸟。

保护级别：列入《国家保护的有益的或者有重要经济、科学研究价值的陆生野生动物名录》。列入《世界自然保护联盟濒危物种红色名录》（IUCN 红色名录）2022 年 3.1 版，无危（LC）。

褐头山雀

分　　类：鸟纲 雀形目 山雀科 Poecile 属

学　　名：*Poecile montanus* Conrad

形态特征：体长 11 ～ 14cm。头顶及颏褐黑色。上体褐灰色。下体近白色。两胁皮黄色，无翼斑或项纹。与沼泽山雀易混淆，但一般具浅色翼纹，黑色顶冠较大而少光泽，头显比例较大。

生活习性：栖息于针叶林或针阔叶混交林。以昆虫为食。

地理分布：玛沁、班玛。留鸟。

保护级别：列入《国家保护的有益的或者有重要经济、科学研究价值的陆生野生动物名录》。列入《世界自然保护联盟濒危物种红色名录》（IUCN 红色名录）2022 年 3.1 版，无危（LC）。

白眉山雀

分　　类：鸟纲 雀形目 山雀科 Poecile 属

学　　名：*Poecile superciliosus* Przevalski

别　　名：白眉吁吁黑。

形态特征：体长 13cm。上体深灰色沾橄榄色。白色眉纹显著。头顶及胸兜黑色。前额的白色后延而成白色的长眉纹。头侧、两胁及腹部黄褐色。臀皮黄色。

生活习性：栖息于灌丛、针阔叶林及山坡小片林区。以鞘翅目、膜翅目、双翅目昆虫等为食。

地理分布：玛沁、班玛、达日、久治、甘德、玛多。留鸟。

保护级别：列入 2021 年《国家重点保护野生动物名录》，二级。列入《世界自然保护联盟濒危物种红色名录》（IUCN 红色名录）2022 年 3.1 版，无危（LC）。

四川褐头山雀

分　　类：鸟纲 雀形目 山雀科 Poecile 属

学　　名：*Poecile weigoldicus* Kleinschmidt

别　　名：川褐头山雀、四川山雀。

形态特征：体长 11.5cm。头顶及颏褐黑色。上体褐灰色。下体近白色。两胁皮黄色。无翼斑或项纹。与沼泽山雀易混淆，但一般具浅色翼纹，黑色顶冠较大而少光泽，头显比例较大。

生活习性：栖息于针叶林或针阔叶混交林。以半翅目、鞘翅目，膜翅目、双翅目及鳞翅目的成虫及幼虫为食。

地理分布：玛沁、班玛。留鸟。青藏高原特有种。

保护级别：列入《世界自然保护联盟濒危物种红色名录》（IUCN 红色名录）2022 年 3.1 版，无危 (LC)。

地山雀

分　　类：鸟纲 雀形目 山雀科 拟地鸦属

学　　名：*Pseudopodoces humilis* Hume

别　　名：褐背拟地鸦。

形态特征：体长 14 ～ 18cm。下体近白色。眼先斑纹暗色。中央尾羽褐色，外侧尾羽黄白色。幼鸟多皮黄色并具皮黄色颈环。

生活习性：栖息于林线以上有稀疏矮丛的多草平原及山麓地带。喜牦牛牧场。常在寺院或住宅附近挖洞营巢。两翼及尾抽动有力。飞行能力弱，而且多贴地面低空，两翼不停地扑打。以昆虫为食。

地理分布：玛沁、班玛、达日、久治、甘德、玛多。留鸟。

保护级别：列入《世界自然保护联盟濒危物种红色名录》（IUCN 红色名录）2022 年 3.1 版，无危（LC）。

褐翅雪雀

分　　类：鸟纲 雀形目 雀科 雪雀属

学　　名：*Montifringilla adamsi* Adams

形态特征：体长 14 ～ 17cm。雄雌鸟同色。翼肩具近黑色的小点斑。虹膜茶黑色。嘴、脚黑色。极似白斑翅雪雀但头及上体褐色较重，飞行及休息时两翼可见的白色较少。

生活习性：栖息于高山、草原或荒漠。以草籽、植物碎片和昆虫等为食。

地理分布：玛沁、班玛、达日、甘德、久治、玛多。留鸟。

保护级别：列入《世界自然保护联盟濒危物种红色名录》（IUCN 红色名录）2022 年 3.1 版，无危（LC）。

藏雪雀

分　　类：鸟纲 雀形目 雀科 雪雀属

学　　名：*Montifringilla henrici Oustalet*

形态特征：体长 14 ～ 17cm。雌雄羽色相似。眼先黑褐色。额、头顶和头侧灰褐色较深。背、肩及腰沙褐色。颈侧及颈部稍淡。背部具不大明显的褐色羽干纹。尾上覆羽黑色，其两侧覆羽的端部或外翈端部为白色；中央尾羽黑褐色，具褐白色狭缘；其余尾羽白色具黑褐色端斑，越向外侧端斑越小，直到最外侧一对则完全消失。

生活习性：栖息高山草原、草甸草原。以植物为食，雏鸟吃昆虫。

地理分布：玛沁、班玛、达日、甘德、久治、玛多。留鸟。

保护级别：列入《世界自然保护联盟濒危物种红色名录》（IUCN 红色名录）2022 年 3.1 版，无危（LC）。

白腰雪雀

分　　类：鸟纲 雀形目 雀科 Onychostruthus 属

学　　名：*Onychostruthus taczanowskii* Przevalski

形态特征：体长 14 ～ 18cm。额和眉纹白色。上体灰褐色或沙褐色，具暗褐色纵纹。腰白色。尾黑褐色，外侧尾羽具白色端斑。两翅黑褐色，翅上初级覆羽具白色端斑，外侧飞羽基部白色，形成翅上大块白斑。下体白色。嘴夏季黑色，冬季黄色。相似种褐翅雪雀腰不为白色，翅上中覆羽和小覆羽白色；白斑翅雪雀也与该种很相似，但腰不为白色，颏、喉黑色。

生活习性：栖息于高山草地、草原和有稀疏植物的荒漠和半荒漠地带。以草籽、植物种子等植物性食物为食，也吃昆虫等。

地理分布：玛沁、班玛、达日、久治、甘德、玛多。留鸟。青藏高原特有种。

保护级别：列入《世界自然保护联盟濒危物种红色名录》（IUCN 红色名录）2022 年 3.1 版，无危（LC）。

麻雀

分　　类：鸟纲 雀形目 雀科 麻雀属

学　　名：*Passer montanus* Linnaeus

别　　名：树麻雀。

形态特征：体长 13 ～ 15cm。额、头顶至后颈栗褐色，头侧白色，耳部有一黑斑，在白色的头侧极为醒目。背沙褐色或棕褐色具黑色纵纹。颏、喉黑色，其余下体污灰白色微沾褐色。相似种家麻雀以及其他麻雀颊部均无黑斑。

生活习性：栖息于人家附近。杂食性，以农作物、杂草种子和昆虫等为食。

地理分布：玛沁、班玛、达日、久治、甘德、玛多。留鸟。

保护级别：列入《国家保护的有益的或者有重要经济、科学研究价值的陆生野生动物名录》。列入《世界自然保护联盟濒危物种红色名录》（IUCN 红色名录）2022 年 3.1 版，无危（LC）。

石雀

分　　类：鸟纲 雀形目 雀科 石雀属

学　　名：*Petronia petronia* Linnaeus

形态特征：体长 12 ～ 16cm。雌雄鸟羽色相似。前额和头顶两侧暗褐色，头顶中央至枕淡皮黄褐色或灰褐色，形成 1 条宽阔的中央淡色带，个别头部全为暗褐色，头顶中央不存在淡色带。眉纹淡皮黄色或皮黄白色长而显著。贯眼纹暗色。后颈淡褐色。背、肩淡褐色或淡灰褐色，羽缘皮黄色具暗褐色纵纹。腰和尾上覆羽亦为淡褐色或淡灰褐色，具不明显的淡色羽缘。

生活习性：栖息于在裸露的岩石上、峡谷中、碎石坡地等处。以草、草籽、谷物、水果、浆果和昆虫等为食。

地理分布：玛沁、班玛。留鸟。

保护级别：列入《世界自然保护联盟濒危物种红色名录》（IUCN 红色名录）2022 年 3.1 版，无危（LC）。

棕颈雪雀

分　　类：鸟纲 雀形目 雀科 Pyrgilauda 属

学　　名：*Pyrgilauda ruficollis* Blanford

形态特征：体长 12 ～ 16cm。雌雄鸟同色。眼先黑色，脸侧近白。成鸟头部图纹特别。髭纹黑色。颏及喉白色。颈背及颈侧较所有其他雪雀的栗色均重。覆羽羽端白色。

生活习性：栖息于高山、草原、荒漠、裸岩。以昆虫为食。

地理分布：玛沁、班玛、达日、甘德、久治、玛多。留鸟。

保护级别：列入《世界自然保护联盟濒危物种红色名录》（IUCN 红色名录）2022 年 3.1 版，无危（LC）。

棕眉柳莺

分　　类：鸟纲 雀形目 柳莺科 柳莺属

学　　名：*Phylloscopus armandii* Milne et Edwards

形态特征：体长 11 ～ 14cm。尾略分叉，嘴短而尖。上体橄榄褐色。飞羽、覆羽及尾缘橄榄色。具白色的长眉纹和皮黄色眼先。脸侧具深色杂斑。暗色的眼先及贯眼纹与米黄色的眼圈成对比。下体污黄白色。胸侧及两胁沾橄榄色。喉部的黄色纵纹常隐约贯胸而及至腹部，尾下覆羽黄褐色。

生活习性：栖息于林缘及河谷灌丛和林下灌丛中。以昆虫为食。

地理分布：班玛。夏候鸟。

保护级别：列入《国家保护的有益的或者有重要经济、科学研究价值的陆生野生动物名录》。列入《世界自然保护联盟濒危物种红色名录》（IUCN 红色名录）2022 年 3.1 版，无危（LC）。

四川柳莺

分　　类：鸟纲 雀形目 柳莺科 柳莺属

学　　名：*Phylloscopus forresti* Rothschild

形态特征：体长约 10cm。腰色浅，眉纹长而白，顶纹略淡，2 道白色翼斑。极似淡黄腰柳莺但区别在于体形较大而形长，头略大但不圆；顶冠两侧色较浅且顶纹较模糊，有时仅在头背后呈一浅色点；大覆羽中央色彩较淡，下嘴色也较淡；耳羽上无浅色点斑。

生活习性：栖息于低地落叶次生林。以毛虫、蚱蜢等为食。

地理分布：玛沁、班玛。夏候鸟。

保护级别：列入《国家保护的有益的或者有重要经济、科学研究价值的陆生野生动物名录》。列入《世界自然保护联盟濒危物种红色名录》（IUCN 红色名录）2022 年 3.1 版，无危（LC）。

黄眉柳莺

分　　类：鸟纲 雀形目 柳莺科 柳莺属

学　　名：*Phylloscopus inornatus* Blyth

别　　名：树串儿、树叶儿、白目眶丝。

形态特征：体长 8 ～ 11cm。上体橄榄绿色。头部色泽较深，在头顶中央有 1 条若隐若现的黄绿色冠纹。眉纹宽而呈黄绿色；贯眼纹暗褐色，头的余部黄绿缀褐色。两翼和尾褐色，翼上的大覆羽及中覆羽先端淡黄绿色，组成 2 道翼斑。飞羽和尾羽羽缘均为黄绿色，内侧飞羽的先端具有白色系斑。下体白色。胸、胁及尾下覆羽近沾或多或少的黄绿色。

生活习性：栖息于森林及高山的灌丛。以甲虫、象鼻虫、蚜蚤、浮游等为食。

地理分布：班玛。旅鸟。

保护级别：列入《国家保护的有益的或者有重要经济、科学研究价值的陆生野生动物名录》。列入《世界自然保护联盟濒危物种红色名录》（IUCN 红色名录）2022 年 3.1 版，无危（LC）。

甘肃柳莺

分　　类：鸟纲 雀形目 柳莺科 柳莺属

学　　名：*Phylloscopus kansuensis* Meise

形态特征：体长约 10cm。腰色浅，隐约可见第二道翼斑。眉纹粗而白，顶纹色浅，三级飞羽羽缘略白。野外与淡黄腰柳莺难辨，但声音有别。

生活习性：栖息于有云杉及桧树的树林。以昆虫为食。

地理分布：班玛。夏候鸟。青藏高原特有种。

保护级别：列入《国家保护的有益的或者有重要经济、科学研究价值的陆生野生动物名录》。列入《世界自然保护联盟濒危物种红色名录》（IUCN 红色名录）2022 年 3.1 版，无危（LC）。

华西柳莺

分　　类：鸟纲 雀形目 柳莺科 柳莺属

学　　名：*Phylloscopus occisinensis* Martens et al.

形态特征：体长 8.8 ～ 10.6cm。雌雄鸟相似。体橄榄绿色。眉纹和眼周淡绿黄色，但均不明显。飞羽和尾羽淡黑褐色，外翈边缘呈暗橄榄黄色。腹面绿黄色。胸和两胁沾橄榄色。尾下覆羽转土黄色。虹膜褐色。上嘴灰褐色，下嘴灰黄色。跗跖淡黄褐色。

生活习性：栖息于林缘灌丛和草原灌丛地带。杂食性，以植物种子及碎片，昆虫和蚂蚁等为食。

地理分布：玛沁、班玛、达日、久治、甘德、玛多。夏候鸟。

保护级别：列入《世界自然保护联盟濒危物种红色名录》（IUCN 红色名录）2022 年 3.1 版，未予评估（NE）。

橙斑翅柳莺

分　　类：鸟纲 雀形目 柳莺科 柳莺属

学　　名：*Phylloscopus pulcher* Blyth

别　　名：橙斑柳莺。

形态特征：体长 9 ～ 12cm。头顶暗绿色并具不明显的淡黄色中央冠纹。眉纹黄绿色。贯眼纹黑色。背橄榄绿色，腰黄色形成明显的黄色腰带。两翅和尾暗褐色，大覆羽和中覆羽具橙黄色先端，在翅上形成 2 道橙黄色翅斑，外侧 3 对尾羽大都白色。下体灰黄绿色。

生活习性：栖息于林缘灌丛及枝叶比较浓密的云杉林下及云杉林树冠间。以昆虫为食。

地理分布：班玛。夏候鸟。

保护级别：列入《国家保护的有益的或者有重要经济、科学研究价值的陆生野生动物名录》。列入《世界自然保护联盟濒危物种红色名录》（IUCN 红色名录）2022 年 3.1 版，无危（LC）。

棕腹柳莺

分　　类：鸟纲 雀形目 柳莺科 柳莺属

学　　名：*Phylloscopus subaffinis* Ogilvie et Grant

形态特征：体长 9 ～ 11cm。上体均橄榄褐色；眉纹皮黄色。下体棕黄色。上体自额至尾上覆羽，包括翅上内侧覆羽均呈橄榄褐色。腰和尾上覆羽稍淡；飞羽、尾羽及翅上外侧覆羽黑褐色，外缘以黄绿色。下体均呈棕黄色，但颏、喉较淡，两胁较深暗。两性羽色相似。虹膜褐色。上嘴黑褐色，下嘴淡褐色，基部富于黄色。跗跖暗褐色。

生活习性：栖息于林间及林缘灌丛、高山灌丛及河谷灌丛地带。以昆虫为食。

地理分布：班玛、玛多。夏候鸟。

保护级别：列入《国家保护的有益的或者有重要经济、科学研究价值的陆生野生动物名录》。列入《世界自然保护联盟濒危物种红色名录》（IUCN 红色名录）2022 年 3.1 版，无危（LC）。

暗绿柳莺

分　　类：鸟纲 雀形目 柳莺科 柳莺属

学　　名：*Phylloscopus trochiloides* Sundevall

形态特征：体长 10 ～ 12cm。上体均橄榄绿色。头顶较暗。眉纹黄白色。眼和贯眼纹暗橄榄色。翼和尾羽黑色，外翈边缘黄绿色；大覆羽和中覆羽先端淡黄色，形成 2 道翼斑。下体为沾黄色的白色，尤以两胁和尾下覆羽较显著。

生活习性：栖息于森林灌丛中。以蚂蚁及鞘翅目等昆虫为食。

地理分布：玛沁、班玛。旅鸟。

保护级别：列入《国家保护的有益的或者有重要经济、科学研究价值的陆生野生动物名录》。列入《世界自然保护联盟濒危物种红色名录》（IUCN 红色名录）2022 年 3.1 版，无危（LC）。

云南柳莺

分　　类：鸟纲 雀形目 柳莺科 柳莺属

学　　名：*Phylloscopus yunnanensis* La Touche

形态特征：形似四川柳莺，与四川柳莺的区别为次级飞羽边缘具有较为均匀的浅绿色，第二道翅斑下方不似黄腰柳莺那样具有暗色的斑块。

生活习性：栖于低地落叶次生林。以昆虫为食。

地理分布：玛沁、班玛。夏候鸟。

保护级别：列入《世界自然保护联盟濒危物种红色名录》（IUCN 红色名录）2022 年 3.1 版，无危（LC）。

领岩鹨

分　　类：鸟纲 雀形目 岩鹨科 岩鹨属

学　　名：*Prunella collaris* Scopoli

别　　名：岩鹨、大麻雀、红腰岩鹨。

形态特征：体长 14 ～ 18cm。体形似麻雀但稍大，头部为灰褐色。腰部栗色。尾羽为黑褐色，有较淡的淡黄褐色边缘；中央尾羽有很宽的栗色端缘，外侧尾羽的末端有白色缘斑。颏和喉灰白色，羽毛近端处有“V”字形灰色和黑色相间的横斑。上腹及两胁栗色，各羽有较宽的白色边缘；下腹淡黄褐，各羽有暗色横斑；尾下覆羽的基部灰色，次端为黑栗色，末端为白色。幼鸟整个下体灰褐色，有淡黑色条纹，嘴裂为显著的橙红色。

生活习性：栖息于高山裸岩地。以植物种子及昆虫为食。

地理分布：玛沁、甘德、久治。留鸟。

保护级别：列入《世界自然保护联盟濒危物种红色名录》（IUCN 红色名录）2022 年 3.1 版，无危（LC）。

褐岩鹨

分　　类：鸟纲 雀形目 岩鹨科 岩鹨属

学　　名：*Prunella fulvescens* Severtsor

形态特征：体长 13 ～ 16cm。头褐色或暗褐色，有一长而宽的眉纹从嘴基到后枕，白色或皮黄白色，在暗色的头部极为醒目。背、肩灰褐色或棕褐色并具暗褐色纵纹。颏、喉白色。其余下体淡棕黄色或皮黄白色。

生活习性：栖息于草地、荒野、农田、牧场，有时甚至进到居民点附近。以甲虫、蛾、蚂蚁等昆虫为食，也吃果实、种子与草籽等食物。

地理分布：玛沁、班玛、达日、久治、甘德、玛多。留鸟。

保护级别：列入《世界自然保护联盟濒危物种红色名录》（IUCN 红色名录）2022 年 3.1 版，无危（LC）。

鸲岩鹨

分　　类：鸟纲 雀形目 岩鹨科 岩鹨属

学　　名：*Prunella rubeculoides* Moore

形态特征：体长约 16cm。胸栗褐色。上体、头、喉、两翼及尾烟褐色。上背具模糊的黑色纵纹。翼覆羽有狭窄的白缘，翼羽羽缘褐色。灰色的喉与栗褐色的胸之间有狭窄的黑色领环。下体其余白色。

生活习性：栖息于高山灌丛、草坡、土坎、河滩的低金露梅灌丛。以植物种子及昆虫为食。

地理分布：玛沁、班玛、达日、久治、甘德、玛多。留鸟。

保护级别：列入《世界自然保护联盟濒危物种红色名录》（IUCN 红色名录）2022 年 3.1 版，无危（LC）。

棕胸岩鹨

分　　类：鸟纲 雀形目 岩鹨科 岩鹨属

学　　名：*Prunella strophiata* Blyth

形态特征：体长 13 ～ 15cm。上体棕褐色并具宽阔的黑色纵纹。眉纹前段白色、较窄，后段棕红色、较宽阔。颈侧灰色并具黑色轴纹。颏、喉白色并具黑褐色圆形斑点。胸棕红色，呈带状，胸以下白色并具黑色纵纹。相似种鸲岩鹨体形稍大，无眉纹，颏、喉灰褐色，颈侧无灰色。

生活习性：栖息于高山灌丛、草地、沟谷、牧场、高原和林线附近。以植物的种子为食，也吃果实。

地理分布：玛沁、班玛、达日、久治、甘德、玛多。留鸟。

保护级别：列入《世界自然保护联盟濒危物种红色名录》（IUCN 红色名录）2022 年 3.1 版，无危（LC）。

戴菊

分　　类：鸟纲 雀形目 戴菊科 戴菊属

学　　名：*Regulus regulus* Linnaeus

形态特征：体长 9 ～ 10cm。上体橄榄绿色。头顶中央具柠檬黄色或橙黄色羽冠。两侧有明显的黑色侧冠纹，眼周灰白色。腰和尾上覆羽黄绿色。两翅和尾黑褐色，尾外翈羽缘橄榄黄绿色，翅上具 2 道淡黄白色翅斑。下体白色。羽端沾黄色。两胁沾橄榄灰色。

生活习性：栖息于针叶林和针阔叶混交林中。以各种昆虫为食，也吃少量植物种子。

地理分布：玛沁、班玛。留鸟。

保护级别：列入《国家保护的有益的或者有重要经济、科学研究价值的陆生野生动物名录》。列入《世界自然保护联盟濒危物种红色名录》（IUCN 红色名录）2022 年 3.1 版，无危（LC）。

黑头䴓

分　　类：鸟纲 雀形目 䴓科 䴓属

学　　名：*Sitta villosa* Verreaux

形态特征：体长约 11cm。具白色眉纹和细细的黑色过眼纹。雄鸟顶冠黑色，雌鸟新羽的顶冠灰色。上体余部淡紫灰色。喉及脸侧偏白。有下体余部灰黄色或黄褐色。似滇䴓但眼纹较窄而后端不散开，下体色重。

生活习性：栖息于寒温带低山至亚高山的针叶林或混交林带。啄食树皮下的昆虫等。

地理分布：玛沁、班玛。留鸟。

保护级别：列入《世界自然保护联盟濒危物种红色名录》（IUCN 红色名录）2022 年 3.1 版，无危（LC）。

红翅旋壁雀

分　　类：鸟纲 雀形目 鳾科 旋壁雀属

学　　名：*Tichodroma muraria* Linnaeus

别　　名：爬墙鸟、爬岩树、石花儿。

形态特征：体长 12 ～ 18cm。尾短而嘴长。翼具醒目的绯红色斑纹。飞羽黑色，外侧尾羽羽端白色显著，初级飞羽两排白色点斑飞行时成带状。繁殖期雄鸟脸及喉黑色，雌鸟黑色较少。

生活习性：栖息在悬崖和陡坡壁上。以昆虫为食。

地理分布：玛沁、班玛、达日、久治、甘德、玛多。留鸟。

保护级别：列入《世界自然保护联盟濒危物种红色名录》（IUCN 红色名录）2022 年 3.1 版，无危（LC）。

灰椋鸟

分　　类：鸟纲 雀形目 椋鸟科 Spodiopsar 属

学　　名：*Spodiopsar cineraceus* Temminck

别　　名：高粱头、竹雀、假画眉、哈拉燕。

形态特征：体长 12 ～ 24cm。雄鸟自额、头顶、头侧、后颈和颈侧黑色微具光泽，额和头顶前部杂有白色；眼先和眼周灰白色杂有黑色；颊和耳羽白色亦杂有黑色；背、肩、腰和翅上覆羽灰褐色，小翼羽和大覆羽黑褐色；尾上覆羽白色，中央尾羽灰褐色，外侧尾羽黑褐色，内翈先端白色。

生活习性：栖息于低山丘陵和开阔平原地带的疏林草甸、河谷阔叶林。主要以昆虫为食，也吃少量植物果实与种子。

地理分布：玛沁、班玛、达日、久治、甘德、玛多。旅鸟。

保护级别：列入《国家保护的有益的或者有重要经济、科学研究价值的陆生野生动物名录》。列入《世界自然保护联盟濒危物种红色名录》（IUCN 红色名录）2022 年 3.1 版，无危（LC）。

丝光椋鸟

分　　类：鸟纲 雀形目 椋鸟科 Spodiopsar 属

学　　名：*Spodiopsar sericeus* Gmelin

别　　名：牛屎八哥、丝毛椋鸟。

形态特征：体长 20 ～ 23cm。嘴朱红色。脚橙黄色。雄鸟头、颈丝光白色或棕白色。背深灰色，胸灰色，往后均变淡。两翅和尾黑色。雌鸟头顶前部棕白色，后部暗灰色；上体灰褐色，下体浅灰褐色；其他同雄鸟。

生活习性：栖息于电线、丛林、果园及农耕区，筑巢于洞穴中。喜结群于地面觅食，以植物果实、种子和昆虫为食。

地理分布：玛沁。旅鸟。

保护级别：列入《国家保护的有益的或者有重要经济、科学研究价值的陆生野生动物名录》。列入《世界自然保护联盟濒危物种红色名录》（IUCN 红色名录）2022 年 3.1 版，无危（LC）。

紫翅椋鸟

分　　类：鸟纲 雀形目 椋鸟科 椋鸟属

学　　名：*Sturnus vulgaris* Linnaeus

别　　名：亚洲椋鸟、黑斑。

形态特征：体长 20 ～ 24cm。羽色具闪辉黑、紫、绿色。头、喉及前颈部呈辉亮的铜绿色。背、肩、腰及尾上复羽为紫铜色，而且淡黄白色羽端略似白斑。腹部为沾绿色的铜黑色。翅黑褐色，缀以褐色宽边。夏羽和冬羽稍有变化。

生活习性：栖息于果园、耕地及开阔多数的村庄。杂食性。

地理分布：玛沁、班玛、甘德、达日、久治、玛多。旅鸟。

保护级别：列入《国家保护的有益的或者有重要经济、科学研究价值的陆生野生动物名录》。列入《世界自然保护联盟濒危物种红色名录》（IUCN 红色名录）2022 年 3.1 版，无危（LC）。

鹪鹩

分　　类：鸟纲 雀形目 鹪鹩科 鹪鹩属

学　　名：*Troglodytes troglodytes* Linnaeus

别　　名：山蝈蝈儿、桃虫、蒙鸠、巧妇。

形态特征：体长 10 ～ 17cm。嘴长适中，稍弯曲，先端无缺刻。鼻孔裸露或部分及全部被有鼻膜。翅短圆。尾短小而柔软，尾羽 12 枚，尾较狭窄而柔软。跗跖前缘具盾状鳞，趾及爪发达。体羽棕褐色或呈褐色，具众多的黑褐色横斑及部分浅色点斑。

生活习性：栖息于较高山上的茂密灌木丛或林中。以虫为食。

地理分布：玛沁、班玛。夏候鸟。

保护级别：列入《世界自然保护联盟濒危物种红色名录》（IUCN 红色名录）2022 年 3.1 版，无危（LC）。

黑喉鸫

分　　类：鸟纲 雀形目 鸫科 鸫属

学　　名：*Turdus atrogularis* Jarocki

形态特征：体长约 25cm。北方亚种无眉纹且喉与胸为黑色。脸、喉及上胸黑色，冬季多具白色纵纹。尾羽无棕色羽缘。雌鸟及幼鸟具浅色眉纹。下体多具纵纹。

生活习性：栖息于山前灌木丛或杨树林中。以小鱼、虾、田螺和昆虫，果实和草籽等为食。

地理分布：达日。夏候鸟。

保护级别：列入《世界自然保护联盟濒危物种红色名录》（IUCN 红色名录）2022 年 3.1 版，无危（LC）。

斑鸫

分　　类：鸟纲 雀形目 鸫科 鸫属

学　　名：*Turdus eunomus* Temminck

形态特征：体长 20 ～ 24cm。体色较暗，上体从头至尾暗橄榄褐色杂有黑色。下体白色。喉、颈侧、两胁和胸具黑色斑点，有时在胸部密集成横带。两翅和尾黑褐色，翅上覆羽和内侧飞羽具宽的棕色羽缘；翅下覆羽和腋羽辉棕色。眉纹白色。

生活习性：栖息于杨桦林、杂木林、松林和林缘灌丛地带，也出现于农田、地边、果园和村镇附近。以昆虫为食。

地理分布：玛多。冬候鸟。

保护级别：列入《国家保护的有益的或者有重要经济、科学研究价值的陆生野生动物名录》。列入《世界自然保护联盟濒危物种红色名录》（IUCN 红色名录）2022 年 3.1 版，无危（LC）。

棕背黑头鸫

分　　类：鸟纲 雀形目 鸫科 鸫属

学　　名：*Turdus kessleri* Przevalski

别　　名：克氏鸫。

形态特征：体长约28cm。头、颈、喉、胸、翼及尾黑色，体羽其余部位栗色，仅上背皮黄白色延伸至胸带。雌鸟比雄鸟色浅，喉近白色而具细纹。似灰头鸫，但区别在灰头鸫头、颈及喉灰褐色。

生活习性：栖息于森林、草原、农田、灌丛等地。以草籽和鞘翅目昆虫为食。

地理分布：玛沁、班玛、甘德、达日、久治。留鸟。青藏高原特有种。

保护级别：列入《国家保护的有益的或者有重要经济、科学研究价值的陆生野生动物名录》。列入《世界自然保护联盟濒危物种红色名录》（IUCN红色名录）2022年3.1版，无危（LC）。

灰头鸫

分　　类：鸟纲 雀形目 鸫科 鸫属

学　　名：*Turdus rubrocanus* G. R. Gray

形态特征：体长 23 ～ 27cm。整个头、颈和上胸灰褐色，两翅和尾黑色。上、下体羽栗棕色。颏灰白色。尾下覆羽黑色并具白色羽轴纹和端斑。嘴、脚黄色。

生活习性：栖息于阔叶林、针阔叶混交林、杂木林和针叶林中。主要以昆虫为食。

地理分布：玛沁、班玛、达日、甘德、玛多。留鸟。

保护级别：列入《世界自然保护联盟濒危物种红色名录》（IUCN 红色名录）2022 年 3.1 版，无危（LC）。

赤颈鸫

分　　类：鸟纲 雀形目 鸫科 鸫属

学　　名：*Turdus ruficollis* Pallas

别　　名：红脖鸫、红脖子穿草鸫。

形态特征：体长约 25cm。中等体形的鸫。雄鸟上体灰褐色，眉纹、颈侧、喉及胸红褐色（北方亚种无眉纹且喉与胸为黑色），翼、中央尾羽灰褐色，外侧尾羽灰褐色；腹至臀白色。雌鸟似雄鸟，但栗红色部分较浅且喉部具黑色纵纹；上体灰褐色，腹部及臀纯白色，翼衬赤褐色。

生活习性：栖息于山坡草地、丘陵疏林、平原灌丛中，成松散的群体活动，取食昆虫、小动物及草籽、浆果。

地理分布：玛沁、班玛、达日、久治、甘德、玛多。冬候鸟。

保护级别：列入《世界自然保护联盟濒危物种红色名录》（IUCN 红色名录）2022 年 3.1 版，无危（LC）。

朱鹀

分　　类：鸟纲 雀形目 朱鹀科 朱鹀属

学　　名：*Urocynchramus pylzowi* Przevalski

形态特征：体长 14 ～ 17㎜。雄鸟头顶黄褐色；背、肩沾红色，均具黑褐色纵纹；中央 2 对尾羽暗褐色，其余尾羽淡粉红色；眉纹、眼先、颏至上胸均玫瑰红色；腹和胁粉红色；肛区白色，尾下覆羽淡粉红色。雌鸟下体较白，喉、胸和胁具黑褐色棕纹。繁殖期雄鸟的眉线、喉、胸及尾羽羽缘粉色。雌鸟胸皮黄色而具深色纵纹，尾基部浅粉橙色。

生活习性：栖息在高山草甸或灌丛中。以杂草种子为食，也吃昆虫。

地理分布：玛沁、久治。留鸟。

保护级别：列入 2021 年《国家重点保护野生动物名录》，二级。列入《世界自然保护联盟濒危物种红色名录》（IUCN 红色名录）2022 年 3.1 版，无危（LC）。

红胁绣眼鸟

分　　类：鸟纲 雀形目 绣眼鸟科 绣眼鸟属

学　　名：*Zosterops erythropleurus* Swinhoe

别　　名：白眼儿、粉眼儿、褐色胁绣眼、红胁白目眶、红胁粉眼。

形态特征：体长 12cm。虹膜红褐。嘴橄榄色。脚灰色。与暗绿绣眼鸟及灰腹绣眼鸟的区别在上体灰色较多，两胁栗色，下颚色较淡，黄色的喉斑较小，头顶无黄色。

生活习性：栖息于针阔叶混交林、竹林、次生林等各种类型森林中，也栖息于果园、林缘以及村寨和地边高大的树上。以昆虫为食。

地理分布：班玛。夏候鸟。

保护级别：列入 2021 年《国家重点保护野生动物名录》，二级。列入《世界自然保护联盟濒危物种红色名录》（IUCN 红色名录）2022 年 3.1 版，无危（LC）。

大白鹭

分　　类：鸟纲 鹈形目 鹭科 鹭属

学　　名：*Ardea alba* Linnaeus

别　　名：白长脚鹭鸶、风漂公子、白老冠、冬庄。

形态特征：体长 82 ～ 98cm。成鸟的夏羽全身乳白色；鸟嘴黑色；头有短小羽冠；肩及肩间着生成丛的长蓑羽，一直向后伸展。蓑羽羽干基部强硬，至羽端渐小，羽支纤细分散。虹膜黄色，嘴、眼先和眼周皮肤繁殖期为黑色，非繁殖期为黄色。胫裸出部肉红色，跗跖和趾黑色。

生活习性：栖息于开阔平原和山地丘陵地区的河流、湖泊、水田、海滨、河口及其沼泽地带。以小鱼、蜻蜓幼虫、两栖类、爬行类、淡水软体动物、幼鸟及啮齿类为食。

地理分布：玛沁、班玛、达日、久治、甘德、玛多。旅鸟。

保护级别：列入《国家保护的有益的或者有重要经济、科学研究价值的陆生野生动物名录》。列入《世界自然保护联盟濒危物种红色名录》（IUCN 红色名录）2022 年 3.1 版，无危（LC）。

苍鹭

分　　类：鸟纲 鹈形目 鹭科 鹭属

学　　名：*Ardea cinerea* Linnaeus

别　　名：青庄、灰鹭、老等。

形态特征：体长 75 ～ 105cm。头、颈、脚和嘴均甚长，因而身体显得细瘦。上体自背至尾上覆羽苍灰色；尾羽暗灰色。两肩有长尖而下垂的苍灰色羽毛，羽端分散，呈白色或近白色。

生活习性：栖息于江河、溪流、湖泊、水塘、海岸等水域岸边及其浅水处。以啮齿类动物、鸟、脊椎动物和鱼类为食。

地理分布：玛沁、班玛、达日、久治、甘德、玛多。旅鸟。

保护级别：列入《国家保护的有益的或者有重要经济、科学研究价值的陆生野生动物名录》。列入《世界自然保护联盟濒危物种红色名录》（IUCN 红色名录）2022 年 3.1 版，无危（LC）。

池鹭

分　　类：鸟纲 鹈形目 鹭科 池鹭属

学　　名：*Ardeola bacchus* Bonaparte

别　　名：红毛鹭、红头鹭鸶、沼鹭。

形态特征：体长 47 ～ 54cm。翼白色，身体具褐色纵纹。虹膜褐色。嘴黄色（冬季）。腿及脚绿灰色。繁殖期头及颈深栗色，胸紫酱色。冬季站立时具褐色纵纹，飞行时体白色而背部深褐色。

生活习性：栖息于稻田、池塘、湖泊、水库和沼泽湿地等水域。以鱼、虾、螺、蛙、泥鳅、水生昆虫、蝗虫等为食，兼食少量植物性食物。

地理分布：玛沁、班玛、玛多。旅鸟。

保护级别：列入《国家保护的有益的或者有重要经济、科学研究价值的陆生野生动物名录》。列入《世界自然保护联盟濒危物种红色名录》（IUCN 红色名录）2022 年 3.1 版，无危（LC）。

牛背鹭

分　　类：鸟纲 鹈形目 鹭科 牛背鹭属

学　　名：*Bubulcus ibis* Linnaeus

形态特征：体长 46 ～ 55cm。中型涉禽，飞行时头缩到背上，颈向下突出，像一个大的喉囊，身体呈驼背状。站立时亦像驼背。嘴和颈较短粗。体形较其他鹭肥胖，嘴和颈明显较其他鹭短粗。夏羽前颈基部和背中央具羽支分散成发状的橙黄色长形饰羽，前颈饰羽长达胸部，背部饰羽向后长达尾部，尾和其余体羽白色。

生活习性：栖息于平原草地、牧场、湖泊、水库、山脚平原和沼泽地上。以蝗虫、蚂蚱等昆虫为食，也食蜘蛛、黄鳝、蚂蟥和蛙等其他动物。

地理分布：玛沁、班玛、达日、久治、甘德、玛多。旅鸟。

保护级别：列入《国家保护的有益的或者有重要经济、科学研究价值的陆生野生动物名录》。列入《世界自然保护联盟濒危物种红色名录》（IUCN 红色名录）2022 年 3.1 版，无危（LC）。

白鹭

分　　类：鸟纲 鹈形目 鹭科 白鹭属

学　　名：*Egretta garzetta* Linnaeus

别　　名：春锄、雪客、白鹭鸶、鸶禽。

形态特征：体长52～68cm。中型涉禽。全身体羽颇似大、中白鹭。生殖期在枕部有长羽2枚，如双辫状。胸前亦簇生矛状长羽，但没有枕部冠翎长。背上蓑羽的先端均微向上卷曲。生殖期后，冠翎和蓑羽均脱落。脸部裸露皮肤黄绿色。嘴黑色。腿及脚黑色，趾黄色。

生活习性：栖息于沼泽、稻田、湖泊或滩涂地。以各种小鱼、蛙、虾、鞘翅目及鳞翅目幼虫、水生昆虫等动物性食物为食，也吃少量谷物等植物性食物。

地理分布：玛多。旅鸟。

保护级别：列入《国家保护的有益的或者有重要经济、科学研究价值的陆生野生动物名录》。列入《濒危野生动植物种国际贸易公约》名单，附录III。列入《世界自然保护联盟濒危物种红色名录》（IUCN 红色名录）2022 年 3.1 版，无危（LC）。

大斑啄木鸟

分　　类：鸟纲 啄木鸟目 啄木鸟科 Dendrocopos 属

学　　名：*Dendrocopos major* Linnaeus

别　　名：花啄木鸟，斑啄木鸟。

形态特征：体长 20 ～ 25cm。嘴黑灰色沾绿。跗跖暗褐色。雄鸟额基、头侧白色沾棕色；头顶黑色，枕部羽端朱红色；背、肩黑色；尾上覆羽黑色，羽端具小的白色斑点；尾下覆羽朱红色；尾羽黑色；颚纹黑色，至颈侧与背的黑色相连，向下延伸至胸部；下体浅棕褐色。腹部中央沾红色。雌鸟同雄鸟，但枕部无红色，下体较暗。

生活习性：栖息于树丛。以昆虫为食。

地理分布：玛沁、班玛。留鸟。

保护级别：列入《国家保护的有益的或者有重要经济、科学研究价值的陆生野生动物名录》。列入《世界自然保护联盟濒危物种红色名录》（IUCN 红色名录）2022 年 3.1 版，无危（LC）。

黑啄木鸟

分　　类：鸟纲 啄木鸟目 啄木鸟科 黑啄木鸟属

学　　名：*Dryocopus martius* Linnaeus

别　　名：黑啄木。

形态特征：体长 45 ～ 47cm，翼展 64 ～ 68cm。雄鸟前额、头顶、枕部羽端朱红色；耳羽及颊绒黑色，颊、喉部黑褐色；余羽均黑色；嘴长而尖，呈乌灰色，嘴端黑色；脚 2 趾向前，2 趾向后，爪发达而弯曲。雌鸟与雄鸟区别为仅于枕部具朱红色，余羽黑色。

生活习性：栖息于针叶林或针阔叶混交林。以鳞翅目、鞘翅目的昆虫及幼虫、蚂蚁、天牛、植物种子为食。

地理分布：班玛。留鸟。

保护级别：列入 2021 年《国家重点保护野生动物名录》，二级。列入《世界自然保护联盟濒危物种红色名录》（IUCN 红色名录）2022 年 3.1 版，无危（LC）。

蚁䴕

分　　类：鸟纲 啄木鸟目 啄木鸟科 蚁䴕属

学　　名：*Jynx torquilla* Linnaeus

形态特征：体长约 17cm，头顶羽端缀银白色，成横斑状较细。眼先棕白色。尾灰褐色，密缀以黑褐色虫蠹状细纹，并具宽阔的暗褐色横斑，横斑的端部呈黑褐色。颊近白色。喉、胸、两胁和腋羽呈淡棕黄色，腋部色更浅，这些部分均杂以黑褐色细横斑。雌雄鸟同色。虹膜淡栗色。嘴铁灰色。跗跖肉褐色。

生活习性：栖息于树干、灌丛。以蚊类、蚂蚁等昆虫为食。

地理分布：玛沁、班玛。旅鸟。

保护级别：列入《国家保护的有益的或者有重要经济、科学研究价值的陆生野生动物名录》。列入《世界自然保护联盟濒危物种红色名录》（IUCN 红色名录）2022 年 3.1 版，无危（LC）。

灰头绿啄木鸟

分　　类：鸟纲 啄木鸟目 啄木鸟科 绿啄木鸟属

学　　名：*Picus canus* Gmelin

别　　名：黑枕绿啄木。

形态特征：体长 21 ～ 27cm。嘴、脚铅灰色。鼻孔被粗的羽毛所掩盖。嘴峰稍弯；脚具 4 趾，外前趾较外后趾长。雄鸟上体背部绿色；腰部和尾上覆羽黄绿色；额部和顶部红色，枕部灰色并有黑纹；颊部和颏喉部灰色，髭纹黑色；初级飞羽黑色具有白色横条纹；尾大部为黑色；下体灰绿色。尾为翼长的 2/3 稍短，强凸尾，最外侧尾羽较尾下覆羽为短。雌雄相似，但雌鸟头顶和额部绯红色。

生活习性：栖息于近山的树丛间。以昆虫和植物种子为食。

地理分布：班玛。留鸟。

保护级别：列入《国家保护的有益的或者有重要经济、科学研究价值的陆生野生动物名录》。列入《世界自然保护联盟濒危物种红色名录》（IUCN 红色名录）2022 年 3.1 版，无危（LC）。

凤头䴙䴘

分　　类：鸟纲 䴙䴘目 䴙䴘科 䴙䴘属

学　　名：*Podiceps cristatus* Linnaeus

别　　名：水老呱、浪里白。

形态特征：体长 50 ～ 60cm。颈修长，有显著的黑色羽冠。上体灰褐色。下体近乎白色而具光泽。上颈有 1 圈带黑端的棕色羽，形成皱领。后颈暗褐色。两翅暗褐色，杂以白斑。眼先、颊白色。胸侧和两胁淡棕色。冬季黑色羽冠不明显，颈上饰羽消失。

生活习性：栖息于湖泊、河边及沼泽地。多成对活动。以小鱼及昆虫为食。

地理分布：玛沁、班玛、达日、久治、甘德、玛多。夏候鸟。

保护级别：列入《国家保护的有益的或者有重要经济、科学研究价值的陆生野生动物名录》。列入《世界自然保护联盟濒危物种红色名录》（IUCN 红色名录）2022 年 3.1 版，无危（LC）。

黑颈䴙䴘

分　　类：鸟纲 䴙䴘目 䴙䴘科 䴙䴘属

学　　名：*Podiceps nigricollis* Brehm

形态特征：体长 25 ～ 34cm。繁殖期成鸟具松软的黄色耳簇，耳簇延伸至耳羽后。前颈黑色。嘴较角䴙䴘上扬。冬羽嘴全深色，且深色的顶冠延至眼下。颏部白色延伸至眼后呈月牙形，飞行时无白色翼覆羽。幼鸟似冬季成鸟，但褐色较重，胸部具深色带，眼圈白色。

生活习性：栖息于湖泊、江河、池塘，性机警。以昆虫及草籽、水草为食。

地理分布：玛沁、玛多。夏候鸟。

保护级别：列入 2021 年《国家重点保护野生动物名录》，二级。列入《世界自然保护联盟濒危物种红色名录》（IUCN 红色名录）2022 年 3.1 版，无危（LC）。

小鸊鷉

分　　类：鸟纲 鸊鷉目 鸊鷉科 小鸊鷉属

学　　名：*Tachybaptus ruficollis* Pallas

别　　名：水葫芦、王八鸭子、油葫芦。

形态特征：体长 25 ～ 32cm。上体黑褐色而有光泽。眼先、颊、颏和上喉等均黑褐色。下喉、耳区和颈棕栗色。上胸黑褐色。下胸和腹部银白色。尾短。

生活习性：栖息于水草丛生的湖泊。以小鱼、虾、昆虫等为食。

地理分布：玛沁。旅鸟。

保护级别：列入《国家保护的有益的或者有重要经济、科学研究价值的陆生野生动物名录》。列入《世界自然保护联盟濒危物种红色名录》（IUCN 红色名录）2022 年 3.1 版，无危（LC）。

纵纹腹小鸮

分　类：鸟纲 鸮形目 鸱鸮科 小鸮属

学　名：*Athene noctua* Scopoli

别　名：小猫头鹰、东方小鸮、北方猫王鸟。

形态特征：体长约 23cm。无耳羽簇。头顶平。眼亮黄色而长凝不动。浅色平眉及白色宽髭纹使其形狰狞。上体褐色，具白纵纹及点斑。下体白色，具褐色杂斑及纵纹，肩上有 2 道白色或皮黄色横斑。

生活习性：栖息于低山丘陵，林缘灌丛和平原森林地带，也出现在农田、荒漠和村庄附近的丛林中。以鼠类和昆虫为食。

地理分布：玛沁、班玛、达日、久治、甘德、玛多。留鸟。

保护级别：列入 2021 年《国家重点保护野生动物名录》，二级。列入《濒危野生动植物种国际贸易公约》，附录II。列入《世界自然保护联盟濒危物种红色名录》（IUCN 红色名录）2022 年 3.1 版，无危（LC）。

雕鸮

分　　类：鸟纲 鸮形目 鸱鸮科 雕鸮属

学　　名：*Bubo bubo* Linnaeus

别　　名：大猫头鹰、鹫兔、怪鸱、角鸱。

形态特征：体长 55～74cm。夜行猛禽。嘴坚强而钩曲，嘴基蜡膜为硬须掩盖。翅的外形不一，第五枚次级飞羽缺。尾短圆，尾羽 12 枚，有时仅 10 枚。脚强健有力，常全部被羽，第四趾能向后反转，以利攀缘；爪大而锐。尾脂腺裸出。

生活习性：栖息于山地森林、平原、荒野、林缘灌丛、峭壁等。以各种鼠类为食。

地理分布：玛沁、班玛、达日、久治、甘德、玛多。留鸟。

保护级别：列入 2021 年《国家重点保护野生动物名录》，二级。列入《濒危野生动植物种国际贸易公约》，附录Ⅱ。列入《世界自然保护联盟濒危物种红色名录》（IUCN 红色名录）2022 年 3.1 版，无危（LC）。

普通鸬鹚

分　　类：鸟纲 鲣鸟目 鸬鹚科 鸬鹚属

学　　名：*Phalacrocorax carbo* Linnaeus

别　　名：鱼老鸦、鱼鹰、黑鱼郎。

形态特征：体长 72 ～ 87cm。通体黑色。头颈具紫绿色光泽。两肩和翅具青铜色光彩。嘴角和喉囊黄绿色。眼后下方白色。繁殖期间颊部有红色斑，头颈有白色丝状羽，下胁具白斑。

生活习性：栖息于河流、湖泊、河口及其沼泽地带。以鱼类为食。

地理分布：玛沁、班玛、达日、甘德、久治、玛多。旅鸟。

保护级别：列入《国家保护的有益的或者有重要经济、科学研究价值的陆生野生动物名录》。列入《世界自然保护联盟濒危物种红色名录》（IUCN 红色名录）2022 年 3.1 版，无危（LC）。

喜马拉雅小熊猫

分　　类：哺乳纲 食肉目 小熊猫科 小熊猫属

学　　名：*Ailurus fulgens* F. Cuvier

别　　名：九节狼、小猫熊、红熊猫、金狗。

形态特征：体长 40 ～ 63cm。尾长为体长的一半以上。头部短宽。吻部突出。圆脸，颊有白斑。眼睛前向，瞳孔为圆形。鼻端裸露，皮肤表面颗粒状。耳大而直立，向前伸；耳廓尖，耳内有毛，耳基部外侧生有长的簇毛。四肢粗短，后肢略长于前肢，前后肢均具五趾，跖行性。足掌上长有厚密的绒毛，盖住跖垫。爪弯曲而锐利，能伸缩。尾粗长，不能缠绕物体，尾上带有深浅相间的环纹。

生活习性：栖息于温暖而又凉爽的环境中。杂食性，以竹笋、竹叶、嫩枝及野果、雏鸟、鸟蛋等为食。

地理分布：班玛。

保护级别：列入 2021 年《国家重点保护野生动物名录》，二级。列入《世界自然保护联盟濒危物种红色名录》（IUCN 红色名录）2022 年 3.1 版，濒危（EN）。

狼

分　类：哺乳纲 食肉目 犬科 犬属

学　名：*Canis lupus* Linnaeus

别　名：灰狼。

形态特征：成体体长在 1m 以上。四肢强健。通体被毛略长而显蓬松，尾较长而下垂，尾形略粗。上体浅黄色或污白微黄色，其间掺杂有黑色。耳直立，耳背淡棕、浅黄色。身体腹面、四肢内侧白色或污白色。尾与背部同色，仅尾端黑色。头骨狭长。吻部也显长。前颌骨末端约达鼻骨中部。矢状脊显著隆起。听泡鼓圆而宽。第一上臼齿横列，宽大于长。

生活习性：栖息于草原、荒漠、半荒漠疏林和灌丛一带。以藏羚、藏原羚、盘羊、岩羊、兔类、鼠兔、鼠类为食。

地理分布：玛沁、班玛、达日、久治、甘德、玛多。

保护级别：列入 2021 年《国家重点保护野生动物名录》，二级。列入《濒危野生动植物种国际贸易公约》，附录Ⅱ。列入《世界自然保护联盟濒危物种红色名录》（IUCN 红色名录）2022 年 3.1 版，无危（LC）。

藏狐

分　　类：哺乳纲 食肉目 犬科 狐属

学　　名：*Vulpes ferrilata* Hodgson

别　　名：西沙狐、藏沙狐。

形态特征：体形大小接近赤狐或略小。耳短小，耳长不及后足长一半，耳背毛色与头部及体背部近似。尾形粗短，长度不及体长一半，尾末端近乎白色。冬毛毛被厚而绒密，毛短而略卷曲。背中央毛棕黄色，体侧毛银灰色。

生活习性：栖息于海拔3400m以上的开阔环境中。以各种鼠兔、雪雀、地鸦和角百灵等为食。

地理分布：玛沁、班玛、达日、久治、甘德、玛多。青藏高原特有种。

保护级别：列入2021年《国家重点保护野生动物名录》，二级。列入《世界自然保护联盟濒危物种红色名录》（IUCN红色名录）2022年3.1版，无危（LC）。

赤狐

分　　类：哺乳纲 食肉目 犬科 狐属

学　　名：*Vulpes vulpes* Linnaeus

别　　名：红狐、狐子。

形态特征：成兽体长 62 ～ 72cm，肩高 40cm，尾长 20 ～ 40cm。雄性略大。毛色因季节和地区不同而有较大变异。一般背面棕灰色或棕红色。腹部白色或黄白色。尾尖白色。耳背面黑色或黑褐色。四肢外侧黑色条纹延伸至足面。

生活习性：栖息于低海拔的农区到高海拔的各种类型的草原中。主要以旱獭及鼠类为食物，也吃野禽、蛙、鱼、昆虫等及各种野果和农作物。

地理分布：玛沁、班玛、达日、久治、甘德、玛多。

保护级别：列入 2021 年《国家重点保护野生动物名录》，二级。列入《濒危野生动植物种国际贸易公约》，附录III。列入《世界自然保护联盟濒危物种红色名录》（IUCN 红色名录）2022 年 3.1 版，无危（LC）。

荒漠猫

分　　类：哺乳纲 食肉目 猫科 猫属

学　　名：*Felis bieti* Milne et Edwards

别　　名：草猫、草猞猁。

形态特征：体长 61 ～ 68cm。体背部棕灰色或沙黄色，背中线不明显。身上毛长而密，绒毛丰厚。头部与体背颜色一致。上唇黄白色，胡须白色。鼻孔周围和鼻梁棕红色。两眼内角各有 1 条白纹，额部有 3 条暗棕色纹。耳背面棕色，边缘棕褐色，耳尖生有一撮棕色笔毛，耳内侧毛长浓密，呈棕灰色。眼后和颊部有 2 列棕褐色横纹。四肢外侧各有 4 ～ 5 条暗棕色横纹。四肢内侧、胸和腹面淡沙黄色。尾末梢部有 5 个黑色半环，尖部黑色。

生活习性：栖息于黄土丘陵干草原、荒漠、半荒漠、草原草甸、山地针叶林缘等活动。以鼠类、鸟类、雉鸡等为食。

地理分布：达日。

保护级别：列入 2021 年《国家重点保护野生动物名录》，一级。列入《濒危野生动植物种国际贸易公约》，附录Ⅱ。列入《世界自然保护联盟濒危物种红色名录》（IUCN 红色名录）2022 年 3.1 版，易危（VU）。

猞猁

分　　类：哺乳纲 食肉目 猫科 猞猁属

学　　名：*Lynx lynx* Linnaeus

别　　名：猞猁狲、马猞猁、羊猞猁。

形态特征：体长 80 ～ 130cm，尾长 16 ～ 23cm。身体粗壮。四肢较长。尾极短粗，尾尖呈钝圆。耳基宽；耳尖具黑色耸立簇毛。两颊有下垂的长毛，具有 2 ～ 3 列明显的棕黑色纵纹。腹毛也很长。脊背的颜色较深，呈红棕色，中部毛色深。腹部淡呈黄白色。眼周毛色发白。背部的毛发最厚，身上或深或浅点缀着深色斑点或者小条纹。

生活习性：栖息于针叶林、灌丛草原、高寒草原、荒漠、半荒漠草原和高山草甸等。以各种鼠类、旱獭、兔、鼠兔、松鼠、一些鸟类、羊和麝等为食。

地理分布：玛沁、班玛、达日、久治、甘德、玛多。

保护级别：列入 2021 年《国家重点保护野生动物名录》，二级。《濒危野生动植物种国际贸易公约》，附录Ⅱ。列入《世界自然保护联盟濒危物种红色名录》（IUCN 红色名录）2022 年 3.1 版，无危（LC）。

兔狲

分　　类：哺乳纲 食肉目 猫科 兔狲属

学　　名：*Otocolobus manul* Pallas

形态特征：体长 50 ～ 65cm，尾长 20 ～ 30cm。额部较宽。吻部很短。瞳孔为淡绿色，收缩时呈圆形，但上下方有小的裂隙，呈圆纺锤形。耳短宽，耳尖圆钝，两耳距离较远，耳背为红灰色。全身被毛极密而软，绒毛丰厚，尤其是腹部的毛很长，为背毛长度的 1 倍多。背中线棕黑色，体后部有较多隐暗的黑色细横纹。头部灰色，带有一些黑斑。眼内角白色。颊部有 2 条细黑纹。下颌黄白色。体腹面乳白色。颈下方和前肢之间浅褐色，四肢颜色较背部稍淡，尾巴粗圆，上面有明显的 6 ～ 8 条黑色的环细纹，尾巴的尖端长毛为黑色。

生活习性：栖息于灌丛草原、荒漠草原、荒漠与戈壁，也能生活在林中、丘陵及山地。以野禽、旱獭和各种鼠类为食。

地理分布：玛沁、班玛、达日、久治、甘德、玛多。

保护级别：列入 2021 年《国家重点保护野生动物名录》，二级。列入《濒危野生动植物种国际贸易公约》，附录Ⅱ。列入《世界自然保护联盟濒危物种红色名录》（IUCN 红色名录）2022 年 3.1 版，无危（LC）。

豹

分　　类：哺乳纲 食肉目 猫科 豹属

学　　名：*Panthera pardus* Linnaeus

别　　名：金钱豹、豹虎、花豹、文豹、印度豹。

形态特征：体长 1.5 ～ 2.4m，仅尾长就 60cm。豹的颜色鲜艳，密布许多圆形或椭圆形黑褐色斑点或斑环和金黄色的毛皮，故名“豹”。腹面白色，杂有黑色斑点。

生活习性：栖息环境多种多样，从低山、丘陵、灌丛至高山森林均有分布，都是具有隐蔽性强的固定巢穴。以麝、岩羊、兔、禽类等为食。

地理分布：班玛。

保护级别：列入 2021 年《国家重点保护野生动物名录》，一级。《濒危野生动植物种国际贸易公约》，附录 I 。列入《世界自然保护联盟濒危物种红色名录》（IUCN 红色名录）2022 年 3.1 版，易危（VU）。

雪豹

分　　类：哺乳纲 食肉目 猫科 豹属

学　　名：*Panthera uncial* Schreber

形态特征：体长 110 ～ 130cm，尾长 80 ～ 90cm。全身灰白色，满布黑斑，头部黑斑小而密。背部、体侧及四肢外缘形成不规则的黑环，越往体后黑环越大，背部及体侧黑环中间有几个小黑点，四肢外缘黑环内为灰白色无黑点。在背部由肩部开始，黑斑形成 3 道线直至尾根，后部的黑环边宽而大，至尾端最明显，尾尖黑色。耳背灰白色，边缘黑色。鼻尖肉色或黑褐色，胡须颜色黑白相间。颈下、胸部、腹部、四肢内侧及尾下部均为乳白色。腹毛较背毛长。

生活习性：栖息于高山裸岩、高山草甸、高山灌丛和山地针叶林林缘。以岩羊、麝和野兔为食。

地理分布：玛沁、班玛、达日、甘德、久治、玛多。

保护级别：列入 2021 年《国家重点保护野生动物名录》，一级。列入《濒危野生动植物物种国际贸易公约》，附录 I 。列入《世界自然保护联盟濒危物种红色名录》（IUCN 红色名录）2022 年 3.1 版，易危（VU）。

猪獾

分　类：哺乳纲 食肉目 鼬科 猪獾属

学　名：*Arctonyx collaris* F. G. Cuvier

别　名：猪鼻獾、獾猪、沙獾。

形态特征：整个身体呈现黑白两色混杂。头部正中从吻鼻部裸露区向后至颈后部有 1 条白色条纹，宽大于等于吻鼻部宽；前部毛白色而明显，向后至颈部渐有黑褐色毛混入，呈花白色，并向两侧扩展至耳壳后两侧肩部。吻鼻部两侧面至耳壳、穿过眼为一黑褐色宽带，向后渐宽，但在眼下方有一明显的白色区域，其后部黑褐色带渐浅。耳下部为白色长毛，并向两侧伸开。下颌及颏部白色；下颌口缘后方略有黑褐色与脸颊的黑褐色相接。背毛黑褐色为主，背毛基白色，中段黑色，毛尖黄白色；向背后方，黄白色毛尖部分加长，使背毛呈黑白二色。

生活习性：栖息于高、中低山区阔叶林、针阔叶混交林、灌草丛、平原、丘陵等环境中。杂食性，以蚯蚓、青蛙、蜥蜴、泥鳅、黄鳝、甲壳类动物、昆虫、蜈蚣、小鸟和鼠类等动物为食，也吃玉米、小麦、土豆、花生等农作物。

地理分布：玛沁、班玛。

保护级别：列入《国家保护的有益的或者有重要经济、科学研究价值的陆生野生动物名录》。列入《世界自然保护联盟濒危物种红色名录》（IUCN 红色名录）2022 年 3.1 版，易危（VU）。

欧亚水獭

分　　类：哺乳纲 食肉目 鼬科 水獭属

学　　名：*Lutra lutra* Linnaeus

别　　名：獭、獭猫、鱼猫、水狗、水毛子。

形态特征：体长 60 ～ 80cm，尾长在 40cm。尾基至尾端逐渐变细。头部略扁而宽。耳壳小而圆，位于头部后侧稍靠下位。四肢较短，趾间具蹼。爪短而尖。通体被毛短而致密，底绒丰满，具有丝绢光泽。整个体色几为纯一的巧克力色，但上体、尾背的色调略深于体腹等处。喉、颈下一带略微灰白色。头骨短，背面平坦，鼻部短而粗，眶间宽很窄，后头部较宽，从而脑颅轮廓为三角形，低而扁。听泡扁平呈三角形。

生活习性：栖息于河流和湖泊一带。以鱼类、鸟、小兽、青蛙、虾、蟹及甲壳类动物为食，有时还吃一部分植物性食物。

地理分布：班玛、达日、久治、玛多。

保护级别：列入 2021 年《国家重点保护野生动物名录》，二级。列入《濒危野生动植物种国际贸易公约》，附录Ⅰ。列入《世界自然保护联盟濒危物种红色名录》（IUCN 红色名录）2022 年 3.1 版，近危（NT）。

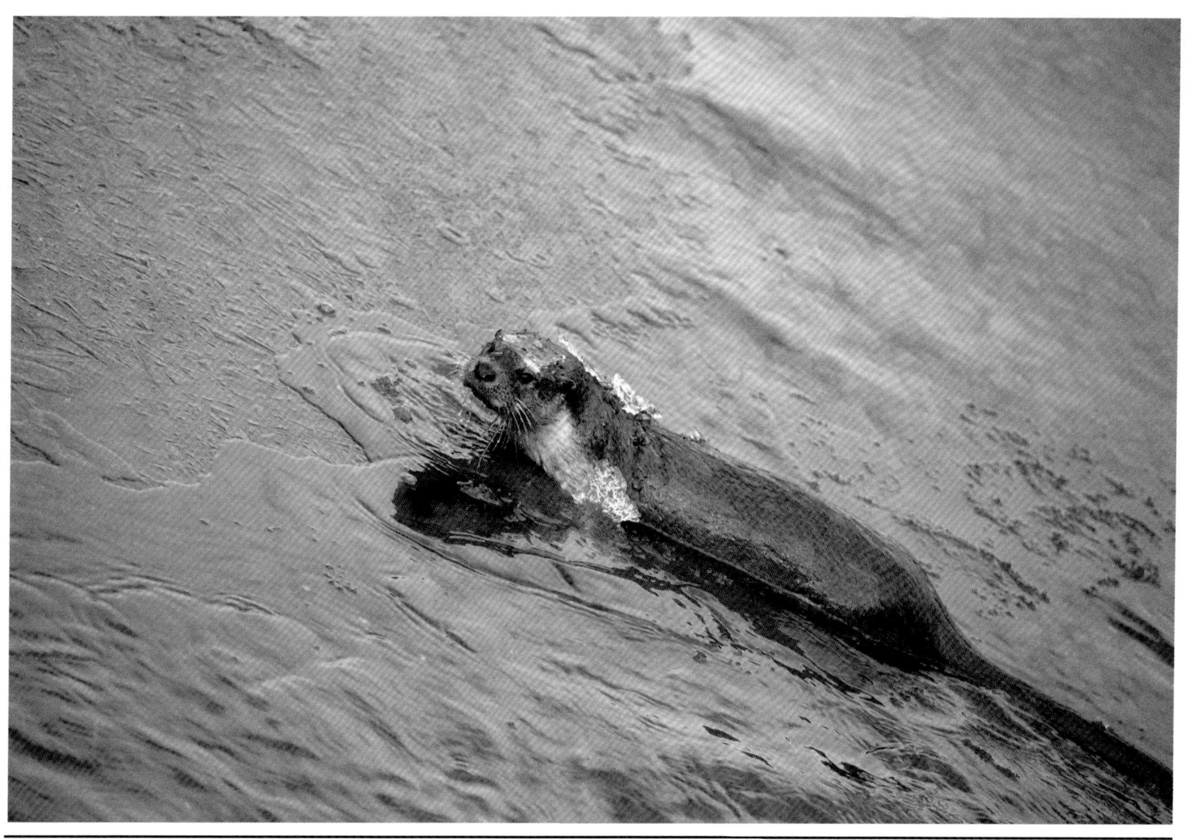

黄喉貂

分　　类：哺乳纲 食肉目 鼬科 貂属

学　　名：*Martes flavigula* Boddaert

别　　名：黄颈黄鼬、黄腰狸、黄猺、看山虎。

形态特征：体长 45 ～ 65cm，尾长 37 ～ 65cm。体形细长，大小如小狐狸。耳部短而圆。尾毛不蓬松。头较尖细。四肢虽然短小，却强健有力，前后肢各有 5 趾，爪粗壮尖利。头及颈背部、身体的后部、四肢及尾巴均为暗棕色至黑色。喉胸部毛色鲜黄，腰部呈黄褐色。

生活习性：栖息于常绿阔叶林和针阔叶混交林区。以各种鼠类、鸟类、爬行类和两栖类动物为食。

地理分布：班玛。

保护级别：列入 2021 年《国家重点保护野生动物名录》，二级。列入《濒危野生动植物种国际贸易公约》，附录III。列入《世界自然保护联盟濒危物种红色名录》（IUCN 红色名录）2022 年 3.1 版，无危（LC）。

亚洲狗獾

分　　类：哺乳纲 食肉目 鼬科 狗獾属

学　　名：*Meles leucurus* Linnaeus

形态特征：体长 50 ～ 70cm。体形肥壮。吻鼻长，鼻端粗钝，具软骨质的鼻垫，鼻垫与上唇之间被毛。耳壳短圆。眼小。颈部粗短。四肢短健，前后足的趾均具粗而长的黑棕色爪，前足的爪比后足的爪长。尾短。肛门附近具腺囊，能分泌臭液。体背褐色与白色或乳黄色混杂。从头顶至尾部遍被以粗硬的针毛，背部针毛基部 3/4 为灰白色或白色，中段为黑褐色或淡黑褐色，毛尖白色或乳黄色。

生活习性：栖息于森林中、山坡灌丛、田野、坟地、沙丘草丛及湖泊、河溪旁边等各种生境中。杂食性，以植物的根、茎、果实和蛙、蚯蚓、小鱼、沙蜥、昆虫、小形哺乳类等动物为食。

地理分布：玛沁、班玛、达日、久治、甘德、玛多。

保护级别：列入《国家保护的有益的或者有重要经济、科学研究价值的陆生野生动物名录》。列入《世界自然保护联盟濒危物种红色名录》（IUCN 红色名录）2022 年 3.1 版，无危（LC）。

香鼬

分　　类：哺乳纲 食肉目 鼬科 鼬属

学　　名：*Mustela altaica* Pallas

别　　名：香鼠。

形态特征：体长 20 ～ 28cm，尾长 11 ～ 15cm。体形较小，躯体细长。颈部较长。四肢较短。尾长不及体长一半，尾毛比体毛长，略蓬松。跖部毛被稍长，半跖行性，前、后足均具 5 趾，爪微曲而稍纤细；前足趾垫呈卵圆形，掌垫 3 枚，略圆，腕垫一对；后足掌垫 4 枚；掌、趾垫均裸露。雄兽阴茎骨外形较不规则，基部侧扁，但末端 1/3 处急弯成钩，其右侧突出一膨大的结节。

生活习性：栖息于森林、森林草原、高山灌丛及草甸、河谷地区。以小形啮齿动物为食，如鼠兔、黄鼠等，也上树捕捉小鸟，或潜水猎食小鱼。

地理分布：玛沁、班玛、达日、久治、甘德、玛多。

保护级别：列入《濒危野生动植物种国际贸易公约》，附录III。列入《世界自然保护联盟濒危物种红色名录》（IUCN 红色名录）2022 年 3.1 版，近危（NT）。

艾鼬

分　　类：哺乳纲 食肉目 鼬科 鼬属

学　　名：*Mustela eversmanni* Lesson

别　　名：艾虎、地狗。

形态特征：体长 30 ～ 45cm，尾长 11 ～ 20cm。吻部钝。颈稍粗。足短。前肢间毛短，背中部毛最长，略为拱曲形。尾毛稍蓬松，尾近基部的大半段与前背毛色一致，末端 1/3 为黑色。体侧淡棕色。头顶棕黄色，额部棕黑色，具 1 条白色宽带。颊部、耳基灰白色，耳背及外缘为白色。颏部、喉部棕褐色。胸部、鼠鼷部淡黑褐色。

生活习性：栖息于开阔山地、草原、森林、灌丛及村庄附近。通常单独活动，洞居，黄昏和夜间活动。以鼠类等啮齿动物为食，也吃鸟类、鸟卵、小鱼、蛙类、甲壳动物，以及一些植物浆果、坚果等。

地理分布：玛沁、班玛、达日、久治、甘德、玛多。

保护级别：列入《濒危野生动植物种国际贸易公约》，附录III。列入《世界自然保护联盟濒危物种红色名录》（IUCN 红色名录）2022 年 3.1 版，无危（LC）。

黄鼬

分　　类：哺乳纲 食肉目 鼬科 鼬属

学　　名：*Mustela sibirica* Pallas

别　　名：黄鼠狼、黄狼。

形态特征：体长 28 ～ 40cm，尾长 12 ～ 25cm。体形中等，身体细长。头小。颈较长。耳壳短而宽，稍突出于毛丛。尾长约为体长一半，冬季尾毛长而蓬松，夏秋毛绒稀薄，尾毛不散开。四肢较短，均具 5 趾，趾端爪尖锐，趾间有很小的皮膜。

生活习性：栖息于山地和平原，见于林缘、河谷、灌丛和草丘中，也常出没在村庄附近。居于石洞、树洞或倒木下。以老鼠和野兔为主食，也吃鸟卵及幼雏、鱼、蛙和昆虫等。

地理分布：班玛。

保护级别：列入《濒危野生动植物种国际贸易公约》，附录III。列入《世界自然保护联盟濒危物种红色名录》（IUCN 红色名录）2022 年 3.1 版，无危（LC）。

棕熊

分　　类：哺乳纲 食肉目 熊科 熊属

学　　名：*Ursus arctos* Linnaeus

别　　名：马熊。

形态特征：体长 1.5 ～ 2.8m，肩高 0.9 ～ 1.5m。体形健硕。头大而圆，肩背隆起。被毛粗密，冬季可达 10cm；颜色各异，如金色、棕色、黑色和棕黑色等。前臂十分有力，前爪的爪尖最长能到 15cm。由于爪尖不能像猫科动物那样收回到爪鞘里，这些爪尖相对比较粗钝。

生活习性：栖息于高原草原、高山草甸草原、高寒荒漠草原、灌丛草原和森林一带。以水禽的雏鸟、鼠兔和旱獭等为食。

地理分布：玛沁、班玛、达日、久治、甘德、玛多。

保护级别：列入 2021 年《国家重点保护野生动物名录》，二级。列入《濒危野生动植物种国际贸易公约》，附录Ⅰ。列入《世界自然保护联盟濒危物种红色名录》（IUCN 红色名录）2022 年 3.1 版，无危（LC）。

亚洲黑熊

分　　类：哺乳纲 食肉目 熊科 熊属

学　　名：*Ursus thibetanus* G. Cuvier

别　　名：黑瞎子、狗熊。

形态特征：体长小于 1.4m。体形比棕熊小，身体粗大，笨重。头部宽。面鼻部短，鼻骨也短。尾也短。前、后肢都有发达的 5 趾，前足腕垫与掌垫相连，后足跖垫肥厚。雌兽乳头 3 对。吻端和面部毛棕黄色，自眼部向后，通体纯黑色，仅下颌白色。胸部有一个特别的“V”字形白色斑块。头骨吻部比棕熊短。眶后突较棕熊低平。顶骨宽，矢状脊不明显。枕骨发达，副枕突粗大。

生活习性：栖息于森林环境中。杂食性，以野果、种子、根、茎以及野兔、鼠类、鸟类等为食。

地理分布：班玛。

保护级别：列入 2021 年《国家重点保护野生动物名录》，二级。列入《濒危野生动植物种国际贸易公约》，附录Ⅰ。列入《世界自然保护联盟濒危物种红色名录》（IUCN 红色名录）2022 年 3.1 版，易危（VU）。

中华鬣羚

分　类：哺乳纲 鲸偶蹄目 牛科 鬣羚属

学　名：*Capricornis milneedwardsii* David

别　名：苏门羚、明鬃羊、山驴子、四不像。

形态特征：体长 140 ～ 190cm。两只耳朵特别狭长，似驴，可达 19 ～ 21cm，端部较尖。雌雄均有 1 对短而尖的黑角，光滑，介于两耳之间，距离较远，形状较为简单，两角自额骨的后部长出后，平行而稍呈弧形往后伸展；角的横切面呈圆形，末端较尖；角的表面具有环状的棱及不规则的纵行沟纹，角尖处较为光滑，灰白色鬣毛，极为明显。颈背有鬃毛。吻鼻部黑色，吻端裸露，唇的周围有髭毛。有明显的球囊状眶下腺，其开口处有一撮丛毛。

生活习性：栖息于针阔叶混交林、针叶林或多岩石的杂灌林，偶尔也到草原活动。以青草、树木嫩枝、叶、芽、落果和菌类、松萝等为食。

地理分布：班玛。

保护级别：列入 2021 年《国家重点保护野生动物名录》，二级。列入《濒危野生动植物种国际贸易公约》，附录Ⅰ。列入《世界自然保护联盟濒危物种红色名录》（IUCN 红色名录）2022 年 3.1 版，易危（VU）。

中华斑羚

分　　类：哺乳纲 鲸偶蹄目 牛科 斑羚属

学　　名：*Naemorhaedus griseus* Milne et Edwards

别　　名：华南山羚、灰斑羚。

形态特征：体长 81 ～ 130cm，肩高 50 ～ 76cm。雌雄均具黑色短直的角，长 15 ～ 20cm，角形略向内弯，尖端很锐利。毛色随地区不同而有差异，一般为灰棕褐色，背部有褐色背纹，喉部有 1 块白斑。四肢短而匀称，蹄狭窄而强健。

生活习性：栖息于山地针叶林、山地针阔叶混交林和山地常绿阔叶林。以各种青草和灌木的嫩枝、叶、果实等为食。

地理分布：班玛。

保护级别：列入 2021 年《国家重点保护野生动物名录》，二级。列入《濒危野生动植物种国际贸易公约》，附录Ⅰ。列入《世界自然保护联盟濒危物种红色名录》（IUCN 红色名录）2022 年 3.1 版，未予评估（NE）。

西藏盘羊

分　　类：哺乳纲 鲸偶蹄目 牛科 盘羊属

学　　名：*Ovis ammon* Linnaeus

别　　名：大角羊、大头弯羊、大头羊。

形态特征：体长 1.2 ～ 2m，肩高 0.9 ～ 1.2m。头大颈粗，尾短小。四肢粗短，蹄的前面特别陡直，适于攀爬于岩石间。有眶下腺及蹄腺。乳头 1 对，位于鼠蹊部。通体被毛粗而短，唯颈部被毛较长。体色一般为褐灰色或污灰色。脸面、肩胛、前背呈浅灰棕色。耳内白色部浅黄色。胸、腹部、四肢内侧、下部及臀部均呈污白色。前肢前面毛色深暗于其他各处，尾背色调与体背相同。雌羊的毛色比雄羊的深暗。

生活习性：栖息于半开旷的高山裸岩带及起伏的山间丘陵中。以各种植物为食。

地理分布：玛多。

保护级别：列入 2021 年《国家重点保护野生动物名录》，一级。列入《濒危野生动植物种国际贸易公约》，附录Ⅰ。列入《世界自然保护联盟濒危物种红色名录》（IUCN 红色名录）2022 年 3.1 版，近危（NT）。

藏原羚

分　　类：哺乳纲 鲸偶蹄目 牛科 原羚属

学　　名：*Procapra picticaudata* Hodgson

别　　名：山黄羊、藏黄羊、西藏黄羊、黄羊、小羚羊、西藏原羚。

形态特征：体长 91 ～ 105cm，肩高 54 ～ 65cm。体格矫健，四肢纤细，蹄狭窄，行动敏捷。吻部短宽。前额高突。眼大而圆。耳短小。尾短。雄性有 1 对较细小的角，雌体无角。眼眶发达，呈管状，泪骨狭长，前缘几呈方形；后缘凹而形成眼眶的前缘，上缘边缘凸起，但不与鼻骨相接触。

生活习性：栖息于高山草甸、亚高山草原草甸及高山荒漠地带。以各种草类为食。

地理分布：玛沁、达日、甘德、玛多。

保护级别：列入 2021 年《国家重点保护野生动物名录》，二级。列入《世界自然保护联盟濒危物种红色名录》（IUCN 红色名录）2022 年 3.1 版，近危（NT）。

岩羊

分　　类：哺乳纲 鲸偶蹄目 牛科 岩羊属

学　　名：*Pseudois nayaur* Hodgson

别　　名：石羊、蓝羊、青羊、崖羊。

形态特征：体长 120 ～ 140cm。头部长而狭。耳朵短小。通身均为青灰色。吻部和颜面部为灰白色与黑色相混。胸部为黑褐色，向下延伸到前肢的前面，转为明显的黑纹，直达蹄部。腹部和四肢的内侧呈白色或黄白色。体侧的下缘从腋下开始，经腰部、鼠蹊部，一直到后肢的前面蹄子上边，有 1 条明显的黑纹。臀部和尾巴的底部为白色，尾巴背面末端的 2/3 为黑色。

生活习性：栖息于高山裸岩地带，在不同地区的栖息高度有所变化。以蒿草、薹草、针茅等高山荒漠植物和杜鹃、绣线菊、金露梅等灌木的枝叶为食。

地理分布：玛沁、班玛、达日、久治、甘德、玛多。

保护级别：列入 2021 年《国家重点保护野生动物名录》，二级。列入《世界自然保护联盟濒危物种红色名录》（IUCN 红色名录）2022 年 3.1 版，无危（LC）。

狍

分　　类：哺乳纲 鲸偶蹄目 鹿科 狍属

学　　名：*Capreolus pygargus* Pallas

别　　名：西伯利亚狍、狍子、红鹿、麕鹿。

形态特征：体长约 1.2m。无獠牙。后肢略长于前肢。尾短。雄狍有角，雌狍无角，雄性长角只分 3 个叉。狍身草黄色，尾根下有白毛，尾巴仅 2 ～ 3cm，狍爱成对活动，过冬雄狍与 2 ～ 3 只雌狍及幼狍在一起。

生活习性：栖息于荒山混交林或疏林草原附近。以草类和各种树叶、嫩枝为食。

地理分布：玛沁、久治。

保护级别：列入《《世界自然保护联盟濒危物种红色名录》（IUCN 红色名录）2022 年 3.1 版，无危（LC）。

白臀鹿

分　　类：哺乳纲 鲸偶蹄目 鹿科 鹿属

学　　名：*Cervus elaphus* Linnaeus

别　　名：马鹿、红鹿、黄臀赤鹿、八叉鹿、黄臀鹿。

形态特征：体长约 180cm，肩高 110 ～ 130cm。臀部有大面积的黄白色斑，几盖整个臀部，故名“白臀鹿”。身体呈深褐色。背纹黑色，背部及两侧有一些白色斑点。雄性有角，一般分为 6 个叉，最多 8 个叉，茸角的第二叉紧靠于眉叉。夏毛较短，没有绒毛，一般为赤褐色，背面较深，腹面较浅。

生活习性：栖息于森林或灌丛草原带。以草类、灌丛及树木的幼嫩枝叶等为食。

地理分布：玛沁、班玛。

保护级别：列入 2021 年《国家重点保护野生动物名录》，一级。列入《世界自然保护联盟濒危物种红色名录》（IUCN 红色名录）2022 年 3.1 版，无危（LC）。

毛冠鹿

分　　类：哺乳纲 鲸偶蹄目 鹿科 毛冠鹿属

学　　名：*Eiaphodus cephalophus* Milne et Edwards

别　　名：乌鹿、黑鹿、青鹿。

形态特征：体长约 92cm。耳较圆阔。额部有一簇马蹄形的黑色长毛，故名“毛冠鹿”。雄鹿有角，角极短长度仅 1cm 左右，且角冠不分叉，尖略向下弯，隐藏在额顶上一簇长的黑毛丛中；雌鹿无角。尾短。

生活习性：栖息于高山或丘陵地带的常绿阔叶林、针阔叶混交林、灌丛、采伐迹地和河谷灌丛。以各种植物为食。

地理分布：班玛。

保护级别：列入 2021 年《国家重点保护野生动物名录》，二级。列入《世界自然保护联盟濒危物种红色名录》（IUCN 红色名录）2022 年 3.1 版，近危（NT）。

白唇鹿

分　　类：哺乳纲 鲸偶蹄目 鹿科 白唇鹿属

学　　名：*Przewalskium albirostris* Przewalski

别　　名：黄臀鹿、岩鹿、白鼻鹿、扁角鹿。

形态特征：体长1.0～2.1m，肩高1.2～1.3m。头部略呈等腰三角形。额部宽平。耳朵长而尖。眶下腺大而深。有1个纯白色的下唇，白色延续到喉上部和吻的两侧。

生活习性：栖息于高山针叶林和高山草甸。主要以禾本科和莎草科植物为食。

地理分布：玛沁、班玛、达日、久治、甘德、玛多。青藏高原特有种。

保护级别：列入2021年《国家重点保护野生动物名录》，一级。列入《世界自然保护联盟濒危物种红色名录》（IUCN红色名录）2022年3.1版，易危（VU）。

水鹿

分　　类：哺乳纲 鲸偶蹄目 鹿科 水鹿属

学　　名：*Rusa unicolor* Kerr

别　　名：水牛鹿、黑鹿、春鹿。

形态特征：体长 130 ～ 140cm，高约 130cm。雌鹿较矮小。泪窝较大。鼻镜黑色。颈毛较长。尾端部密生蓬松的黑色长毛。被毛黑褐色，冬毛深灰色。有黑棕色背线。臀周围呈锈棕色，无臀斑。茸角为单门桩，眉枝。

生活习性：栖息于阔叶林、针阔叶混交林及林缘一带的草地中。以草类和树叶嫩枝为食。

地理分布：班玛。

保护级别：列入《世界自然保护联盟濒危物种红色名录》（IUCN 红色名录）2022 年 3.1 版，易危（VU）。

马麝

分　　类：哺乳纲 鲸偶蹄目 麝科 麝属

学　　名：*Moschus chrysogaster* Hodgson

别　　名：獐子、香獐、香子、草坪獐、高山麝、马獐。

形态特征：体长80～90cm。雌、雄均无角。后腿比前腿长约1/3，故臀高大于肩高。脚具4趾，侧趾很发达，在硬地上走时触地。头形狭长。吻尖。无眶下腺和跗腺。耳狭长。雄体具发达的月牙状上犬齿，向下伸出唇外。腹部具特殊的麝香腺囊。尾短而粗，裸露，其上腺体发达，仅尖端有束毛。雌体腹部无麝香，有1对乳头。上犬齿小，未露出唇外。尾纤细。无腺体。

生活习性：栖息于针叶林和高山灌丛里。以珠芽蓼、薹草为食。

地理分布：玛沁、班玛、玛多。

保护级别：列入2021年《国家重点保护野生动物名录》，一级。列入《濒危野生动植物种国际贸易公约》，附录Ⅱ。列入《世界自然保护联盟濒危物种红色名录》（IUCN红色名录）2022年3.1版，濒危（EN）。

野猪

分　　类：哺乳纲 鲸偶蹄目 猪科 猪属

学　　名：*Sus scrofa* Linnaeus

别　　名：山猪。

形态特征：体长 1.5 ～ 2m，肩高 90cm。毛呈深褐色或黑色，年老的背上会长白毛。幼猪的毛为浅棕色，有黑色条纹。背上有长而硬的鬃毛。毛粗而稀，冬天的毛会长得较密。雄性野猪有 2 对不断生长的犬齿，可以用来作为武器或挖掘工具，犬齿平均长 6cm，其中 3cm 露出嘴外；雌性野猪的犬齿较短，不露出嘴外。

生活习性：栖息于山地、丘陵、荒漠、森林、草地和林丛间，环境适应能力极强。食物很杂，只要能吃的东西都吃。

地理分布：班玛。

保护级别：列入《国家保护的有益的或者有重要经济、科学研究价值的陆生野生动物名录》。列入《世界自然保护联盟濒危物种红色名录》（IUCN 红色名录）2022 年 3.1 版，无危（LC）。

灰尾兔

分　　类：哺乳纲 兔形目 兔科 兔属

学　　名：*Lepus oiostolus* Hodgson

别　　名：绒毛兔。

形态特征：体长 35 ～ 56cm，尾长 7 ～ 12cm。四肢强劲，腿肌发达而有力，前腿较短，具 5 趾；后腿较长，肌肉、筋腱发达强大，具 4 趾，脚下的毛多而蓬松。耳长向前折超过鼻端，约 11.5cm，大于后足长。毛长而柔软，底绒丰厚。

生活习性：栖息于高山地带、高山草原、高山草甸草原、河谷及河漫滩灌丛。以植物性食物、农作物的幼苗和果实等为食。

地理分布：玛沁、班玛、达日、久治、甘德、玛多。

保护级别：列入《国家保护的有益的或者有重要经济、科学研究价值的陆生野生动物名录》列入《世界自然保护联盟濒危物种红色名录》（IUCN 红色名录）2022 年 3.1 版，无危（LC）。

间颅鼠兔

分　　类：哺乳纲 兔形目 鼠兔科 鼠兔属

学　　名：*Ochotona cansus* Lyon

别　　名：甘肃鼠兔。

形态特征：体长约 13.5cm，耳长约 20mm。前足 5 趾，爪粗长，后足 4 趾，爪细长。夏毛背部暗黄褐色。耳廓黑褐色，耳缘具明显的白色边缘。体侧淡黄棕色。吻周、颏和腹面污灰白色。喉部棕黄色，向后延伸，形成腹面正中的棕黄色条纹。足背浅棕黄色。

生活习性：栖息于河谷森林灌丛、高山草甸草原、农田草丛和宅旁的墙洞中。以苔藓、沙草科和禾本科植物等为食。

地理分布：班玛、久治。

保护级别：列入《国家保护的有益的或者有重要经济、科学研究价值的陆生野生动物名录》。列入《世界自然保护联盟濒危物种红色名录》（IUCN 红色名录）2022 年 3.1 版，无危（LC）。

高原鼠兔

分　　类：哺乳纲 兔形目 鼠兔科 鼠兔属

学　　名：*Ochotona curzoniae* Hodgson

别　　名：黑唇鼠兔。

形态特征：体长 120 ～ 190mm。耳小而圆，耳长 20 ～ 33mm。后肢略长于前肢，后足长 25 ～ 33mm，前后足的指（趾）垫常隐于毛内，爪较发达。无明显的外尾。雌体乳头 3 对。吻、鼻部被毛黑色，耳背面黑棕色，耳壳边缘淡色。从头脸部经颈、背至尾基部沙黄色或黄褐色，向两侧至腹面颜色变浅。腹面污白色，毛尖染淡黄色泽。门齿孔与腭孔融合为一孔，犁骨悬露。

生活习性：栖息于高山，草原草甸、高寒草甸及高寒荒漠草原带。以禾本科、豆科植物等为食。

地理分布：玛沁、班玛、达日、久治、甘德、玛多。青藏高原特有种。

保护级别：列入《世界自然保护联盟濒危物种红色名录》（IUCN 红色名录）2022 年 3.1 版，无危（LC）。

川西鼠兔

分　　类：哺乳纲 兔形目 鼠兔科 鼠兔属

学　　名：*Ochotona gloveri Thomas*

别　　名：粟耳鼠兔、格氏鼠兔。

形态特征：体形较大。四肢粗壮而敏捷，后肢略长于前肢，足的趾垫黑色而显著。吻部呈纯橘黄色或棕黄色。面颊灰色。额顶至枕部呈棕黄色或棕色。耳背及内面橘黄色或栗棕色，白色耳缘不显著。耳后或颈背具淡黄色披肩。躯体背面浅棕褐色、黄褐色或灰褐色；体腹面灰白色或污白色。四肢上面白色或污白色，后足踝关节具橘黄色斑。头骨的外形粗壮结实。鼻骨很长，前端略宽，后段稍窄。

生活习性：栖息于山地针叶林带的灌木稀疏的石堆、山地灌丛草甸的山坡岩壁或石块上。

地理分布：班玛。青藏高原特有种。

保护级别：列入《国家保护的有益的或者有重要经济、科学研究价值的陆生野生动物名录》。列入《世界自然保护联盟濒危物种红色名录》（IUCN 红色名录）2022 年 3.1 版，无危（LC）。

藏鼠兔

分　　类：哺乳纲 兔形目 鼠兔科 鼠兔属

学　　名：*Ochotona thibetana* Milne et Edwards

别　　名：西藏鼠兔。

形态特征：体长一般不超过 155mm。耳较大，椭圆形。四肢短小，后肢略比前肢长。无尾，尾椎隐藏于毛被之下。上唇有纵裂。体毛毛色较灰暗，夏毛背部棕黑色，毛基黑色，中上部浅棕色，毛尖黑褐色。体侧较背色淡。耳外侧黑褐色，内侧棕黑色，边缘有窄白边。耳前方有一撮淡色毛丛，耳后近颈部处有一淡色斑块。

生活习性：栖息于松树、桦树、杨树的混交林和高山针叶林下的灌丛或草丛的石堆和岩石地区。

地理分布：班玛、久治。

保护级别：列入《世界自然保护联盟濒危物种红色名录》（IUCN 红色名录）2022 年 3.1 版，无危（LC）。

藏野驴

分　　类：哺乳纲 奇蹄目 马科 马属

学　　名：*Equus kiang* Moorcroft

别　　名：亚洲野驴、藏驴、野马。

形态特征：体长可达 2m 多，头体长 182 ～ 214cm，肩高 132 ～ 142cm。头短而宽。吻部稍圆钝，呈乳白色。耳壳长，耳内侧密毛呈白色。颈部鬣毛短而直。尾部毛生于尾后半段或距尾端 1/3 段。四肢粗短，前肢内侧均有椭圆形胼胝体，蹄较窄而高。眼睛褐色。体背呈棕色或暗棕色。两胁毛色较深暗，呈深棕色。

生活习性：栖息于高原戈壁水草丰茂的地区。以高山植物为食。

地理分布：玛沁、达日、玛多。

保护级别：列入 2021 年《国家重点保护野生动物名录》，一级。列入《濒危野生动植物种国际贸易公约》，附录Ⅱ。列入《世界自然保护联盟濒危物种红色名录》（IUCN 红色名录）2022 年 3.1 版，无危（LC）。

猕猴

分　　类：哺乳纲 灵长目 猴科 猕猴属

学　　名：*Macaca mulatta* Zimmerman

别　　名：恒河猴、黄猴。

形态特征：体长 51 ～ 63cm。尾短，具颊囊。躯体粗壮，前肢与后肢大约同样长，拇指能与其他 4 指相对，抓握东西灵活。中前额低，有一突起的棱。头部呈棕色，背部棕灰或棕黄色，下部橙黄或橙红色，腹面淡灰黄色。

生活习性：栖息于山地森林。以树叶、树枝、野菜及小鸟、鸟蛋、昆虫、蚯蚓、蚂蚁为食。

地理分布：班玛、久治。

保护级别：列入 2021 年《国家重点保护野生动物名录》，二级。列入《濒危野生动植物种国际贸易公约》，附录Ⅱ。列入《世界自然保护联盟濒危物种红色名录》（IUCN 红色名录）2022 年 3.1 版，无危（LC）。

喜马拉雅旱獭

分　　类：哺乳纲 啮齿目 松鼠科 旱獭属

学　　名：*Marmota himalayana* Hodgson

别　　名：雪猪、草原旱獭。

形态特征：体长 47 ～ 67cm。身躯肥胖，类似于圆条形。头部又短又宽。耳壳短而小。颈部短粗。尾巴短小且末端略扁，长不超过后足的 2 倍。雌性个体生有乳头 5 对或 6 对。四肢短粗，前足长有 4 趾，后足长有 5 趾，趾端具爪，爪发达适于掘土。

生活习性：栖息于高山草原。以禾本科、莎草科及豆科植物的茎、叶为食。

地理分布：玛沁、班玛、达日、久治、甘德、玛多。

保护级别：列入《世界自然保护联盟濒危物种红色名录》（IUCN 红色名录）2022 年 3.1 版，无危（LC）。

灰鼯鼠

分　　类：哺乳纲 啮齿目 松鼠科 鼯鼠属

学　　名：*Petaurista xanthotis* Milne et Edwards

别　　名：黄白斑鼯鼠、黄耳斑鼯鼠、大飞鼠。

形态特征：体长 34cm 以上。耳后具淡橙黄色斑。体侧具飞膜，可从树上向下滑翔。躯体毛色较暗，为浅黑褐色或灰黄褐色。尾长而粗大，其长接近体长。头圆似猫、眼较大。耳壳基部前后被黑色细长簇毛。前肢与后肢之间连以密生短毛的皮膜。前足掌裸露无毛，掌垫 4 个，趾垫 3 个。

生活习性：栖息于亚高山针叶林带。以各种嫩叶、松和杉果等为食。

地理分布：班玛、久治。

保护级别：列入《国家保护的有益的或者有重要经济、科学研究价值的陆生野生动物名录》。列入《世界自然保护联盟濒危物种红色名录》（IUCN 红色名录）2022 年 3.1 版，无危（LC）。

花鼠

分　　类：哺乳纲 啮齿目 松鼠科 花鼠属

学　　名：*Tamias sibiricus* Laxmann

别　　名：串树林、五道眉、花栗鼠、花格狸。

形态特征：体长约 15cm，尾长约 10cm。有颊囊。耳壳显著，无簇毛。尾毛蓬松，尾端毛较长。前足掌裸，具掌垫 2，趾垫 3；后足掌被毛，无掌垫，具趾垫 4。雌鼠乳头 4 对，胸部 2 对，鼠蹊部 2 对。

生活习性：栖息于山地针叶林、针阔叶混交林中。以种子、坚果、各种浆果和草籽及少数昆虫等为食。

地理分布：班玛。

保护级别：列入《国家保护的有益的或者有重要经济、科学研究价值的陆生野生动物名录》。列入《世界自然保护联盟濒危物种红色名录》（IUCN 红色名录）2022 年 3.1 版，无危（LC）。

青海沙蜥

分　　类：爬行纲 有鳞目 鬣蜥科 沙蜥属

学　　名：*Phrynocephalus vlangalii* Strauch

别　　名：沙婆子、沙虎子、蝎虎子。

形态特征：体长约 20cm。体棕黄色或灰棕色。头背面的眼盖上面常显现 2 条深色横纹，在眶间联合或断开。背中线为棕黄色或橘黄色脊纹。颌缘具深色纵纹。尾背面有类似背部的斑纹。腹面灰白色或黄白色。咽喉部有黑色斑纹或大斑块。胸、腹部具大黑斑。雄体尾末端下方黑色，雌体则为白色或锈黄色。

生活习性：栖息于荒漠、半荒漠地区。以小形昆虫为食。

地理分布：玛沁、玛多。中国特有种。

保护级别：列入《国家保护的有益的或者有重要经济、科学研究价值的陆生野生动物名录》。列入《世界自然保护联盟濒危物种红色名录》（IUCN 红色名录）2022 年 3.1 版，无危（LC）。

白条锦蛇

分　　类：爬行纲 蛇目 游蛇科 锦蛇属

学　　名：*Elaphe dione* Pallas

别　　名：枕纹锦蛇、麻蛇。

形态特征：体尾较细长，全长1m左右。鼻孔大，呈圆形。肛鳞对分。背面苍灰色、灰棕色或棕黄色。头顶有黑褐色斑纹3条，3条斑纹成一特殊的枕纹。头顶诸斑纹在幼蛇时尤为显著。躯尾背面具3条浅色纵纹；正背中一条窄而模糊，常被黑斑隔断，两侧的二条较宽。腹鳞及尾下鳞两外侧斑点粗大，且断续缀连如链；有的个体腹两侧尚散有棕红色小斑点。

生活习性：栖息于平原、丘陵、山地和高原的各种环境中。以小鸟及鸟卵、鼠类、蜥蜴和蛙类等为食。

地理分布：班玛。

保护级别：列入《国家保护的有益的或者有重要经济、科学研究价值的陆生野生动物名录》。列入《世界自然保护联盟濒危物种红色名录》（IUCN红色名录）2022年3.1版，无危（LC）。

若尔盖蝮

分　　类：爬行纲 蛇目 蝰科 亚洲蝮属

学　　名：*Gloydius angusticeps* Shi,Yang,Huang,Orlov et Li

别　　名：麻蛇。

形态特征：成体体长一般不超过 60cm。体背多呈灰褐色；背部具 4 ～ 6 排黑褐色的斑点或连续的“X”纹。与高原蝮外观相似，但若尔盖蝮头窄而长。顶鳞上有 1 对圆形斑点；枕部有 1 对弓形条纹延伸至颈部。吻棱不明显。体中段背鳞多为 21 行，部分 19 行。

生活习性：栖息于树林边缘、靠近溪流的环境。

地理分布：班玛、久治。中国特有种。

保护级别：列入《国家保护的有益的或者有重要经济、科学研究价值的陆生野生动物名录》。列入《世界自然保护联盟濒危物种红色名录》（IUCN 红色名录）2022 年 3.1 版，未予评估（NE）。

参考文献

车静，蒋珂，颜芳，等．西藏两栖爬行动物——多样性与进化[M].北京：科学出版社，2020.

陈振宁，李若凡．三江源鸟类[M].西宁：青海人民出版社，2019.

陈振宁，王舰艇，马存新，等．青海鸟类图鉴[M].西宁：青海人民出版社，2020.

陈振宁，王小炯．茫崖鸟类志[M].西安：陕西人民美术出版社，2020.

李思忠．黄河鱼类志[M].青岛：中国海洋大学出版社，2017.

刘伟，韩强，张胜邦．青海祁连山自然保护区常见野生动物观察手册[M].西宁：青海民族出版社，2017.

刘伟，王溪．青海脊椎动物种类与分布[M].西宁：青海人民出版社，2018.

刘伟，张学元，张胜邦．青海三江源国家级自然保护区常见野生动物识别手册[M].西宁：青海民族出版社，2016.

聂延秋．中国鸟类识别手册[M].北京：中国林业出版社，2019.

王民，刘伟，张胜邦．西宁市区野生鸟类图谱[M].西宁：青海民族出版社，2018.

徐守成，陈振宁．青海大通北川河源区国家级自然保护区野生动物[M].西宁：青海人民出版社，2018.

郑杰．青海野生动物资源与管理[M].西宁：青海人民出版社，2003.

中国科学院西北高原生物研究所．青海经济动物志[M].西宁：青海人民出版社，1989.

附录：青海果洛野生脊索动物名录

辐鳍鱼纲 ACTINOPTERYGII

一、鲤形目 CYPRINIFORMES

（一）鲤科 Cyprinidae

1. 刺鮈属 *Acanthogobio*

（1）黄河**鮈** *Gobio huanghensis* Lo Yue et Chen

栖息于黄土高原和青藏高原交接地带的河湾浅水中。以底栖动物、摇蚊幼虫、钩虾及底栖硅藻等为主要食物。分布于玛多。黄河水系。

保护级别：列入《世界自然保护联盟濒危物种红色名录》（IUCN 红色名录）2022 年 3.1 版，未予评估（NE）。

（2）棒花**鮈** *Gobio rivuloides* Nichols

栖息于泥沙底质的缓流浅水处。以摇蚊幼虫和藻类为食。底层小形鱼类。分布于玛沁、达日、甘德、久治、玛多。黄河水系。

保护级别：列入《世界自然保护联盟濒危物种红色名录》（IUCN 红色名录）2022 年 3.1 版，未予评估（NE）。

2. 黄河鱼属 *Chuanchia*

（3）骨唇黄河鱼 *Chuanchia labiosa* Herzenstein

栖息于宽谷河段和湖泊中缓静清凉淡水水域的上层。以着生硅藻和昆虫为食。分布于玛沁、达日、甘德、久治、玛多。黄河水系。

保护级别：列入 2021 年《国家重点保护野生动物名录》，二级。列入《世界自然保护联盟濒危物种红色名录》（IUCN 红色名录）2022 年 3.1 版，未予评估（NE）。

3. 裸鲤属 *Gymnocypris*

（4）花斑裸鲤 *Gymnocypris eckloni* subsp. *eckloni* Herzenstein

栖息于高原淡水或微咸水湖泊中及河流中。以水生无脊椎动物和小形鳅类为食。分布于达日、久治、玛多。黄河、柴达木水系。

保护级别：列入《世界自然保护联盟濒危物种红色名录》（IUCN 红色名录）2022 年 3.1 版，未予评估（NE）。

（5）斜口裸鲤 *Gymnocypris eckloni* subsp. *Scolistomus* Wu et Chen

栖息于高原湖泊中。湖边或湖滩，集群摄食，以浮游生物为食。分布于久治。黄河水系。

保护级别：列入《世界自然保护联盟濒危物种红色名录》（IUCN 红色名录）2022 年 3.1 版，未予评估（NE）。

4. 裸重唇鱼属 *Gymnodiptychus*

（6）厚唇裸重唇鱼 *Gymnodiptychus pachycheilus* Herzenstein

栖息于宽谷江河中。以底栖动物、石蛾、摇蚊幼虫和其他水生昆虫及桡足类、钩虾为食。高原冷水性鱼类。分布于玛沁、达日、甘德、久治、玛多。黄河水系。

保护级别：列入 2021 年《国家重点保护野生动物名录》，二级。列入《世界自然保护联盟濒危物种红色名录》（IUCN 红色名录）2022 年 3.1 版，未予评估（NE）。

5. 扁咽齿鱼属 *Platypharodon*

（7）极边扁咽齿鱼 *Platypharodon extremus* Herzenstein

栖息于缓静淡水中下层。以硅藻、蓝藻、浮游动物和摇蚊幼虫为食。分布于达日、甘德、久治、玛多。黄河水系。

保护级别：列入 2021 年《国家重点保护野生动物名录》，二级。列入《世界自然保护联盟濒危物种红色名录》（IUCN 红色名录）2022 年 3.1 版，未予评估（NE）。

6. 鮈属 *Gobio*

（8）大渡软刺裸裂尻鱼 *Schizopygopsis malacanthus* subsp. *chengi* Fang

栖息于河底为砾石、水质澄清的支流。以藻类为食，此外还摄食水生昆虫等。其是分批产卵的鱼类，沉性卵。分布于班玛。大渡河上游，青藏高原东部岷江水系上游干支流。

保护级别：列入《世界自然保护联盟濒危物种红色名录》（IUCN 红色名录）2022 年 3.1 版，未予评估（NE）。

（9）黄河裸裂尻鱼 *Schizopygopsis pylzovi* Kessler

栖息于清澈冷水中。以藻类、水底植物碎屑和水生昆虫为食。分布于玛沁、甘德、达日、久治、玛多。黄河、柴达木水系。

保护级别：列入《世界自然保护联盟濒危物种红色名录》（IUCN 红色名录）2022 年 3.1 版，未予评估（NE）。

7. 裂腹鱼属 *Schizothorax*

（10）齐口裂腹鱼 *Schizothorax prenanti* Tchang

栖息于急缓流交界处。以附着在水底岩石上的硅藻为食，偶尔食一些水生昆虫、螺蛳和植物的种子，摄食时尾部摇摆上举。裂腹鱼类的卵均有毒，必须在 100℃高温 5min 后，毒蛋白方能破坏。分布于班玛。长江水系。

保护级别：列入《世界自然保护联盟濒危物种红色名录》（IUCN 红色名录）2022 年 3.1 版，未予评估（NE）。

（二）条鳅科 Nemachilidae

8. 高原鳅属 *Triplophysa*

（11）梭形高原鳅 *Triplophysa leptosoma* Herzenstein

栖息于青海湖诸河系、长江、黄河上游。以水生昆虫、端足类、硅藻和绿藻为食。为底栖性鱼类。分布于玛沁、班玛、达日、久治、甘德、玛多。

保护级别：列入《世界自然保护联盟濒危物种红色名录》（IUCN 红色名录）2022 年 3.1 版，未予评估（NE）。

（12）蛇形高原鳅 *Triplophysa longianguis* Wu et Wu

栖息于巴颜喀拉山北侧冰川湖。以摇蚊幼虫、水蚯蚓和硅藻等为食。小形底栖鱼类。分布于久治。黄河水系。

保护级别：列入《世界自然保护联盟濒危物种红色名录》（IUCN 红色名录）2022 年 3.1 版，未予评估（NE）。

（13）麻尔柯河高原鳅 *Triplophysa markehenensis* Zhu et Wu

栖息于河流岸边浅滩处。以硅藻为食。分布于班玛。长江水系。

保护级别：列入《世界自然保护联盟濒危物种红色名录》（IUCN 红色名录）2022 年 3.1 版，未予评估（NE）。

（14）小眼高原鳅 *Triplophysa microps* Steindachner

栖息于麻尔柯河和长江、澜沧江上游干支流。以水生昆虫、钩虾、硅藻和绿藻为食。底栖冷水性鱼类。分布于班玛、久治。黄河、长江、澜沧江水系。

保护级别：列入《世界自然保护联盟濒危物种红色名录》（IUCN 红色名录）2022 年 3.1 版，无危（LC）。

（15）黑体高原鳅 *Triplophysa obscura* Wang

栖息于江河支流、沟渠多水草浅滩处，喜群居。分布于玛沁、达日、久治、甘德、玛多。长江水系。

保护级别：列入《世界自然保护联盟濒危物种红色名录》（IUCN 红色名录）2022 年 3.1 版，未予评估（NE）。

（16）钝吻高原鳅 *Triplophysa obtusirosta* Wu et Wu

栖息于河流或湖泊浅水处。以摇蚊幼虫、硅藻和丝状藻类为食。为小形底栖性鱼类。分布于玛沁、达日、久治、甘德、玛多。长江、黄河水系。

保护级别：列入《世界自然保护联盟濒危物种红色名录》（IUCN 红色名录）2022 年 3.1 版，未予评估（NE）。

（17）东方高原鳅 *Triplophysa orientalis* Herzenstein

栖息于河流或湖泊浅水处。以摇蚊幼虫、端足类、介形类、着生硅藻为食。为小形底栖性鱼类。分布于玛沁、班玛、达日、久治、玛多。长江、黄河和柴达木水系。

保护级别：列入《世界自然保护联盟濒危物种红色名录》（IUCN 红色名录）2022 年 3.1 版，无危（LC）。

（18）黄河高原鳅 *Triplophysa pappenheimi* Fang

栖息于高原河流或外泄湖泊的岸边石隙间。以端足类钩虾、水生昆虫为食。分布于玛沁、玛多。黄河水系。

保护级别：列入《世界自然保护联盟濒危物种红色名录》（IUCN 红色名录）2022 年 3.1 版，未予评估（NE）。

（19）拟硬刺高原鳅 *Triplophysa pseudoscleroptera* Zhu et Wu

栖息于岸边浅滩处。以着生硅藻和毛翅目的沼石蛾等为食。分布于玛沁、玛多、达日、甘德、久治。黄河、柴达木水系。

保护级别：列入《世界自然保护联盟濒危物种红色名录》（IUCN 红色名录）2022 年 3.1 版，未予评估（NE）。

（20）硬刺高原鳅 *Triplophysa scleroptera* Herzenstein

栖息于青海湖水系、柴达木盆地及黄河上游。分布于玛沁、班玛、达日、久治、甘德、玛多。黄河、青海湖水系。

保护级别：列入《世界自然保护联盟濒危物种红色名录》（IUCN 红色名录）2022 年 3.1 版，未予评估（NE）。

（21）拟鲇高原鳅 *Triplophysa siluroides* Herzenstein

栖息于河叉或湖泊入口流缓处，常潜伏于底层。以小形鱼类、植物碎屑为食。分布于玛沁、班玛、达日、久治、甘德、玛多。黄河水系。

保护级别：列入 2021 年《国家重点保护野生动物名录》，二级。列入《世界自然保护联盟濒危物种红色名录》（IUCN 红色名录）2022 年 3.1 版，未予评估（NE）。

（22）背斑高原鳅 *Triplophysa stoliczkae dorsonotata* Kessler

栖息于河流的砾石缝隙中。以藻类植物和底栖动物为食。小形底栖刮食性鱼类。分布于久治。黄河上游、柴达木水系、青海湖水系。

保护级别：列入《世界自然保护联盟濒危物种红色名录》（IUCN 红色名录）2022 年 3.1 版，未予评估（NE）。

（23）斯氏高原鳅 *Triplophysa stoliczkai* Steindachner

栖息于河流的砾石缝隙中。以藻类植物和底栖动物为食。小形底栖刮食性鱼类。分布于玛沁、班玛、达日、久治、甘德、玛多。长江、黄河上游，青海湖水系。

保护级别：列入《世界自然保护联盟濒危物种红色名录》（IUCN 红色名录）2022 年 3.1 版，无危（LC）。

二、鲑形目 SALMONIFORMES

（三）鲑科 Salmonidae

9. 哲罗鲑属 *Hucho*

(24) 川陕哲罗鲑 *Hucho bleekeri* Kimura

栖息于水质清澈，水温较低的水域中。以各种鱼类和水中其他动物的腐肉为食。分布于班玛。

保护级别：列入 2021 年《国家重点保护野生动物名录》，一级。列入《世界自然保护联盟濒危物种红色名录》（IUCN 红色名录）2022 年 3.1 版，极度濒危（CR）。

三、鲇形目 SILURIFORMES

（四）鮡科 Sisoridae

10. 石爬鮡属 *Euchiloglanis*

(25) 黄石爬鮡 *Euchiloglanis kishinouyei* Kimura

栖息于流急多石的场所，常贴附于石上。杂食性，以水生昆虫、水蚯蚓和水生植物碎片为食。分布于班玛。长江水系。

保护级别：列入《世界自然保护联盟濒危物种红色名录》（IUCN 红色名录）2022 年 3.1 版，未予评估（NE）。

两栖纲 AMPHIBIA

四、无尾目 ANURA

（五）蟾蜍科 Bufonidae

11. 蟾蜍属 *Bufo*

(26) 中华蟾蜍 *Bufo gargarizans* Cantor

栖息于耕地、林缘及高原草地。以鞘翅目、双翅目、鳞翅目和直翅目等昆虫、蜜蜂和蚯蚓为食。分布于班玛。

保护级别：列入《国家保护的有益的或者有重要经济、科学研究价值的陆生野生动物名录》。列入《世界自然保护联盟濒危物种红色名录》（IUCN 红色名录）2022 年 3.1 版，无危（LC）。

（六）叉舌蛙科 Dicroglossidae

12. 倭蛙属 *Nanorana*

(27) 倭蛙 *Nanorana pleskei* Guenther

栖息于高原沼泽地、水坑内、流溪边。夜出活动，以各种昆虫为食。分布于班玛、久治、达日。

保护级别：列入《国家保护的有益的或者有重要经济、科学研究价值的陆生野生动物名录》。列入《世界自然保护联盟濒危物种红色名录》（IUCN 红色名录）2022 年 3.1 版，近危（NT）。

（七）角蟾科 Megoghryidae

13. 齿突蟾属 *Scutiger*

(28) 西藏齿突蟾 *Scutiger boulengeri* Bedriaga

栖息于溪流缓流处岸边石下。以鞘翅目、鳞翅目和双翅目等昆虫为食。分布于玛沁、班玛、达日、久治、甘德。

保护级别：列入《国家保护的有益的或者有重要经济、科学研究价值的陆生野生动物名录》。列入《世界自然保护联盟濒危物种红色名录》（IUCN 红色名录）2022 年 3.1 版，无危（LC）。

(29) 胸腺猫眼蟾 *Scutiger glandulatus* Liu

栖于中、小形山溪边或其附近。以鞘翅目、革翅目、同翅目、膜翅目及其他小动物为食。分布于班玛。

保护级别：列入《国家保护的有益的或者有重要经济、科学研究价值的陆生野生动物名录》。列入《世界自然保护联盟濒危物种红色名录》（IUCN 红色名录）2022 年 3.1 版，无危（LC）。

(30) 刺胸猫眼蟾 *Scutiger mammatus* Guenther

栖息于高原山区流溪或泉水沟内的石块或朽木下。以有害昆虫为食。分布于班玛。

保护级别：列入《国家保护的有益的或者有重要经济、科学研究价值的陆生野生动物名录》。列入《世界自然保护联盟濒危物种红色名录》（IUCN 红色名录）2022 年 3.1 版，无危（LC）。

（八）蛙科 Ranidae

14. 湍蛙属 *Amolops*

(31) 新都桥湍蛙 *Amolops xinduqiao* Fei, Ye, Wang et Jiang.

栖息于灌木及杂草的水流较为缓慢的山河或溪流附近。岩石上觅食，白天则躲在岩石和草丛下。分布于班玛。

保护级别：列入《国家保护的有益的或者有重要经济、科学研究价值的陆生野生动物名录》。列入《世界自然保护联盟濒危物种红色名录》（IUCN 红色名录）2022 年 3.1 版，无危（LC）。

15. 侧褶蛙属 *Pelophylax*

(32) 黑斑侧褶蛙 *Pelophylax nigromaculatus* Hallowell

栖息于农田、森林、草原、河流、山溪、沼泽、各种静水中。以昆虫为食。分布于久治。

保护级别：列入《国家保护的有益的或者有重要经济、科学研究价值的陆生野生动物名录》。列入《世界自然保护联盟濒危物种红色名录》（IUCN 红色名录）2022 年 3.1 版，近危（NT）。

16. 林蛙属 *Rana*

(33) 中国林蛙 *Rana chensinensis* David

栖息于农田、森林、草原、河流、山溪、沼泽、各种静水中。以昆虫为食。分布于班玛、久治。

保护级别：列入《国家保护的有益的或者有重要经济、科学研究价值的陆生野生动物名录》。列入《世界自然保护联盟濒危物种红色名录》（IUCN 红色名录）2022 年 3.1 版，无危（LC）。

(34) 高原林蛙 *Rana kukunoris* Nikolskii

栖息于湖泊、水塘、水坑和沼泽等静水水域及其附近的草地、农田、灌丛和林缘。以昆虫为食。分布于玛沁、班玛、久治。

保护级别：列入《国家保护的有益的或者有重要经济、科学研究价值的陆生野生动物名录》。列入《世界自然保护联盟濒危物种红色名录》（IUCN 红色名录）2022 年 3.1 版，无危（LC）。

五、有尾目 CAUDATA

（九）小鲵科 Hynobiidae

17. 山溪鲵属 *Batrachuperus*

(35) 无斑山溪鲵 *Batrachuperus karlschmiditi* Liu

栖息于小形山溪内或泉水沟石块下，水面宽度 1 ～ 2m，以石块较多的溪段数量多。分布于班玛。

保护级别：列入 2021 年《国家重点保护野生动物名录》，二级。列入《世界自然保护联盟濒危物种红色名录》（IUCN 红色名录）2022 年 3.1 版，未予评估（NE）。

(36) 西藏山溪鲵 *Batrachuperus tibetanus* Schmidt

栖息于泉水石滩及其下游溪沟内，溪内一般石块较多。成鲵以水栖生活为主，白天多隐于溪内石块或倒木下，夜晚出来觅食。以昆虫和水生植物为食。分布于班玛。

保护级别：列入 2021 年《国家重点保护野生动物名录》，二级。列入《世界自然保护联盟濒危物种红色名录》（IUCN 红色名录）2022 年 3.1 版，易危（VU）。

鸟纲 AVES

六、鹰形目 ACCIPITRIFORMES

（十）鹰科 Accipitridae

18. 鹰属 *Accipiter*

(37) 苍鹰 *Accipiter gentilis* Linnaeus

栖息于针叶林、阔叶林和针阔叶混交林等森林地带。食肉性，以森林鼠类、野兔、雉类、榛鸡、鸠鸽类和其他小形鸟类为食。分布于玛沁。留鸟。

保护级别：列入 2021 年《国家重点保护野生动物名录》，二级。列入《濒危野生动植物种国际贸易公约》，附录 II。列入《世界自然保护联盟濒危物种红色名录》（IUCN 红色名录）2022 年 3.1 版，无危（LC）。

(38) 雀鹰 *Accipiter nisus* Linnaeus

栖息于山地、平原、农田、林区。以小形鸟类和鼠类为食。分布于：玛沁、班玛、达日、久治、甘德、玛多。留鸟。

保护级别：列入 2021 年《国家重点保护野生动物名录》，二级。列入《濒危野生动植物种国际贸易公约》，附录 II。列入《世界自然保护联盟濒危物种红色名录》（IUCN 红色名录）2022 年 3.1 版，无危（LC）。

19. 秃鹫属 *Aegypius*

(39) 秃鹫 *Aegypius monachus* Linnaeus

栖息于低山丘陵和高山荒原与森林中的荒岩草地、山谷溪流和林缘地带。以大形动物的尸体为食。分布于玛沁、班玛、达日、甘德、久治、玛多。留鸟。

保护级别：列入 2021 年《国家重点保护野生动物名录》，一级。列入《濒危野生动植物种国际贸易公约》，附录 II。列入《世界自然保护联盟濒危物种红色名录》（IUCN 红色名录）2022 年 3.1 版，近危（NT）。

20. 雕属 *Aquila*

(40) 金雕 *Aquila chrysaetos* Linnaeus

栖息于林区、草原。以大形的鸟类和兽类为食。分布于玛沁、班玛、达日、久治、甘德、玛多。留鸟。

保护级别：列入 2021 年《国家重点保护野生动物名录》，一级。列入《濒危野生动植物种国际贸易公约》，附录 II。列入《世界自然保护联盟濒危物种红色名录》（IUCN 红色名录）2022 年 3.1 版，无危（LC）。

(41) 白肩雕 *Aquila heliaca* Savigny

栖息于阔叶林和混交林中。以啮齿动物为食。分布于班玛。旅鸟。

保护级别：列入 2021 年《国家重点保护野生动物名录》，一级。列入《濒危野生动植物种国际贸易公约》，附录 II。列入《世界自然保护联盟濒危物种红色名录》（IUCN 红色名录）2022 年 3.1 版，易危（VU）。

(42) 草原雕 *Aquila nipalensis* Hodgson

栖息于开阔的草原。以啮齿动物为食。分布于玛沁、班玛、达日、久治、甘德、玛多。旅鸟。

保护级别：列入 2021 年《国家重点保护野生动物名录》，一级。列入《世界自然保护联盟濒危物种红色名录》(IUCN 红色名录) 2022 年 3.1 版，濒危 (EN)。

21. 鵟鹰属 *Butastur*

(43) 灰脸鵟鹰 *Butastur indicus* Gemelin

栖息于阔叶林、针阔叶混交林以及针叶林等山林地带。以小形蛇类、蛙、蜥蜴、鼠类、松鼠和小鸟等动物为食。分布于班玛。旅鸟。

保护级别：列入 2021 年《国家重点保护野生动物名录》，二级。列入《濒危野生动植物种国际贸易公约》，附录Ⅰ。列入《世界自然保护联盟濒危物种红色名录》(IUCN 红色名录) 2022 年 3.1 版，无危 (LC)。

22. 鵟属 *Buteo*

(44) 大鵟 *Buteo hemilasius* Temminck et Schlegel

栖息于山地、山脚平原和草原等。以啮齿类动物鼠兔、旱獭及昆虫等动物性食物为食。分布于玛沁、班玛、达日、久治、甘德、玛多。留鸟。

保护级别：列入 2021 年《国家重点保护野生动物名录》，二级。列入《世界自然保护联盟濒危物种红色名录》(IUCN 红色名录) 2022 年 3.1 版，无危 (LC)。

(45) 普通鵟 *Buteo japonicus* Temminck et Schlegel

栖息于开阔平原、荒漠、旷野、开垦的耕作区、林缘草地。以森林鼠类为食，也吃蛙、蜥蜴、蛇、小鸟和大形昆虫等。分布于玛沁、班玛、甘德、久治。留鸟。

保护级别：列入 2021 年《国家重点保护野生动物名录》，二级。列入《世界自然保护联盟濒危物种红色名录》(IUCN 红色名录) 2022 年 3.1 版，无危 (LC)。

(46) 毛脚鵟 *Buteo lagopus* Pontoppidan

属于迁徙性鸟类，多单独活动。以田鼠等小形啮齿类动物和小形鸟类为食。分布于玛多。冬候鸟。

保护级别：列入 2021 年《国家重点保护野生动物名录》，二级。列入《世界自然保护联盟濒危物种红色名录》(IUCN 红色名录) 2022 年 3.1 版，无危 (LC)。

23. 鹞属 *Circus*

(47) 白尾鹞 *Circus cyaneus* Linnaeus

栖息于开阔的农田、草原、沼泽地、河谷、海滨等地。以小形兽类、小鸟、鼠类、昆虫、蜥蜴、蛙为食。分布于玛沁、班玛。旅鸟。

保护级别：列入 2021 年《国家重点保护野生动物名录》，二级。列入《世界自然保护联盟濒危物种红色名录》(IUCN 红色名录) 2022 年 3.1 版，无危 (LC)。

24. 乌雕属 *Clanga*

(48) 乌雕 *Clanga clanga* Pallas

栖息于河流、湖泊和沼泽地带的疏林和平原森林。以野兔、鼠类、野鸭、蛙、蜥蜴、鱼和鸟类等小形动物为食。分布于玛沁、班玛、达日、久治、甘德、玛多。旅鸟。

保护级别：列入 2021 年《国家重点保护野生动物名录》，一级。列入《濒危野生动植物种国际贸易公约》，附录Ⅱ。列入《世界自然保护联盟濒危物种红色名录》(IUCN 红色名录) 2022 年 3.1 版，易危 (VU)。

25. 胡兀鹫属 *Gypaetus*

(49) 胡兀鹫 *Gypaetus barbatus* Linnaeus

栖息于高山、草原。以鸟类、大形有蹄类、尸体为食。分布于玛沁、班玛、达日、久治、甘德、玛多。留鸟。

保护级别：列入 2021 年《国家重点保护野生动物名录》，一级。列入《世界自然保护联盟濒危物种红色名录》(IUCN 红色名录) 2022 年 3.1 版，近危 (NT)。

26. 兀鹫属 *Gyps*

(50) 高山兀鹫 *Gyps himalayensis* Hume

栖息于高山、草原及河谷地区。以尸体、病弱的大形动物、旱獭等啮齿类及家畜为食。分布于玛沁、班玛、达日、久治、甘德、玛多。留鸟。

保护级别：列入 2021 年《国家重点保护野生动物名录》，二级。列入《濒危野生动植物种国际贸易公约》，附录Ⅱ。列入《世界自然保护联盟濒危物种红色名录》(IUCN 红色名录) 2022 年 3.1 版，近危 (NT)。

27. 海雕属 *Haliaeetus*

(51) 白尾海雕 *Haliaeetus albicilla* Linnaeus

栖息于湖泊、河流、岛屿及河口。以捕食鱼、鸟类和中小形哺乳动物为食。分布于玛沁、玛多。冬候鸟。

保护级别：列入 2021 年《国家重点保护野生动物名录》，一级。列入《世界自然保护联盟濒危物种红色名录》(IUCN 红色名录) 2022 年 3.1 版，无危 (LC)。

(52) 玉带海雕 *Haliaeetus leucoryphus* Pallas

栖息于开阔的草原、湖泊、河流。以鱼、鲃、鼠兔、鸿雁、旱獭为食。分布于班玛、达日、久治、玛多。旅鸟。

保护级别：列入 2021 年《国家重点保护野生动物名录》，一级。列入《濒危野生动植物种国际贸易公约》，附录Ⅱ。列入《世界自然保护联盟濒危物种红色名录》（IUCN 红色名录）2022 年 3.1 版，濒危（EN）。

28. 隼雕属 *Hieraaetus*

(53) 靴隼雕 *Hieraaetus pennatus* Gmelin

栖息于山地林缘。以鼠类和小鸟为食。分布于玛多。旅鸟。

保护级别：列入 2021 年《国家重点保护野生动物名录》，二级。列入《世界自然保护联盟濒危物种红色名录》（IUCN 红色名录）2022 年 3.1 版，无危（LC）。

29. 鸢属 *Milvus*

(54) 黑鸢 *Milvus migrans* Boddaert

栖息于开阔平原、草地、荒原和低山丘陵地带，也常在城郊、村屯、田野、湖泊上空活动。以小形兽类、小鸟、蛙、鱼、蝗虫及蚱蜢等为食。分布于玛沁、班玛、达日、久治、甘德、玛多。旅鸟。

保护级别：列入 2021 年《国家重点保护野生动物名录》，二级。列入《世界自然保护联盟濒危物种红色名录》（IUCN 红色名录）2022 年 3.1 版，无危（LC）。

（十一）鹗科 Pandionidae

30. 鹗属 *Pandion*

(55) 鹗 *Pandion haliaetus* Linnaeus

栖息于湖泊、河流、海岸等地。主要以鱼类为食。分布于玛沁、玛多。旅鸟。

保护级别：列入 2021 年《国家重点保护野生动物名录》，二级。列入《世界自然保护联盟濒危物种红色名录》（IUCN 红色名录）2022 年 3.1 版，无危（LC）。

七、雁形目 ANSERIFORMES

（十二）鸭科 Anatidae

31.（河）鸭属 *Anas*

(56) 针尾鸭 *Anas acuta* Linnaeus

栖息于湖泊、流速缓慢的河流、河湾及其附近的沼泽和湿草地。以草籽、其他水生植物嫩芽和种子等植物性食物为食。分布于玛沁、玛多。旅鸟。

保护级别：列入《世界自然保护联盟濒危物种红色名录》（IUCN 红色名录）2022 年 3.1 版，无危（LC）。

(57) 绿翅鸭 *Anas crecca* Linnaeus

栖息于开阔、水生植物茂盛且少干扰的中小形湖泊和各种水塘中。以水生植物种子和嫩叶为食，也吃螺、甲壳类动物、软体动物、水生昆虫和其他小形无脊椎动物。分布于玛沁、班玛、达日、久治、甘德、玛多。旅鸟。

保护级别：列入《世界自然保护联盟濒危物种红色名录》（IUCN 红色名录）2022 年 3.1 版，无危（LC）。

(58) 绿头鸭 *Anas platyrhynchos* Linnaeus

栖息于水生植物丰富的湖泊、河流、池塘、沼泽等水域中。以各种杂草的种子、植物的茎、根，水蛭、昆虫、软体动物为食。分布于玛沁。留鸟。

保护级别：列入《世界自然保护联盟濒危物种红色名录》（IUCN 红色名录）2022 年 3.1 版，无危（LC）。

(59) 斑嘴鸭 *Anas zonorhyncha* Swinhoe

栖息于淡水湖畔，亦成群活动于江河、湖泊、水库、海湾和沿海滩涂盐场等水域。以植物为食，也吃无脊椎动物和甲壳类动物。分布于玛沁、班玛、达日、久治、甘德、玛多。留鸟。

保护级别：列入《世界自然保护联盟濒危物种红色名录》（IUCN 红色名录）2022 年 3.1 版，无危（LC）。

32. 雁属 *Anser*

(60) 灰雁 *Anser anser* Linnaeus

栖息于湖泊、水库、河口、水淹平原、湿草原、沼泽和草地。以植物的叶、根、茎、嫩芽、果实和种子等为食，有时也吃螺、虾、昆虫等动物为食。分布于玛沁、玛多。夏候鸟。

保护级别：列入《世界自然保护联盟濒危物种红色名录》（IUCN 红色名录）2022 年 3.1 版，无危（LC）。

(61) 豆雁 *Anser fabalis* Latham

栖息于开阔平原草地、沼泽、水库、江河、湖泊及沿海海岸和附近农田地区。以植物性食物为食。繁殖季节主要吃苔藓、地衣、植物嫩芽、嫩叶。分布于玛沁。旅鸟。

保护级别：列入《世界自然保护联盟濒危物种红色名录》（IUCN 红色名录）2022 年 3.1 版，无危（LC）。

(62) 斑头雁 *Anser indicus* Latham

栖息于咸水湖，也选择淡水湖和开阔而多沼泽地带，繁殖在高原湖泊。以植物的叶、茎、青草和豆科植物种子等为食，也吃贝类、软体动物和其他小形无脊椎动物。分布于玛沁、班玛、达日、久治、玛多。夏候鸟。

保护级别：列入《国家保护的有益的或者有重要经济、科学研究价值的陆生野生动物名录》。列入《世界自然

保护联盟濒危物种红色名录》（IUCN 红色名录）2022 年 3.1 版，无危（LC）。

33. 潜鸭属 *Aythya*

(63) 红头潜鸭 *Aythya ferina* Linnaeus

栖息于富有水生植物的开阔湖泊、水库、水塘、河湾等各类水域中。杂食性，以水生植物和鱼虾贝壳类为食。分布于玛沁、玛多。夏候鸟。

保护级别：列入《国家保护的有益的或者有重要经济、科学研究价值的陆生野生动物名录》。列入《世界自然保护联盟濒危物种红色名录》（IUCN 红色名录）2022 年 3.1 版，易危（VU）。

(64) 凤头潜鸭 *Aythya fuligula* Linnaeus

栖息于湖泊、河流、水库、池塘、沼泽、河口等开阔水面。以虾、蟹、蛤、水生昆虫、小鱼、蝌蚪等动物性为食，有时也吃少量水生植物。分布于玛沁、班玛、达日、久治、甘德、玛多。旅鸟。

保护级别：列入《国家保护的有益的或者有重要经济、科学研究价值的陆生野生动物名录》。列入《世界自然保护联盟濒危物种红色名录》（IUCN 红色名录）2022 年 3.1 版，无危（LC）。

(65) 白眼潜鸭 *Aythya nyroca* Güldenstädt

栖息于开阔地区富有水生植物的淡水湖泊、池塘和沼泽地带。杂食性，以植物性食物为主，也吃动物性食物如甲壳类动物、软体动物、水生昆虫、蠕虫、蛙和小鱼等。分布于玛沁、久治、玛多。旅鸟。

保护级别：列入《世界自然保护联盟濒危物种红色名录》（IUCN 红色名录）2022 年 3.1 版，近危（NT）。

34. 鹊鸭属 *Bucephala*

(66) 鹊鸭 *Bucephala clangula* Linnaeus

栖息于湖泊和较大河流等地。通过潜水觅食。以昆虫、蠕虫、甲壳类动物、软体动物、小鱼、蛙以及蝌蚪等水生动物为食。分布于玛沁。旅鸟。

保护级别：列入《世界自然保护联盟濒危物种红色名录》（IUCN 红色名录）2022 年 3.1 版，无危（LC）。

35. 天鹅属 *Cygnus*

(67) 大天鹅 *Cygnus cygnus* Linnaeus

栖息于开阔的、水生植物繁茂的浅水水域。以水生植物叶、茎、种子和根茎为食。分布于玛沁、班玛、久治、玛多。冬候鸟。

保护级别：列入 2021 年《国家重点保护野生动物名录》，二级。列入《世界自然保护联盟濒危物种红色名录》（IUCN 红色名录）2022 年 3.1 版，无危（LC）。

36. *Mareca* 属

(68) 赤颈鸭 *Mareca penelope* Linnaeus

栖息于江河、湖泊、水塘、河口、海湾、沼泽等各类水域中。以植物性食物为食。分布于玛沁、玛多。旅鸟。

保护级别：列入《世界自然保护联盟濒危物种红色名录》（IUCN 红色名录）2022 年 3.1 版，无危（LC）。

(69) 赤膀鸭 *Mareca strepera* Linnaeus

栖息于江河、湖泊、水库、河湾、水塘和沼泽等内陆水域中。以水生植物为食，也常到岸上或农田地中觅食青草、草籽、浆果和谷粒。分布于玛沁、班玛、久治。旅鸟。

保护级别：列入《世界自然保护联盟濒危物种红色名录》（IUCN 红色名录）2022 年 3.1 版，无危（LC）。

37. 秋沙鸭属 *Mergus*

(70) 普通秋沙鸭 **Mergus merganser** Linnaeus

栖息于森林和森林附近的江河、湖泊和河口。以小鱼为食，也食软体动物、甲壳类动物、石蚕等，偶尔也吃少量植物性食物。分布于玛沁、班玛、达日、久治、甘德、玛多。夏候鸟。

保护级别：列入《国家保护的有益的或者有重要经济、科学研究价值的陆生野生动物名录》。列入《世界自然保护联盟濒危物种红色名录》（IUCN 红色名录）2022 年 3.1 版，无危（LC）。

38. 狭嘴潜鸭属 *Netta*

(71) 赤嘴潜鸭 *Netta rufina* Pallas

栖息于大小湖泊和河流等地，甚至咸水湖中。以水藻、眼子菜和其他水生植物的嫩芽、茎和种子为食。分布于玛沁、班玛、达日、久治、甘德、玛多。夏候鸟。

保护级别：列入《世界自然保护联盟濒危物种红色名录》（IUCN 红色名录）2022 年 3.1 版，无危（LC）。

39. *Spatula* 属

(72) 琵嘴鸭 *Spatula clypeata* Linnaeus

栖息于淡水湖畔，亦成群活动于江河、湖泊、水库、海湾和沿海滩涂盐场等水域。以植物为食，也吃无脊椎动物和甲壳类动物。分布于玛沁、班玛、达日、久治、甘德、玛多。旅鸟。

保护级别：列入《世界自然保护联盟濒危物种红色名录》（IUCN 红色名录）2022 年 3.1 版，无危（LC）。

(73) 白眉鸭 *Spatula querquedula* Linnaeus

栖息于开阔的湖泊、江河、沼泽等水域中，也出现于山区水塘、河流和海滩上。主要以水生植物的叶、茎、种子为食。分布于玛沁、玛多。旅鸟。

保护级别：列入《世界自然保护联盟濒危物种红色名录》（IUCN 红色名录）2022 年 3.1 版，无危（LC）。

40. 麻鸭属 *Tadorna*

（74）赤麻鸭 *Tadorna ferruginea* Pallas

栖息于江河、湖泊、河口、水塘及其附近的草原、荒地、沼泽、沙滩、农田和平原疏林等各类生境中。以水生植物的叶、芽、种子、农作物幼苗、谷物等植物性食物为食，也吃昆虫。分布于玛沁、班玛、达日、久治、甘德、玛多。留鸟。

保护级别：列入《世界自然保护联盟濒危物种红色名录》（IUCN 红色名录）2022 年 3.1 版，无危（LC）。

（75）翘鼻麻鸭 *Tadorna tadorna* Linnaeus

栖息于淡水湖泊、河流等湿地中。以水生昆虫、小鱼和鱼卵等动物性食物为食，也吃植物嫩芽和种子等植物性食物。分布于玛沁、玛多。夏候鸟。

保护级别：列入《世界自然保护联盟濒危物种红色名录》（IUCN 红色名录）2022 年 3.1 版，无危（LC）。

八、犀鸟目 BUCEROTIFORMES

（十三）戴胜科 Upupidae

41. 戴胜属 *Upupa*

（76）戴胜 *Upupa epops* Linnaeus

栖息于原野、树林及居民点。以昆虫、蚯蚓、螺类为食。分布于玛沁、班玛、达日、久治、甘德、玛多。留鸟。

保护级别：列入《国家保护的有益的或者有重要经济、科学研究价值的陆生野生动物名录》。列入《世界自然保护联盟濒危物种红色名录》（IUCN 红色名录）2022 年 3.1 版，无危（LC）。

九、夜鹰目 CAPRIMULGIFORMES

（十四）雨燕科 Apodidae

42. 雨燕属 *Apus*

（77）普通雨燕 *Apus apus* Linnaeus

栖息于森林、平原、荒漠、海岸、城镇等各类生境中。以昆虫为食。分布于玛沁、班玛、久治。旅鸟。

保护级别：列入《世界自然保护联盟濒危物种红色名录》（IUCN 红色名录）2022 年 3.1 版，无危（LC）。

（78）白腰雨燕 *Apus pacificus* Latham

栖息于陡峻的山坡、悬岩，尤其是靠近河流、水库等水源附近的悬崖峭壁。以膜翅目昆虫为食。分布于玛沁、班玛、久治。夏候鸟。

保护级别：列入《国家保护的有益的或者有重要经济、科学研究价值的陆生野生动物名录》。列入《世界自然保护联盟濒危物种红色名录》（IUCN 红色名录）2022 年 3.1 版，无危（LC）。

十、鸻形目 CHARADRIIFORMES

（十五）鸻科 Charadriidae

43. 鸻属 *Charadrius*

（79）环颈鸻 *Charadrius alexandrinus* Linnaeus

栖息于河岸沙滩、沼泽草地上。以蠕虫、昆虫、软体动物为食，兼食植物种子、植物碎片。分布于玛沁、玛多。夏候鸟。

保护级别：列入《国家保护的有益的或者有重要经济、科学研究价值的陆生野生动物名录》。列入《世界自然保护联盟濒危物种红色名录》（IUCN 红色名录）2022 年 3.1 版，无危（LC）。

（80）金眶鸻 *Charadrius dubius* Scopoli

栖息于开阔平原和低山丘陵地带的湖泊、河流岸边、沼泽、草地等。以昆虫幼虫、蠕虫、蜘蛛、甲壳类动物、软体动物等为食。分布于玛沁、达日、玛多。夏候鸟。

保护级别：列入《国家保护的有益的或者有重要经济、科学研究价值的陆生野生动物名录》。列入《世界自然保护联盟濒危物种红色名录》（IUCN 红色名录）2022 年 3.1 版，无危（LC）。

（81）蒙古沙鸻 *Charadrius mongolus* Pallas

栖息于河岸沙滩、沼泽草地上。以蠕虫、昆虫、软体动物为食，兼食植物种子、植物碎片。分布于玛沁、达日、玛多。夏候鸟。

保护级别：列入《国家保护的有益的或者有重要经济、科学研究价值的陆生野生动物名录》。列入《世界自然保护联盟濒危物种红色名录》（IUCN 红色名录）2022 年 3.1 版，无危（LC）。

44. 斑鸻属 *Pluvialis*

（82）金鸻 *Pluvialis fulva* Gmelin

栖息于湖、河边、草原、山地、谷地。以昆虫及植物种子、嫩芽为食。分布于玛多。旅鸟。

保护级别：列入《国家保护的有益的或者有重要经济、科学研究价值的陆生野生动物名录》。列入《世界自然保护联盟濒危物种红色名录》（IUCN 红色名录）2022 年 3.1 版，无危（LC）。

45. 麦鸡属 ***Vanellus***

(83) 灰头麦鸡 *Vanellus cinreus* Blyth

栖息于近水的开阔地带，以蚯蚓、昆虫、螺类等为食。分布于玛沁、玛多。旅鸟。

保护级别：列入《国家保护的有益的或者有重要经济、科学研究价值的陆生野生动物名录》。列入《世界自然保护联盟濒危物种红色名录》（IUCN 红色名录）2022 年 3.1 版，未予评估（NE）。

(84) 凤头麦鸡 *Vannellus vanellus* Linnaeus

栖息于湿地、水塘、水渠、沼泽等。食蝗虫、蛙类、小形无脊椎动物及植物种子等。分布于玛沁、班玛。夏候鸟。

保护级别：列入《国家保护的有益的或者有重要经济、科学研究价值的陆生野生动物名录》。列入《世界自然保护联盟濒危物种红色名录》（IUCN 红色名录）2022 年 3.1 版，未予评估（NE）。

（十六）鹮嘴鹬科 Ibidorhynchidae

46. 鹮嘴鹬属 ***Ibidorhyncha***

(85) 鹮嘴鹬 *Ibidorhyncha struthersii* Vigors

栖息于山地、高原和丘陵溪流，食昆虫。分布于玛沁、班玛、久治、玛多。夏候鸟。

保护级别：列入 2021 年《国家重点保护野生动物名录》，二级。列入《世界自然保护联盟濒危物种红色名录》（IUCN 红色名录）2022 年 3.1 版，无危（LC）。

（十七）鸥科 Laridae

47. ***Chroicocephalus*** **属**

(86) 棕头鸥 *Chroicocephalus brunnicephalus* Jerdon

栖息于湖泊、河流、沼泽、草原湿地的岸边及环水的岛屿中。以鱼、虾、软体动物、甲壳类动物和水生昆虫为食。分布于玛沁、班玛、达日、甘德、久治、玛多。旅鸟。

保护级别：列入《国家保护的有益的或者有重要经济、科学研究价值的陆生野生动物名录》。列入《世界自然保护联盟濒危物种红色名录》（IUCN 红色名录）2022 年 3.1 版，未予评估（NE）。

(87) 红嘴鸥 *Chroicocephalus ridibundus* Linnaeus

栖息于平原和低山丘陵地带的湖泊、河流等。以鱼、虾、昆虫、水生植物和人类丢弃的食物残渣为食。分布于玛多。旅鸟。

保护级别：列入《国家保护的有益的或者有重要经济、科学研究价值的陆生野生动物名录》。列入《世界自然保护联盟濒危物种红色名录》（IUCN 红色名录）2022 年 3.1 版，无危（LC）。

48. ***Ichthyaetus*** **属**

(88) 渔鸥 *Ichthyaetus ichthyaetus* Pallas

栖息于海岸、海岛、咸水湖。主要以鱼为食，也吃鸟卵、雏鸟、蜥蜴、昆虫、甲壳类动物，以及动物内脏等废弃物。分布于玛沁、班玛、达日、甘德、久治、玛多。旅鸟。

保护级别：列入《国家保护的有益的或者有重要经济、科学研究价值的陆生野生动物名录》。列入《世界自然保护联盟濒危物种红色名录》（IUCN 红色名录）2022 年 3.1 版，未予评估（NE）。

49. 鸥属 ***Larus***

(89) 西伯利亚银鸥 *Larus smithsonianus* Coues

别名：织女银鸥、休氏银鸥。

栖息于海边、海港，在盛产鱼虾的渔场上。以海滨昆虫、软体动物、甲壳类动物以及耕地里的蠕虫和蛴螬为食。分布于玛多。旅鸟。

保护级别：列入《国家保护的有益的或者有重要经济、科学研究价值的陆生野生动物名录》。列入《世界自然保护联盟濒危物种红色名录》（IUCN 红色名录）2022 年 3.1 版，无危（LC）。

50. 燕鸥属 ***Sterna***

(90) 普通燕鸥 *Sterna hirundo* Linnaeus

栖息于平原、草地、荒漠中的湖泊、河流、水塘和沼泽地带。以小鱼、虾、甲壳类动物、昆虫等小形动物为食。分布于玛沁、班玛、达日、甘德、久治、玛多。夏候鸟。

保护级别：列入《国家保护的有益的或者有重要经济、科学研究价值的陆生野生动物名录》。列入《世界自然保护联盟濒危物种红色名录》（IUCN 红色名录）2022 年 3.1 版，无危（LC）。

（十八）反嘴鹬科 Recurvirostridae

51. 长脚鹬属 ***Himantopus***

(91) 黑翅长脚鹬 *Himantopus himantopus* Linnaeus

栖息于开阔平原草地中的湖泊、浅水塘和沼泽地带。以软体动物、虾、甲壳类动物、环节动物、昆虫以及小鱼为食。分布于玛沁、班玛、玛多。夏候鸟。

保护级别：列入《国家保护的有益的或者有重要经济、科学研究价值的陆生野生动物名录》。列入《世界自然保护联盟濒危物种红色名录》（IUCN 红色名录）2022 年 3.1 版，无危（LC）。

（十九）鹬科 Scolopacidae

52. ***Actitis*** **属**

(92) 矶鹬 *Actitis hypoleucos* Linnaeus

栖息于浅水河滩和水中沙滩或江心小岛上。以昆虫为食，也吃螺、蠕虫等无脊椎动物、小鱼以及蝌蚪等。分布于玛沁、班玛、达日、久治、甘德、玛多。旅鸟。

保护级别：列入《国家保护的有益的或者有重要经济、科学研究价值的陆生野生动物名录》。列入《世界自然保护联盟濒危物种红色名录》（IUCN 红色名录）2022 年 3.1 版，无危（LC）。

53. 翻石鹬属 ***Arenaria***

(93) 翻石鹬 *Arenaria interpres* Linnaeus

栖息于湖泊、河流、沼泽以及附近荒原和沙石地上。以啄食甲壳类动物、软体动物、蜘蛛、蚯蚓、昆虫。分布于玛多。旅鸟。

保护级别：列入 2021 年《国家重点保护野生动物名录》，二级。列入《世界自然保护联盟濒危物种红色名录》（IUCN 红色名录）2022 年 3.1 版，无危（LC）。

54. 滨鹬属 ***Calidris***

(94) 黑腹滨鹬 *Calidris alpina* Linnaeus

栖息于湖泊、河流、水塘、河口等附近沼泽与草地上。以昆虫等各种小形动物为食。分布于玛沁、玛多。旅鸟。

保护级别：列入《国家保护的有益的或者有重要经济、科学研究价值的陆生野生动物名录》。列入《世界自然保护联盟濒危物种红色名录》（IUCN 红色名录）2022 年 3.1 版，无危 (LC)。

(95) 弯嘴滨鹬 *Calidris ferruginea* Pontoppidan

栖息于湖泊、河流、河口和附近沼泽地带。以甲壳类动物、软体动物、蠕虫和水生昆虫为食。分布于玛沁、玛多。旅鸟。

保护级别：列入《国家保护的有益的或者有重要经济、科学研究价值的陆生野生动物名录》。列入《世界自然保护联盟濒危物种红色名录》（IUCN 红色名录）2022 年 3.1 版，近危（NT）。

(96) 小滨鹬 *Calidris minuta* Leisler

栖息于开阔平原地带的河流、湖泊、水塘、沼泽等。以水生昆虫、小形软体动物和甲壳类动物为食。分布于玛多。旅鸟。

保护级别：列入《国家保护的有益的或者有重要经济、科学研究价值的陆生野生动物名录》。列入《世界自然保护联盟濒危物种红色名录》（IUCN 红色名录）2022 年 3.1 版，无危（LC）。

(97) 长趾滨鹬 *Calidris subminuta* Middendorff

栖息于淡水与盐水湖泊、河流、水塘和泽沼地带。以昆虫、软体动物等小形无脊椎动物为食。分布于玛沁、玛多。旅鸟。

保护级别：列入《国家保护的有益的或者有重要经济、科学研究价值的陆生野生动物名录》。列入《世界自然保护联盟濒危物种红色名录》（IUCN 红色名录）2022 年 3.1 版，无危（LC）。

(98) 青脚滨鹬 *Calidris temminckii* Leisler

栖息于淡水湖泊浅滩、河流附近的沼泽地。以昆虫、甲壳类动物、蠕虫为食。分布于玛沁、玛多。旅鸟。

保护级别：列入《国家保护的有益的或者有重要经济、科学研究价值的陆生野生动物名录》。列入《世界自然保护联盟濒危物种红色名录》（IUCN 红色名录）2022 年 3.1 版，无危（LC）。

55. 沙锥属 ***Gallinago***

(99) 扇尾沙锥 *Gallinago gallinago* Linnaeus

栖息于冻原和开阔平原上的淡水或盐水湖泊、河流、芦苇塘和沼泽。以蚂蚁、金针虫、小甲虫、鞘翅目等昆虫、蠕虫、蜘蛛、蚯蚓和软体动物为食。分布于玛沁。夏候鸟。

保护级别：列入《国家保护的有益的或者有重要经济、科学研究价值的陆生野生动物名录》。列入《世界自然保护联盟濒危物种红色名录》（IUCN 红色名录）2022 年 3.1 版，无危（LC）。

(100) 孤沙锥 *Gallinago solitaria* Hodgson

栖息于山地森林中的河流与水塘岸边以及林中和林缘沼泽地上。以昆虫、蠕虫、软体动物、甲壳类动物等为食。分布于玛沁。冬候鸟。

保护级别：列入《国家保护的有益的或者有重要经济、科学研究价值的陆生野生动物名录》。列入《世界自然保护联盟濒危物种红色名录》（IUCN 红色名录）2022 年 3.1 版，无危（LC）。

56. 塍鹬属 ***Limosa***

(101) 黑尾塍鹬 *Limosa limosa* Linnaeus

栖息于平原草地和森林平原地带的沼泽、湿地、湖边等。以水生和陆生昆虫、甲壳类动物和软体动物为食。分布于玛沁、玛多。旅鸟。

保护级别：列入《国家保护的有益的或者有重要经济、科学研究价值的陆生野生动物名录》。列入《世界自然

保护联盟濒危物种红色名录》（IUCN 红色名录）2022 年 3.1 版，近危（NT）。

57. 杓鹬属 *Numenius*

（102）白腰杓鹬 *Numenius arquata* Linnaeus

栖息于森林和平原中的湖泊、河流岸边和附近的沼泽地带、草地等。以甲壳类动物、软体动物、蠕虫、昆虫为食，也啄食小鱼和蛙。分布于玛沁、玛多。夏候鸟。

保护级别：列入 2021 年《国家重点保护野生动物名录》，二级。列入《世界自然保护联盟濒危物种红色名录》（IUCN 红色名录）2022 年 3.1 版，近危（NT）。

58. 鹬属 *Tringa*

（103）林鹬 *Tringa glareola* Linnaeus

栖息于林中或林缘开阔沼泽、湖泊、水塘与溪流岸边。以昆虫、蠕虫、虾、蜘蛛、软体动物和甲壳类动物等为食。分布于玛多。夏候鸟。

保护级别：列入《国家保护的有益的或者有重要经济、科学研究价值的陆生野生动物名录》。列入《世界自然保护联盟濒危物种红色名录》（IUCN 红色名录）2022 年 3.1 版，无危（LC）。

（104）青脚鹬 *Tringa nebularia* Gunnerus

栖息于湖泊、河流、水塘和沼泽地带。以虾、蟹、小鱼、螺和水生昆虫为食。分布于玛沁、玛多。旅鸟。

保护级别：列入《国家保护的有益的或者有重要经济、科学研究价值的陆生野生动物名录》。列入《世界自然保护联盟濒危物种红色名录》（IUCN 红色名录）2022 年 3.1 版，无危（LC）。

（105）白腰草鹬 *Tringa ochropus* Linnaeus

栖息于湖、河边、沼泽、草原。以蠕虫、虾、蜘蛛、小蚌、田螺和昆虫等小形无脊椎动物为食。分布于班玛、达日、玛多。旅鸟。

保护级别：列入《国家保护的有益的或者有重要经济、科学研究价值的陆生野生动物名录》。列入《世界自然保护联盟濒危物种红色名录》（IUCN 红色名录）2022 年 3.1 版，无危（LC）。

（106）红脚鹬 *Tringa totanus* Linnaeus

栖息于沼泽、草地、河流等。以甲壳类动物、软体动物、环节动物和昆虫等各种小形陆栖和水生无脊椎动物为食。分布于玛沁、班玛、达日、甘德、久治、玛多。夏候鸟。

保护级别：列入《国家保护的有益的或者有重要经济、科学研究价值的陆生野生动物名录》。列入《世界自然保护联盟濒危物种红色名录》（IUCN 红色名录）2022 年 3.1 版，无危（LC）。

十一、鹳形目 CICONIFORMES

（二十）鹳科 Ciconiidae

59. 鹳属 *Ciconia*

（107）黑鹳 *Ciconia nigra* Linnaeus

栖息于有水的河边、农田、沼泽。以鱼、蛙、蛇和甲壳类动物为食。分布于玛沁、玛多。夏候鸟。

保护级别：列入 2021 年《国家重点保护野生动物名录》，一级。列入《濒危野生动植物种国际贸易公约》，附录Ⅱ。列入《世界自然保护联盟濒危物种红色名录》（IUCN 红色名录）2022 年 3.1 版，无危（LC）。

十二、鸽形目 COLUMBIFORMES

（二十一）鸠鸽科 Columbidae

60. 鸽属 *Columba*

（108）雪鸽 *Columba leuconota* Vigors

栖息于高山悬岩地带。以草籽、谷物种子等为食。分布于玛沁、班玛、久治。留鸟。

保护级别：列入《国家保护的有益的或者有重要经济、科学研究价值的陆生野生动物名录》。列入《世界自然保护联盟濒危物种红色名录》（IUCN 红色名录）2022 年 3.1 版，无危 (LC)。

（109）原鸽 *Columba livia* Gmelin

栖息于岩石和悬岩峭壁处。以粮食为食。分布于班玛。留鸟。

保护级别：列入《国家保护的有益的或者有重要经济、科学研究价值的陆生野生动物名录》。列入《世界自然保护联盟濒危物种红色名录》（IUCN 红色名录）2022 年 3.1 版，无危（LC）。

（110）岩鸽 *Columba rupestris* Pallas

栖息于山地岩石和悬岩峭壁处。以种子、小形果实、球茎、球根和小坚果等为食。分布于玛沁、班玛、达日、久治、甘德、玛多。留鸟。

保护级别：列入《国家保护的有益的或者有重要经济、科学研究价值的陆生野生动物名录》。列入《世界自然保护联盟濒危物种红色名录》（IUCN 红色名录）2022 年 3.1 版，无危（LC）。

61. 斑鸠属 *Streptopelia*

（111）珠颈斑鸠 *Streptopelia chinensis* Scopoli

栖息于农区、村庄附近的人造林和果园地带。以谷粒为食。分布于玛沁。留鸟。

保护级别：列入《国家保护的有益的或者有重要经济、科学研究价值的陆生野生动物名录》。列入《世界自然保护联盟濒危物种红色名录》（IUCN 红色名录）2022 年 3.1 版，未予评估（NE）。

(112) 灰斑鸠 *Streptopelia decaocto* Frivaldszky

栖息于平原和低山丘陵地带的森林中。以植物的果实和种子为食，也吃少量动物性食物。分布于玛沁。留鸟。

保护级别：列入《国家保护的有益的或者有重要经济、科学研究价值的陆生野生动物名录》。列入《世界自然保护联盟濒危物种红色名录》（IUCN 红色名录）2022 年 3.1 版，无危（LC）。

(113) 山斑鸠 *Streptopelia orientalis* Latham

栖息于开阔农耕区、村庄及房前屋后附近。食物多为谷类。分布于班玛。留鸟。

保护级别：列入《国家保护的有益的或者有重要经济、科学研究价值的陆生野生动物名录》。列入《世界自然保护联盟濒危物种红色名录》（IUCN 红色名录）2022 年 3.1 版，无危（LC）。

(114) 火斑鸠 *Streptopelia tranquebarica* Hermann

栖息于开阔的平原、田野、村庄、果园和山麓疏林及宅旁竹林地带。以植物、种子和果实为食，有时也吃白蚁、蛹和昆虫等动物性食物。分布于班玛。留鸟。

保护级别：列入《国家保护的有益的或者有重要经济、科学研究价值的陆生野生动物名录》。列入《世界自然保护联盟濒危物种红色名录》（IUCN 红色名录）2022 年 3.1 版，无危（LC）。

十三、佛法僧目 Coraciiformes

（二十二）翠鸟科 Alcedinidae

62. 翠鸟属 *Alcedo*

(115) 普通翠鸟 *Alcedo atthis* Linnaeus

栖息于溪流、河谷等。以小形鱼类、虾等水生动物为食。分布于玛沁、班玛、玛多。夏候鸟。

保护级别：列入《国家保护的有益的或者有重要经济、科学研究价值的陆生野生动物名录》。列入《世界自然保护联盟濒危物种红色名录》（IUCN 红色名录）2022 年 3.1 版，易危（VU）。

十四、鹃形目 CUCULIFORMES

（二十三）杜鹃科 Cuculidae

63. 凤头鹃属 *Clamator*

(116) 红翅凤头鹃 *Clamator coromandus* Linnaeus

栖息于低山丘陵和山麓平原等开阔地带的疏林和灌木林中。以白蚁、毛虫和甲虫等昆虫为食。偶尔也吃植物果实。分布于班玛。旅鸟。

保护级别：列入《国家保护的有益的或者有重要经济、科学研究价值的陆生野生动物名录》。列入《世界自然保护联盟濒危物种红色名录》（IUCN 红色名录）2022 年 3.1 版，无危（LC）。

64. 杜鹃属 *Cuculus*

(117) 大杜鹃 *Cuculus canorus* Linnaeus

栖息于山地、丘陵的森林中。以鳞翅目幼虫为食。分布于玛沁、班玛、达日、久治、甘德、玛多。夏候鸟。

保护级别：列入《国家保护的有益的或者有重要经济、科学研究价值的陆生野生动物名录》。列入《世界自然保护联盟濒危物种红色名录》（IUCN 红色名录）2022 年 3.1 版，无危（LC）。

十五、隼形目 FALCONIFORMES

（二十四）隼科 Falconidae

65. 隼属 *Falco*

(118) 猎隼 *Falco cherrug milvipes* Jerdon

栖息于平原、山地、河谷、农田及草原。以鸟类和小形兽类为食。分布于玛沁、班玛、达日、久治、甘德、玛多。留鸟。

保护级别：列入 2021 年《国家重点保护野生动物名录》，一级。列入《世界自然保护联盟濒危物种红色名录》（IUCN 红色名录）2022 年 3.1 版，濒危（EN）。

(119) 红隼 *Falco tinnunculus* Linnaeus

栖息于山地和旷野中，多单个或成对活动。以啮齿类、小形鸟类及昆虫为食。分布于玛沁、班玛、达日、久治、甘德、玛多。留鸟。

保护级别：列入 2021 年《国家重点保护野生动物名录》，二级。列入《世界自然保护联盟濒危物种红色名录》（IUCN 红色名录）2022 年 3.1 版，无危（LC）。

十六、鸡形目 GALLIFORMES

（二十五）雉科 Phasianidae

66. 石鸡属 *Alectoris*

(120) 石鸡 *Alectoris chukar* J. E. Gray

栖息于低山丘陵地带。以植物嫩芽、地衣和昆虫为食。分布于玛多。留鸟。

保护级别：列入《国家保护的有益的或者有重要经济、科学研究价值的陆生野生动物名录》。列入《世界自然保护联盟濒危物种红色名录》（IUCN 红色名录）2022 年 3.1 版，无危（LC）。

(121) 大石鸡 *Alectoris magna* Przevalski

栖息于低山丘陵、荒漠、半荒漠、岩石山坡，以及高山峡谷和裸岩地区。为广食性鸟等。分布于玛沁。留鸟。

保护级别：列入 2021 年《国家重点保护野生动物名录》，二级。列入《世界自然保护联盟濒危物种红色名录》（IUCN 红色名录）2022 年 3.1 版，无危（LC）。

67. 锦鸡属 *Chrysolophus*

(122) 红腹锦鸡 *Chrysolophus pictus* Linnaeus

栖息于阔叶林、针阔叶混交林和林缘疏林灌丛地带。以植物的叶、芽、花、果实和种子为食，此外也吃甲虫、蠕虫等动物性食物。分布于班玛。留鸟。

保护级别：列入 2021 年《国家重点保护野生动物名录》，二级。列入《世界自然保护联盟濒危物种红色名录》（IUCN 红色名录）2022 年 3.1 版，无危（LC）。

68. 马鸡属 *Crossoptilon*

(123) 蓝马鸡 *Crossoptilon auritum* Pallas

栖息于云杉林、山杨、油松林、混交林、高山灌丛地带。以植物的叶、芽、果实和种子等为食，也吃少量昆虫等动物性食物。分布于玛沁、班玛。留鸟。

保护级别：列入 2021 年《国家重点保护野生动物名录》，二级。列入《世界自然保护联盟濒危物种红色名录》（IUCN 红色名录）2022 年 3.1 版，无危（LC）。

(124) 白马鸡 *Crossoptilon crossptilon* Hodson

栖息于高山和亚高山针叶林和针阔叶混交林带，有时也上到林线上和林缘的疏林、灌丛中活动。以植物的叶、芽、果实和种子等为食，也吃少量昆虫等动物性食物。分布于班玛。留鸟。

保护级别：列入 2021 年《国家重点保护野生动物名录》，二级。列入《濒危野生动植物种国际贸易公约》，附录Ⅰ。列入《世界自然保护联盟濒危物种红色名录》（IUCN 红色名录）2022 年 3.1 版，近危（NT）。

69. 血雉属 *Ithaginis*

(125) 血雉 *Ithaginis cruentus* Hardwicke

栖息于松林和云杉林。以松（杉）叶和种子为食。分布于班玛、达日。留鸟。

保护级别：列入 2021 年《国家重点保护野生动物名录》，二级。列入《濒危野生动植物种国际贸易公约》，附录Ⅱ。列入《世界自然保护联盟濒危物种红色名录》（IUCN 红色名录）2022 年 3.1 版，无危（LC）。

70. 虹雉属 *Lophophorus*

(126) 绿尾虹雉 *Lophophorus lhuysii* Geoffroy Saint-Hilaire

栖息于高山草甸、灌丛和裸岩地带。以植物为食。分布于班玛、达日。留鸟。

保护级别：列入 2021 年《国家重点保护野生动物名录》，一级。列入《濒危野生动植物种国际贸易公约》，附录Ⅰ。列入《世界自然保护联盟濒危物种红色名录》（IUCN 红色名录）2022 年 3.1 版，易危（VU）。

71. 山鹑属 *Perdix*

(127) 斑翅山鹑 *Perdix dauurica* Pallas

栖息于平原森林草原、灌丛草地、低山丘陵和农田荒地等各类生境中。以植物性食物为食，也吃蝗虫、蚱蜢等昆虫和小形无脊推动物。分布于玛沁、班玛。留鸟。

保护级别：列入《国家保护的有益的或者有重要经济、科学研究价值的陆生野生动物名录》。列入《世界自然保护联盟濒危物种红色名录》（IUCN 红色名录）2022 年 3.1 版，无危（LC）。

(128) 高原山鹑 *Perdix hodgsoniae* Hodgson

栖息于矮树丛和灌丛。以各种植物种子、幼芽、浆果和苔藓为食。分布于玛沁、班玛、达日、久治。留鸟。

保护级别：列入《国家保护的有益的或者有重要经济、科学研究价值的陆生野生动物名录》。列入《世界自然保护联盟濒危物种红色名录》（IUCN 红色名录）2022 年 3.1 版，无危（LC）。

72. 雉属 *Phasianus*

(129) 环颈雉 *Phasianus colchicus* Linnaeus

栖息于林缘灌丛、河滩灌丛、耕地附近灌丛或草丛中。以野生植物的嫩芽、种子、果实、豆类和各种谷物为食。分布于玛沁、班玛。留鸟。

保护级别：列入《国家保护的有益的或者有重要经济、科学研究价值的陆生野生动物名录》。列入《世界自然保护联盟濒危物种红色名录》（IUCN 红色名录）2022 年 3.1 版，无危（LC）。

73. 雪鸡属 *Tetraogallus*

(130) 暗腹雪鸡 *Tetraogallus himalayensis* G. R. Gray

栖息于高山和裸岩地区及高山草甸和稀疏的灌丛附近。以金露梅、珠芽蓼的嫩叶、花果及昆虫为食。分布于玛沁。留鸟。

保护级别：列入 2021 年《国家重点保护野生动物名录》，二级。列入《世界自然保护联盟濒危物种红色名录》（IUCN 红色名录）2022 年 3.1 版，无危（LC）。

（131）藏雪鸡 *Tetraogallus tibetanus* Gould

栖息于高山裸岩、荒漠或半灌丛漠地，亦常在雪线附近活动。食物以早熟禾等的花及球茎、草叶等为主，兼食昆虫。为留鸟，有垂直迁移习性。分布于玛沁、班玛、达日、久治、甘德、玛多。留鸟。

保护级别：列入 2021 年《国家重点保护野生动物名录》，二级。列入《世界自然保护联盟濒危物种红色名录》（IUCN 红色名录）2022 年 3.1 版，无危（LC）。

74. 雉鹑属 *Tetraophasis*

（132）红喉雉鹑 *Tetraogphasis obscurus* J. Verreaux

栖息于高山针叶林上缘和林线以上的杜鹃灌丛地带。喜欢啄食松树、野蔷薇、委陵菜、野燕麦、针茅、贝母、青稞等植物的球茎、块根、草叶、花、种子和以及少量昆虫等小形动物。分布于班玛。留鸟。

保护级别：列入 2021 年《国家重点保护野生动物名录》，一级。列入《世界自然保护联盟濒危物种红色名录》（IUCN 红色名录）2022 年 3.1 版，未予评估（NE）。

（133）黄喉雉鹑 *Tetraophasis szechenyii* Madarász

栖息于高山针叶林上缘和林线以上的杜鹃灌丛地带。喜欢啄食植物的球茎、块根、草叶、花和种子和以及少量昆虫等小动物。分布于班玛。留鸟。

保护级别：列入 2021 年《国家重点保护野生动物名录》，一级。列入《世界自然保护联盟濒危物种红色名录》（IUCN 红色名录）2022 年 3.1 版，无危（LC）。

75. 榛鸡属 *Tetrastes*

（134）斑尾榛鸡 *Tetrastes sewerzowi* Przewalski

栖息于山坡金露梅等灌丛，云杉及其林下。以油菜籽、麦粒为食。分布于玛沁、班玛。留鸟。

保护级别：列入 2021 年《国家重点保护野生动物名录》，一级。列入《世界自然保护联盟濒危物种红色名录》（IUCN 红色名录）2022 年 3.1 版，未予评估（NE）。

十七、鹤形目 GRUIFORMES

（二十六）鹤科 Gruidae

76. 鹤属 *Grus*

（135）灰鹤 *Grus grus* Linnaeus

栖息于近水的开阔沼泽地。以水草、种子、昆虫为食。分布于玛沁、玛多。旅鸟。

保护级别：列入 2021 年《国家重点保护野生动物名录》，二级。列入《世界自然保护联盟濒危物种红色名录》（IUCN 红色名录）2022 年 3.1 版，无危（LC）。

（136）黑颈鹤 *Grus nigricollis* Przevalski

栖息于高山草甸沼泽地、芦苇沼泽地或湖泊河流沼泽地。杂食性，以植物性食物为主。分布于玛沁、甘德、达日、久治、玛多。夏候鸟。

保护级别：列入 2021 年《国家重点保护野生动物名录》，一级。列入《世界自然保护联盟濒危物种红色名录》（IUCN 红色名录）2022 年 3.1 版，近危（NT）。

（二十七）秧鸡科 Rallidae

77. 苦恶鸟属 *Amaurornis*

（137）白胸苦恶鸟 *Amaurornis phoenicurus* Pennant

栖息于长有芦苇或杂草的沼泽地，以及河流、湖泊、灌渠和池塘边。杂食性。分布于班玛。旅鸟。

保护级别：列入《国家保护的有益的或者有重要经济、科学研究价值的陆生野生动物名录》。列入《世界自然保护联盟濒危物种红色名录》（IUCN 红色名录）2022 年 3.1 版，无危（LC）。

78. 骨顶属 *Fulica*

（138）白骨顶 *Fulica atra* Linnaeus

栖息于有水生植物的大面积静水或近海的水域。杂食性。分布于玛沁、班玛、玛多。留鸟。

保护级别：列入《国家保护的有益的或者有重要经济、科学研究价值的陆生野生动物名录》。列入《世界自然保护联盟濒危物种红色名录》（IUCN 红色名录）2022 年 3.1 版，无危（LC）。

十八、雀形目 PASSERIFOPMES

（二十八）长尾山雀科 Aegithalidae

79. 长尾山雀属 *Aegithalos*

（139）银喉长尾山雀 *Aegithalos glaucogularis* Gould

栖息于针叶林及针阔叶混交林、灌丛等地。以昆虫为食，也吃少许植物种子。分布于玛沁、班玛。留鸟。

保护级别：列入《国家保护的有益的或者有重要经济、科学研究价值的陆生野生动物名录》。列入《世界自然保护联盟濒危物种红色名录》（IUCN 红色名录）2022 年 3.1 版，无危（LC）。

80. 雀莺属 ***Leptopoecile***

(140) 凤头雀莺 *Leptopoecile elegans* Przevalski

栖于针叶林及林线以上的灌丛，陈冬季下至亚高山林带。结小群并与其他种类混群。分布于玛沁、班玛。留鸟。

保护级别：列入《国家保护的有益的或者有重要经济、科学研究价值的陆生野生动物名录》。列入《世界自然保护联盟濒危物种红色名录》（IUCN 红色名录）2022 年 3.1 版，无危（LC）。

(141) 花彩雀莺 *Leptopoecile sophiae* Severtzov

栖息于针叶树和栎类植物混生的针阔叶混交林中。以昆虫为食，且大都是有害昆虫，故为益鸟。分布于玛沁、班玛、达日、久治、甘德、玛多。旅鸟。

保护级别：列入《世界自然保护联盟濒危物种红色名录》（IUCN 红色名录）2022 年 3.1 版，无危（LC）。

（二十九）百灵科 Alaudidae

81. 云雀属 ***Alauda***

(142) 云雀 *Alauda arvensis* Linnaeus

栖息于草地、干旱平原、泥淖及沼泽。以草籽和昆虫等为食。分布于玛沁、玛多。留鸟。

保护级别：列入 2021 年《国家重点保护野生动物名录》，二级。列入《世界自然保护联盟濒危物种红色名录》（IUCN 红色名录）2022 年 3.1 版，无危（LC）。

(143) 小云雀 *Alauda gulgula* Franklin

栖息于草原鸟类，地面生活。杂食性，以植物种子、小形甲虫、摇蚊、蜂、鳞翅目的幼虫以及蜘蛛、蝗虫等为食。分布于玛沁、班玛、达日、久治、甘德、玛多。留鸟。

保护级别：列入《国家保护的有益的或者有重要经济、科学研究价值的陆生野生动物名录》。列入《世界自然保护联盟濒危物种红色名录》（IUCN 红色名录）2022 年 3.1 版，无危（LC）。

82. ***Alaudala*** **属**

(144) 短趾百灵 *Alaudala cheleensis* Swinhoe

栖息于干旱平原及草地。以昆虫及草籽、嫩芽等为食。分布于玛多。留鸟。

保护级别：列入《世界自然保护联盟濒危物种红色名录》（IUCN 红色名录）2022 年 3.1 版，无危（LC）。

83. 短趾百灵属 ***Calandrella***

(145) 细嘴短趾百灵 *Calandrella acutirostris* Hume

栖于多裸露岩石的高山两侧及多草的干旱平原。以草籽、嫩芽等为食，也捕食昆虫。分布于玛沁、久治、达日、玛多。留鸟。

保护级别：列入《世界自然保护联盟濒危物种红色名录》（IUCN 红色名录）2022 年 3.1 版，无危（LC）。

(146) 大短趾百灵 *Calandrella brachydactyla* Leisler

栖息于相对干燥的草原、牧场、堤防、荒地和飞机场等空旷地。以草籽、嫩芽等为食，也捕食昆虫，如蚱蜢、蝗虫等。分布于达日、玛多。夏候鸟。

保护级别：列入《世界自然保护联盟濒危物种红色名录》（IUCN 红色名录）2022 年 3.1 版，无危（LC）。

84. 角百灵属 ***Eremophila***

(147) 角百灵 *Eremophila alpestris* Linnaeus

栖息于高山草原和草甸草原地区。杂食性，以鳞翅目幼虫及甲虫、青稞草籽等为食。分布于玛沁、班玛、达日、久治、甘德、玛多。留鸟。

保护级别：列入《国家保护的有益的或者有重要经济、科学研究价值的陆生野生动物名录》。列入《世界自然保护联盟濒危物种红色名录》（IUCN 红色名录）2022 年 3.1 版，无危（LC）。

85. 凤头百灵属 ***Galerida***

(148) 凤头百灵 *Galerida cristata* Linnaeus

栖息于干燥平原、旷野、半荒漠、沙漠边缘、农耕地及弃耕地。以草籽、嫩芽、浆果等为食，也捕食昆虫，如甲虫、蚱蜢、蝗虫等。分布于玛沁、久治。留鸟。

保护级别：列入《世界自然保护联盟濒危物种红色名录》（IUCN 红色名录）2022 年 3.1 版，无危（LC）。

86. 百灵属 ***Melanocorypha***

(149) 长嘴百灵 *Melanocorypha maxima* Blyth

栖息于较湿润的草甸草原地带或沼泽地。杂食性，以青稞和鞘翅目的幼虫为食。分布于玛沁、班玛、达日、久治、甘德、玛多。留鸟。

保护级别：列入《世界自然保护联盟濒危物种红色名录》（IUCN 红色名录）2022 年 3.1 版，无危（LC）。

(150) 蒙古百灵 *Melanocorypha mongolica* Pallas

栖息于草原、半荒漠等开阔地带。以杂草草籽和其他植物种子为食，也吃昆虫和其他小形动物。分布于玛沁。留鸟。

保护级别：列入 2021 年《国家重点保护野生动物名录》，二级。列入《世界自然保护联盟濒危物种红色名录》（IUCN 红色名录）2022 年 3.1 版，无危（LC）。

（三十）山椒鸟科 Campephagidae

87. 山椒鸟属 *Pericrocotus*

（151）长尾山椒鸟 *Pericrocotus ethologus* Bangs et J. C. Phillips

栖息于山地森林中。以昆虫为食。分布于班玛。夏候鸟。

保护级别：列入《国家保护的有益的或者有重要经济、科学研究价值的陆生野生动物名录》。列入《世界自然保护联盟濒危物种红色名录》（IUCN 红色名录）2022 年 3.1 版，无危（LC）。

（三十一）旋木雀科 Certhiidae

88. 旋木雀属 *Certhia*

（152）欧亚旋木雀 *Certhia familiaris* Linnaeus

栖息于高山针叶林或针阔叶混交林及山区林缘。以鞘翅目、双翅目的昆虫为食。分布于玛沁。留鸟。

保护级别：列入《世界自然保护联盟濒危物种红色名录》（IUCN 红色名录）2022 年 3.1 版，无危（LC）。

（153）高山旋木雀 *Certhia himalayana* Vigors

栖息于高山针叶林或针阔叶混交林及山区林缘。以昆虫等为食，也吃植物果实和种子。分布于班玛。留鸟。

保护级别：列入《世界自然保护联盟濒危物种红色名录》（IUCN 红色名录）2022 年 3.1 版，无危（LC）。

（154）霍氏旋木雀 *Certhia hodgsoni* Brooks

栖息于高山针叶林或针阔叶混交林及山区林缘。以昆虫等动物性食物为食，也吃植物果实和种子。分布于班玛。留鸟。

保护级别：列入《世界自然保护联盟濒危物种红色名录》（IUCN 红色名录）2022 年 3.1 版，无危（LC）。

（三十二）河乌科 Cincliae

89. 河乌属 *Cinclus*

（155）河乌 *Cinclus cinclus* Linnaeus

栖息于水流湍急的山溪中。以溪、泉中害虫为食。分布于玛沁、班玛、甘德、达日、久治、玛多。留鸟。

保护级别：列入《世界自然保护联盟濒危物种红色名录》（IUCN 红色名录）2022 年 3.1 版，无危（LC）。

（三十三）鸦科 Corvidae

90. 鸦属 *Corvus*

（156）渡鸦 *Corvus corax* Linnaeus

栖息于高山草甸和山区林缘地带。杂食性。分布于玛沁、班玛、久治、甘德、达日、玛多。留鸟。

保护级别：列入《国家保护的有益的或者有重要经济、科学研究价值的陆生野生动物名录》。列入《世界自然保护联盟濒危物种红色名录》（IUCN 红色名录）2022 年 3.1 版，无危（LC）。

（157）小嘴乌鸦 *Corvus corone* Linnaeus

在低山区繁殖，冬季游荡到平原地区和居民点附近寻找食物和越冬。杂食性。分布于玛沁、班玛。留鸟。

保护级别：列入《世界自然保护联盟濒危物种红色名录》（IUCN 红色名录）2022 年 3.1 版，无危（LC）。

（158）达乌里寒鸦 *Corvus dauuricus* Pallas

栖息于山地、丘陵、平原、农田、旷野等各类生境中。以蝼蛄、甲虫、金龟子等昆虫为食，食性较杂。分布于玛沁、班玛。留鸟。

保护级别：列入《国家保护的有益的或者有重要经济、科学研究价值的陆生野生动物名录》。列入《世界自然保护联盟濒危物种红色名录》（IUCN 红色名录）2022 年 3.1 版，无危（LC）。

（159）大嘴乌鸦 *Corvus macrorhynchos* Wagler

栖息于低山、平原和山地阔叶林、针阔叶混交林、针叶林、次生杂木林、人工林等各种森林类型中，尤以疏林和林缘地带较常见。以昆虫为食，也吃雏鸟、鸟卵、鼠类、腐肉、动物尸体以及植物叶、芽、果实、种子和农作物种子等，属杂食性。分布于玛沁、班玛、久治、甘德、达日。留鸟。

保护级别：列入《世界自然保护联盟濒危物种红色名录》（IUCN 红色名录）2022 年 3.1 版，无危（LC）。

91. 灰喜鹊属 *Cyanopica*

（160）灰喜鹊 *Cyanopica cyanus* Pallas

栖息于河谷的沙滩灌木林和林缘灌丛地带。以甲虫、鳞翅目幼虫、蚂蚁及草籽等为食。分布于玛沁。留鸟。

保护级别：列入《国家保护的有益的或者有重要经济、科学研究价值的陆生野生动物名录》。列入《世界自然保护联盟濒危物种红色名录》（IUCN 红色名录）2022 年 3.1 版，无危（LC）。

92. 松鸦属 *Garrulus*

（161）松鸦 *Garrulus glandarius* Linnaeus

栖息在针叶林、针阔叶混交林、阔叶林等森林中。以昆虫、蜘蛛、鸟雏、鸟卵及植物性食物为食。分布于玛沁。留鸟。

保护级别：列入《世界自然保护联盟濒危物种红色名录》（IUCN 红色名录）2022 年 3.1 版，无危（LC）。

93. 噪鸦属 *Perisoreus*

（162）黑头噪鸦 *Perisoreus internigrans* Thayer et Bangs

栖息于山林中。以昆虫、蜘蛛、植物性食物等为食。分布于班玛。留鸟。

保护级别：列入 2021 年《国家重点保护野生动物名录》，一级。列入《世界自然保护联盟濒危物种红色名录》（IUCN 红色名录）2022 年 3.1 版，近危（NT）。

94. 鹊属 *Pica*

（163）喜鹊 *Pica pica* Linnaeus

栖息于人类活动地区，喜欢将巢筑在民宅旁的大树上。杂食性，以蝗虫、地老虎、蜂、蝇蛆、蚂蚁等为食。分布于玛沁、班玛、达日、久治、甘德、玛多。留鸟。

保护级别：列入《国家保护的有益的或者有重要经济、科学研究价值的陆生野生动物名录》。列入《世界自然保护联盟濒危物种红色名录》（IUCN 红色名录）2022 年 3.1 版，无危（LC）。

95. 山鸦属 *Pyrrhocorax*

（164）黄嘴山鸦 *Pyrrhocorax graculus* Linnaeus

栖息于峭壁山崖，筑巢于山间崖壁凹陷洞穴和缝隙中。杂食性，以昆虫、蜗牛、鼠类及植物的浆果等为食。分布于玛沁、甘德、达日、久治。留鸟。

保护级别：列入《世界自然保护联盟濒危物种红色名录》（IUCN 红色名录）2022 年 3.1 版，无危（LC）。

（165）红嘴山鸦 *Pyrrhocorax pyrrhocorax* Linnaeus

栖息于开阔的低山丘陵和山地。以蚊子、蚂蚁等昆虫为食，也吃植物果实、种子、草籽、嫩芽等植物性食物。分布于玛沁、班玛、达日、久治、甘德、玛多。留鸟。

保护级别：列入《世界自然保护联盟濒危物种红色名录》（IUCN 红色名录）2022 年 3.1 版，无危（LC）。

（三十四）卷尾科 Dicruridae

96. 卷尾属 *Dicrurus*

（166）古铜色卷尾 *Dicrurus aeneus* Vieillot

栖息于树枝上。在森林的上中层突袭昆虫，偶尔也吃少量植物果实、种子、叶芽等植物性食物。分布于班玛。旅鸟。

保护级别：列入《国家保护的有益的或者有重要经济、科学研究价值的陆生野生动物名录》。列入《世界自然保护联盟濒危物种红色名录》（IUCN 红色名录）2022 年 3.1 版，无危（LC）。

（167）发冠卷尾 *Dicrurus hottentottus* Linnaeus

栖息于森林，有时也出现在林缘、村落和农田附近的小块丛林与树上。以各种昆虫为食，偶尔也吃少量植物果实、种子、叶芽等植物性食物。分布于班玛。旅鸟。

保护级别：列入《国家保护的有益的或者有重要经济、科学研究价值的陆生野生动物名录》。列入《世界自然保护联盟濒危物种红色名录》（IUCN 红色名录）2022 年 3.1 版，无危（LC）。

（168）灰卷尾 *Dicrurus leucophaeus* Vieillot

栖息于平原丘陵地带、村庄附近、河谷或山区。以昆虫为食，偶尔也食植物果实与种子。分布于班玛。旅鸟。

保护级别：列入《国家保护的有益的或者有重要经济、科学研究价值的陆生野生动物名录》。列入《世界自然保护联盟濒危物种红色名录》（IUCN 红色名录）2022 年 3.1 版，无危（LC）。

（169）黑卷尾 *Dicrurus macrocercus* Vieillot

栖息于城郊区村庄附近和广大农村。以昆虫为食。分布于班玛、达日。夏候鸟。

保护级别：列入《国家保护的有益的或者有重要经济、科学研究价值的陆生野生动物名录》。列入《世界自然保护联盟濒危物种红色名录》（IUCN 红色名录）2022 年 3.1 版，无危（LC）。

（三十五）鹀科 Emberizidae

97. 鹀属 *Emberiza*

（170）三道眉草鹀 *Emberiza cioides* Brandt

栖息于山地、河谷、平原的草丛、灌木、岩石等地。以昆虫及卵、蓼、稗、狗尾草、稻谷、小麦种子等为食。分布于玛沁。留鸟。

保护级别：列入《国家保护的有益的或者有重要经济、科学研究价值的陆生野生动物名录》。列入《世界自然保护联盟濒危物种红色名录》（IUCN 红色名录）2022 年 3.1 版，无危（LC）。

（171）灰眉岩鹀 *Emberiza godlewskii* Taczanowski

栖息于山地、草丛、灌丛、岩石、耕地及林缘。以杂草种子及昆虫为食。分布于玛沁、班玛、甘德、达日、久治、玛多。留鸟。

保护级别：列入《国家保护的有益的或者有重要经济、科学研究价值的陆生野生动物名录》。列入《世界自然保护联盟濒危物种红色名录》（IUCN 红色名录）2022 年 3.1 版，无危（LC）。

（172）藏鹀 *Emberiza koslowi* Bianchi

栖息于高山草甸、草原和灌丛。以鳞翅目幼虫及植物种子为食。分布于玛沁、甘德、久治。留鸟。

保护级别：列入 2021 年《国家重点保护野生动物名录》，二级。列入《世界自然保护联盟濒危物种红色名录》

（IUCN 红色名录）2022 年 3.1 版，近危（NT）。

（173）白头鹀 *Emberiza leucocephalos* Gmelin, SG

栖息于山地林缘、山坡、灌丛、河谷小片树林等地。以杂草种子及昆虫等为食。分布于玛沁。留鸟。

保护级别：列入《国家保护的有益的或者有重要经济、科学研究价值的陆生野生动物名录》。列入《世界自然保护联盟濒危物种红色名录》（IUCN 红色名录）2022 年 3.1 版，无危（LC）。

（174）小鹀 *Emberiza pusilla* Pallas

栖息于山溪沟谷、林缘、林间空地、林下灌丛或草丛活动。以草籽和昆虫等为食。分布于玛沁。旅鸟和冬候鸟。

保护级别：列入《国家保护的有益的或者有重要经济、科学研究价值的陆生野生动物名录》。列入《世界自然保护联盟濒危物种红色名录》（IUCN 红色名录）2022 年 3.1 版，无危（LC）。

（175）灰头鹀 *Emberiza spodocephala* Pallas

栖息于溪流、平原灌丛和较稀疏的林地、耕地等环境中。杂食性，以植物种子和昆虫为食。分布于玛沁。夏候鸟。

保护级别：列入《国家保护的有益的或者有重要经济、科学研究价值的陆生野生动物名录》。列入《世界自然保护联盟濒危物种红色名录》（IUCN 红色名录）2022 年 3.1 版，无危（LC）。

98. 稀树草鹀属 *Passerculus*

（176）稀树草鹀 *Passerculus sandwichensis* Beldingi

栖息于半开放的地区的灌木丛中。以草籽、种子、果实等植物为食，也吃昆虫等动物性食物。分布于玛沁、班玛。旅鸟。

保护级别：列入《世界自然保护联盟濒危物种红色名录》（IUCN 红色名录）2022 年 3.1 版，无危（LC）。

（三十六）燕雀科 Fringillidae

99. *Bucanetes* 属

（177）蒙古沙雀 *Bucanetes mongolicus* Swinhoe

栖息于山区干燥多石荒漠及半干旱灌丛。以植物种子、果实、草籽、嫩叶、嫩芽等为食。分布于玛沁、班玛。留鸟。

保护级别：列入《世界自然保护联盟濒危物种红色名录》（IUCN 红色名录）2022 年 3.1 版，无危（LC）。

100. 朱雀属 *Carpodacus*

（178）白眉朱雀 *Carpodacus dubius* Przevalski

栖息于灌丛、草地等开阔地带。以草籽、果实、种子、嫩芽、嫩叶、浆果等植物为食。分布于玛沁、班玛。留鸟。

保护级别：列入《国家保护的有益的或者有重要经济、科学研究价值的陆生野生动物名录》。列入《世界自然保护联盟濒危物种红色名录》（IUCN 红色名录）2022 年 3.1 版，无危（LC）。

（179）棕朱雀 *Carpodacus edwardsii* Verreaux

栖息于高山灌丛、草地、裸岩和山上部针叶林、竹丛和杜鹃灌丛中。以草籽和植物种子为食，也吃果实和少量昆虫。分布于班玛。留鸟。

保护级别：列入《国家保护的有益的或者有重要经济、科学研究价值的陆生野生动物名录》。列入《世界自然保护联盟濒危物种红色名录》（IUCN 红色名录）2022 年 3.1 版，无危（LC）。

（180）普通朱雀 *Carpodacus erythrinus* Pallas

栖息于针叶林和针阔叶混交林及其林缘地带。以植物种子、作物种子等为食。分布于玛沁、班玛、甘德、达日、久治。夏候鸟。

保护级别：列入《国家保护的有益的或者有重要经济、科学研究价值的陆生野生动物名录》。列入《世界自然保护联盟濒危物种红色名录》（IUCN 红色名录）2022 年 3.1 版，无危（LC）。

（181）红眉朱雀 *Carpodacus pulcherrimus* Moore

栖息于高山、草滩、灌丛、林缘及耕地旁树林灌丛地带。以草籽、野生植物的果实、农作物种子等为食。分布于玛沁、班玛、达日、久治、甘德、玛多。留鸟。

保护级别：列入《国家保护的有益的或者有重要经济、科学研究价值的陆生野生动物名录》。列入《世界自然保护联盟濒危物种红色名录》（IUCN 红色名录）2022 年 3.1 版，无危（LC）。

（182）红胸朱雀 *Carpodacus puniceus* Blyth

栖息于高山、荒漠、草原、灌丛、林缘及居民点。以草籽、植物叶、果实等为食。分布于玛沁、班玛、达日、甘德、久治、玛多。留鸟。

保护级别：列入《国家保护的有益的或者有重要经济、科学研究价值的陆生野生动物名录》。列入《世界自然保护联盟濒危物种红色名录》（IUCN 红色名录）2022 年 3.1 版，无危（LC）。

（183）藏雀 *Carpodacus roborowskii* Przevalski

栖息于荒芜、多岩石的高山旷野、高山草地和山坡的小灌木间。以草籽、种子和植物绿色部分为食。分布于玛多。留鸟。

保护级别：列入 2021 年《国家重点保护野生动物名录》，二级。列入《世界自然保护联盟濒危物种红色名录》（IUCN 红色名录）2022 年 3.1 版，无危（LC）。

(184) 大朱雀 *Carpodacus rubicilla* Güldenstädt

栖息于河谷石头上、溪边土坎及泉水旁沼泽地灌丛、农田及居民点附近。以草籽、种子和植物绿色部分为食。分布于班玛、玛多。留鸟。

保护级别：列入《国家保护的有益的或者有重要经济、科学研究价值的陆生野生动物名录》。列入《世界自然保护联盟濒危物种红色名录》（IUCN 红色名录）2022 年 3.1 版，无危（LC）。

(185) 拟大朱雀 *Carpodacus rubicilloides* Przevalski

栖息于较开阔的草甸、草原、林缘及山沟近水的灌丛地带。以草籽、植物叶子、豆类等为食。分布于玛沁、班玛、达日、久治、甘德、玛多。留鸟。

保护级别：列入《国家保护的有益的或者有重要经济、科学研究价值的陆生野生动物名录》。列入《世界自然保护联盟濒危物种红色名录》（IUCN 红色名录）2022 年 3.1 版，无危（LC）。

(186) 中华长尾雀 *Carpodacus sibiricus* Pallas

栖息于山区、丘陵、多见于沿溪小柳丛、蒿草丛和次生林以及苗圃中。以树木和杂草的种子为食，也以谷物和昆虫为食。分布于班玛。留鸟。

保护级别：列入《国家保护的有益的或者有重要经济、科学研究价值的陆生野生动物名录》。列入《世界自然保护联盟濒危物种红色名录》（IUCN 红色名录）2022 年 3.1 版，无危（LC）。

(187) 沙色朱雀 *Carpodacus stoliczkae* Hume

栖息于较干旱的山坡、谷地、灌丛、小片林缘和居民点附近。以草籽、野生植物果实、谷物等为食。分布于玛沁。留鸟。

保护级别：列入《国家保护的有益的或者有重要经济、科学研究价值的陆生野生动物名录》。列入《世界自然保护联盟濒危物种红色名录》（IUCN 红色名录）2022 年 3.1 版，无危 (LC)。

(188) 斑翅朱雀 *Carpodacus trifasciatus* Verreaux

栖息于高山和亚高山针叶林和林缘地带。以树木和杂草的种子为食。分布于班玛。夏候鸟。

保护级别：列入《国家保护的有益的或者有重要经济、科学研究价值的陆生野生动物名录》。列入《世界自然保护联盟濒危物种红色名录》（IUCN 红色名录）2022 年 3.1 版，无危（LC）。

(189) 曙红朱雀 *Carpodacus waltoni* Sharpe

栖息于开阔的高山草甸及有矮树、灌丛的干热河谷。以草籽为食。分布于玛沁、班玛。留鸟。

保护级别：列入《国家保护的有益的或者有重要经济、科学研究价值的陆生野生动物名录》。列入《世界自然保护联盟濒危物种红色名录》（IUCN 红色名录）2022 年 3.1 版，无危（LC）。

101.*Chloris* 属

(190) 金翅雀 *Chloris sinica* Linnaeus

栖息于农业区和山地。以杂草种子及昆虫等为食。分布于玛沁、班玛。夏候鸟。

保护级别：列入《国家保护的有益的或者有重要经济、科学研究价值的陆生野生动物名录》。列入《世界自然保护联盟濒危物种红色名录》（IUCN 红色名录）2022 年 3.1 版，无危（LC）。

102. 锡嘴属 *Coccothraustes*

(191) 锡嘴雀 *Coccothraustes coccothraustes* Linnaeus

栖息于低山、丘陵灌丛中。以植物果实、种子为食，也吃昆虫。分布于玛沁。冬候鸟。

保护级别：列入《国家保护的有益的或者有重要经济、科学研究价值的陆生野生动物名录》。列入《世界自然保护联盟濒危物种红色名录》（IUCN 红色名录）2022 年 3.1 版，无危（LC）。

103. 燕雀属 *Fringilla*

(192) 燕雀 *Fringilla montifringilla* Linnaeus

栖息于林缘疏林、次生林、农田、旷野、果园和村庄附近的小林内。以草籽、果实、种子等植物性食物为食。分布于玛沁。冬候鸟。

保护级别：列入《国家保护的有益的或者有重要经济、科学研究价值的陆生野生动物名录》。列入《世界自然保护联盟濒危物种红色名录》（IUCN 红色名录）2022 年 3.1 版，无危（LC）。

104. 岭雀属 *Leucosticte*

(193) 高山岭雀 *Leucosticte brandti* Bonaparte

栖息于喜高海拔的多岩、碎石地带及多沼泽地区。以植物种子及昆虫等为食。分布于玛沁、班玛、达日、久治、甘德、玛多。留鸟。

保护级别：列入《世界自然保护联盟濒危物种红色名录》（IUCN 红色名录）2022 年 3.1 版，无危（LC）。

(194) 林岭雀 *Leucosticte nemoricola* Hodgson

栖息于高山砾石环境中。以植物及昆虫等为食。分布于玛沁、班玛、达日、甘德、久治、玛多。留鸟。

保护级别：列入《世界自然保护联盟濒危物种红色名录》（IUCN 红色名录）2022 年 3.1 版，无危（LC）。

105.*Linaria* 属

(195) 黄嘴朱顶雀 *Linaria flavirostris* Linnaeus

栖息于沟谷、山坡、灌丛、土崖等地。以草籽、植物碎片及昆虫等为食。分布于玛沁、班玛、达日、甘德、久治、玛多。留鸟。

保护级别：列入《国家保护的有益的或者有重要经济、科学研究价值的陆生野生动物名录》。列入《世界自然保护联盟濒危物种红色名录》（IUCN 红色名录）2022 年 3.1 版，无危（LC）。

106. 交嘴雀属 ***Loxia***

(196) 红交嘴雀 *Loxia curvirostra* Linnaeus

栖息于针叶林或针阔叶混交林中。以植物种子、果实为食。分布于玛沁、班玛。留鸟。

保护级别：列入 2021 年《国家重点保护野生动物名录》，二级。列入《世界自然保护联盟濒危物种红色名录》（IUCN 红色名录）2022 年 3.1 版，无危（LC）。

107. 拟蜡嘴属 ***Mycerobas***

(197) 白斑翅拟蜡嘴雀 *Mycerobas carnipes* Hodgson

栖息于针叶林下层和森林灌丛中。食物为植物种子，包括野生植物、一些农作物和浆果。分布于玛沁、班玛。留鸟。

保护级别：列入《世界自然保护联盟濒危物种红色名录》（IUCN 红色名录）2022 年 3.1 版，无危（LC）。

108. 灰雀属 ***Pyrrhula***

(198) 灰头灰雀 *Pyrrhula erythaca* Blyth

栖息于高山林区。以植物种子、果实、枝叶的嫩芽等为食。分布于玛沁、班玛。留鸟。

保护级别：列入《国家保护的有益的或者有重要经济、科学研究价值的陆生野生动物名录》。列入《世界自然保护联盟濒危物种红色名录》（IUCN 红色名录）2022 年 3.1 版，无危（LC）。

（三十七）燕科 Hirundinidae

109. ***Cecropis*** **属**

(199) 金腰燕 *Cecropis daurica* Laxmann

栖息于山间村庄建筑物、周围土墙及河岸岩壁等地方。以昆虫为食。分布于玛沁、班玛、久治。夏候鸟。

保护级别：列入《国家保护的有益的或者有重要经济、科学研究价值的陆生野生动物名录》。列入《世界自然保护联盟濒危物种红色名录》（IUCN 红色名录）2022 年 3.1 版，无危（LC）。

110. 毛脚燕属 ***Delichon***

(200) 烟腹毛脚燕 *Delichon dasypus* Bonaparte

栖息于山地悬崖峭壁处。在空中捕食飞行性昆虫，以昆虫为食。分布于玛沁、班玛。夏候鸟。

保护级别：列入《国家保护的有益的或者有重要经济、科学研究价值的陆生野生动物名录》。列入《世界自然保护联盟濒危物种红色名录》（IUCN 红色名录）2022 年 3.1 版，无危（LC）。

111. 燕属 ***Hirundo***

(201) 家燕 *Hirundo rustica* Linnaeus

栖息于山间村庄建筑物或周围土墙及河岸岩壁等地。以昆虫及杂草茎秆为食。分布于玛沁。夏候鸟。

保护级别：列入《国家保护的有益的或者有重要经济、科学研究价值的陆生野生动物名录》。列入《世界自然保护联盟濒危物种红色名录》（IUCN 红色名录）2022 年 3.1 版，无危（LC）。

112. 岩燕属 ***Ptyonoprogne***

(202) 岩燕 *Ptyonoprogne rupestris* Scopoli

栖息于高山峡谷地带，尤喜陡峻的岩石悬崖峭壁。在空中飞行捕食，以昆虫为主。分布于玛沁、班玛、达日、久治、甘德、玛多。夏候鸟。

保护级别：列入《国家保护的有益的或者有重要经济、科学研究价值的陆生野生动物名录》。列入《世界自然保护联盟濒危物种红色名录》（IUCN 红色名录）2022 年 3.1 版，无危（LC）。

113. 沙燕属 ***Riparia***

(203) 淡色崖沙燕 *Riparia diluta* Sharpe et Wyatt

栖息于湖沼河川泥沙滩或附近的岩石间。以空中飞行的小形昆虫为食。分布于玛沁、班玛、达日、久治、甘德、玛多。夏候鸟。

保护级别：列入《世界自然保护联盟濒危物种红色名录》（IUCN 红色名录）2022 年 3.1 版，无危（LC）。

(204) 崖沙燕 *Riparia riparia* Linnaeus

栖息于湖、沼、河川、泥沙滩或附近的岩石间。以空中飞行的小形昆虫为食。分布于达日、甘德、玛多。夏候鸟。

保护级别：列入《国家保护的有益的或者有重要经济、科学研究价值的陆生野生动物名录》。列入《世界自然保护联盟濒危物种红色名录》（IUCN 红色名录）2022 年 3.1 版，无危（LC）。

（三十八）伯劳科 Laniidae

114. 伯劳属 ***Lanius***

(205) 红尾伯劳 *Lanius cristatus* Linnaeus

栖息于较干旱的山地、平原的小树林或灌丛。以昆虫及草籽等为食。分布于班玛、甘德。旅鸟。

保护级别：列入《国家保护的有益的或者有重要经济、科学研究价值的陆生野生动物名录》。列入《世界自然保护联盟濒危物种红色名录》（IUCN 红色名录）2022 年 3.1 版，无危（LC）。

(206) 楔尾伯劳 *Lanius sphenocercus* Cabanis

栖息于低山、平原和丘陵地带的疏林、林缘灌丛草地。以鞘翅目、鳞翅目及其他昆虫为食。分布于玛沁、班玛、达日、久治、甘德、玛多。留鸟。

保护级别：列入《世界自然保护联盟濒危物种红色名录》（IUCN 红色名录）2022 年 3.1 版，无危（LC）。

(207) 灰背伯劳 *Lanius tephronotus*

栖息于农田、农舍附近、森林、灌丛及小片林区。以金龟子、鳞翅目幼虫、啮齿类动物为食。分布于玛沁、班玛、达日、久治、甘德、玛多。冬候鸟。

保护级别：列入《国家保护的有益的或者有重要经济、科学研究价值的陆生野生动物名录》。列入《世界自然保护联盟濒危物种红色名录》（IUCN 红色名录）2022 年 3.1 版，无危（LC）。

（三十九）噪鹛科 Leiothrichidae

115. 噪鹛属 *Garrulax*

(208) 山噪鹛 *Garrulax davidi* Swinhoe

栖息于丛生灌木和矮树的河谷中或山坡上、林缘灌丛中。以草籽和鞘翅目昆虫、小甲虫、鳞翅目幼虫、蚂蚁等为食。分布于玛沁、班玛。留鸟。

保护级别：列入《国家保护的有益的或者有重要经济、科学研究价值的陆生野生动物名录》。列入《世界自然保护联盟濒危物种红色名录》（IUCN 红色名录）2022 年 3.1 版，无危（LC）。

(209) 大噪鹛 *Garrulax maxima* Verreaux

栖息于亚高山和高山森林灌丛及其林缘地带。以昆虫等动物性食物为食，也吃植物果实和种子。分布于玛沁、班玛。留鸟。

保护级别：列入 2021 年《国家重点保护野生动物名录》，二级。列入《世界自然保护联盟濒危物种红色名录》（IUCN 红色名录）2022 年 3.1 版，未予评估（NE）。

116. *Trochalopteron* 属

(210) 橙翅噪鹛 *Trochalopteron elliotii* Verreaux

栖息于森林与灌丛中。以鞘翅目昆虫、忍冬果、悬钩子及草籽等为食。分布于玛沁、班玛、甘德、久治。留鸟。

保护级别：列入 2021 年《国家重点保护野生动物名录》，二级。列入《世界自然保护联盟濒危物种红色名录》（IUCN 红色名录）2022 年 3.1 版，无危（LC）。

（四十）王鹟科 Monarchidae

117. 寿带属 *Terpsiphone*

(211) 寿带鸟 *Terpsiphone incei* Gould

栖息于沟谷和溪流附近的阔叶林。以昆虫为食，也会吃很少量的植物种子。分布于班玛。夏候鸟。

保护级别：列入《国家保护的有益的或者有重要经济、科学研究价值的陆生野生动物名录》。列入《世界自然保护联盟濒危物种红色名录》（IUCN 红色名录）2022 年 3.1 版，无危（LC）。

（四十一）鹡鸰科 Motacillidae

118. 鹨属 *Anthus*

(212) 平原鹨 *Anthus campestris* Linnaeus

栖息于河滩、沼泽、草地、林间空地及居民点附近。以鞘翅目、膜翅目、双翅目的昆虫为食。分布于班玛。旅鸟。

保护级别：列入《国家保护的有益的或者有重要经济、科学研究价值的陆生野生动物名录》。列入《世界自然保护联盟濒危物种红色名录》（IUCN 红色名录）2022 年 3.1 版，无危（LC）。

(213) 布氏鹨 *Anthus godlewskii* Taczanowski

栖息于旷野、湖岸及干旱平原。以昆虫为食。分布于玛沁、班玛、达日、久治、甘德、玛多。旅鸟。

保护级别：列入《世界自然保护联盟濒危物种红色名录》（IUCN 红色名录）2022 年 3.1 版，无危（LC)。

(214) 树鹨 *Anthus hodgsoni* Richmond

栖息于杂木林、针叶林、阔叶林、灌丛及其附近的草地、居民点、田野等地。以昆虫及植物性食物为食。分布于玛沁、班玛、达日、久治。夏候鸟。

保护级别：列入《国家保护的有益的或者有重要经济、科学研究价值的陆生野生动物名录》。列入《世界自然保护联盟濒危物种红色名录》（IUCN 红色名录）2022 年 3.1 版，无危（LC）。

(215) 田鹨 *Anthus richardi* Vieillot

栖息于较开阔的林间空地、河滩、草地、沼泽地、农田及灌丛附近。以昆虫为食。分布于玛沁。夏候鸟。

保护级别：列入《国家保护的有益的或者有重要经济、科学研究价值的陆生野生动物名录》。列入《世界自然保护联盟濒危物种红色名录》（IUCN 红色名录）2022 年 3.1 版，无危 (LC)。

(216) 粉红胸鹨 *Anthus roseatus* Blyth

栖息于山地、林缘、灌木丛、草原、河谷地带。以昆虫及各种杂草种子等植物性食物为食。分布于玛沁、班玛、甘德、达日、久治、玛多。夏候鸟。

保护级别：列入《国家保护的有益的或者有重要经济、科学研究价值的陆生野生动物名录》。列入《世界自然保护联盟濒危物种红色名录》（IUCN 红色名录）2022 年 3.1 版，无危（LC）。

(217) 水鹨 *Anthus spinoletta* Linnaeus

栖息于多水的河滩、湖边、沼泽地、沟渠、农田、居民点附近。以昆虫和少量植物性食物为食。分布于玛沁、班玛、甘德、达日、久治、玛多。冬候鸟。

保护级别：列入《国家保护的有益的或者有重要经济、科学研究价值的陆生野生动物名录》。列入《世界自然保护联盟濒危物种红色名录》（IUCN 红色名录）2022 年 3.1 版，无危（LC）。

119. 山鹡鸰属 *Dendronanthus*

(218) 山鹡鸰 *Dendronanthus indicus* Gmelin

栖息在开阔森林地面穿行。林间捕食，以昆虫为主，也吃小蜗牛等。分布于班玛。旅鸟。

保护级别：列入《国家保护的有益的或者有重要经济、科学研究价值的陆生野生动物名录》。列入《世界自然保护联盟濒危物种红色名录》（IUCN 红色名录）2022 年 3.1 版，无危（LC）。

120. 鹡鸰属 *Motacilla*

(219) 白鹡鸰 *Motacilla alba* Linnaeus

栖息于河、溪边、湖沼、水渠、离水较近的耕地附近等处。以鞘翅目成虫、鳞翅目幼虫、蛾类、蝇类成虫、蚂蚁、蚜虫等为食。分布于玛沁、班玛、达日、久治、甘德、玛多。夏候鸟。

保护级别：列入《国家保护的有益的或者有重要经济、科学研究价值的陆生野生动物名录》。列入《世界自然保护联盟濒危物种红色名录》（IUCN 红色名录）2022 年 3.1 版，无危（LC）。

(220) 灰鹡鸰 *Motacilla cinerea* Tunstall

栖息于河流或离河流不远的各类环境中。以昆虫为食。分布于玛沁、班玛。夏候鸟。

保护级别：列入《国家保护的有益的或者有重要经济、科学研究价值的陆生野生动物名录》。列入《世界自然保护联盟濒危物种红色名录》（IUCN 红色名录）2022 年 3.1 版，无危（LC）。

(221) 黄头鹡鸰 *Motacilla citreola* Pallas

栖息于滨水的草地、溪边、湖岸、农田、路边等。以昆虫为食。分布于玛沁、班玛、达日、久治、甘德、玛多。夏候鸟。

保护级别：列入《国家保护的有益的或者有重要经济、科学研究价值的陆生野生动物名录》。列入《世界自然保护联盟濒危物种红色名录》（IUCN 红色名录）2022 年 3.1 版，无危（LC）。

（四十二）鹟科 Muscicapidae

121. *Calliope* 属

(222) 红喉歌鸲 *Calliope calliope* Pallas

栖息于低山丘陵和山脚平原地带的次生阔叶林和混交林中，喜欢靠近溪流等近水地方。以昆虫为食，也吃少量植物性食物。分布于玛沁。夏候鸟。

保护级别：列入 2021 年《国家重点保护野生动物名录》，二级。列入《世界自然保护联盟濒危物种红色名录》（IUCN 红色名录）2022 年 3.1 版，无危（LC）。

(223) 黑胸歌鸲 *Calliope pectoralis* Gould

栖息于高山灌丛草甸和亚高山针叶林中，尤以河谷、溪边灌丛为主。以甲虫、鳞翅目幼虫、步行虫、苍蝇幼虫等昆虫为食。分布于玛沁、甘德、久治。夏候鸟。

保护级别：列入《世界自然保护联盟濒危物种红色名录》（IUCN 红色名录）2022 年 3.1 版，无危（LC）。

(224) 白须黑胸歌鸲 *Calliope tschebaiewi* Przevalski

栖息于亚高山林至林线以上的灌丛和矮树丛。以昆虫为主食。分布于久治。夏候鸟。

保护级别：列入《世界自然保护联盟濒危物种红色名录》（IUCN 红色名录）2022 年 3.1 版，无危（LC）。

122. 溪鸲属 *Chaimarrornis*

(225) 白顶溪鸲 *Chaimarrornis leucocephalus* Vigors

栖息于山间溪流及近山河川中的巨大岩石间。以伪步行虫科昆虫、其他甲虫、蚂蚁、蜘蛛等为食。分布于玛沁、班玛、达日。留鸟。

保护级别：列入《世界自然保护联盟濒危物种红色名录》（IUCN 红色名录）2022 年 3.1 版，无危（LC）。

123. *Cyanoptila* 属

(226) 白腹暗蓝鹟 *Cyanoptila cumatili* Thayer et Bangs

栖息于山区针阔叶混交林或茂密灌丛中。以毛虫、蚱蜢等昆虫为食，也吃蝗虫、甲虫、蜘蛛等食物。分布于玛沁、班玛。旅鸟。

保护级别：列入《世界自然保护联盟濒危物种红色名录》（IUCN 红色名录）2022 年 3.1 版，近危（NT）。

124. 姬鹟属 ***Ficedula***

（227）棕胸蓝姬鹟 *Ficedula hyperythra* Blyth

栖息于潮湿低地森林和山地森林。以昆虫为食。分布于班玛。旅鸟。

保护级别：列入《世界自然保护联盟濒危物种红色名录》（IUCN 红色名录）2022 年 3.1 版，无危（LC）。

（228）锈胸蓝姬鹟 *Ficedula sordida* Godwin-Austen

栖息于针叶林和针阔叶混交林中。以昆虫等为食。分布于玛沁、班玛、久治。夏候鸟。

保护级别：列入《世界自然保护联盟濒危物种红色名录》（IUCN 红色名录）2022 年 3.1 版，无危（LC）。

（229）白眉姬鹟 *Ficedula zanthopygia* Hay

栖息于丘陵和山脚地带的阔叶林和针阔叶混交林中。以天牛科、拟天牛科成虫、叩头虫、瓢虫、象甲、金花虫等昆虫为食。分布于玛沁、达日。旅鸟。

保护级别：列入《世界自然保护联盟濒危物种红色名录》（IUCN 红色名录）2022 年 3.1 版，无危（LC）。

125. 大翅鸲属 ***Grandala***

（230）蓝大翅鸲 *Grandala coelicolor* Hodgson

栖息于灌丛以上的高山草甸及裸岩山顶地带。以昆虫为食，也吃少量植物果实和种子。分布于玛沁。留鸟。

保护级别：列入《世界自然保护联盟濒危物种红色名录》（IUCN 红色名录）2022 年 3.1 版，无危（LC）。

126. 歌鸲属 ***Luscinia***

（231）白腹短翅鸲 *Luscinia phoenicuroides* Gray and Gray

栖于浓密灌丛或在近地面活动。以甲虫、蜻蜓、蚂蚁等昆虫为食。分布于班玛。留鸟。

保护级别：列入《世界自然保护联盟濒危物种红色名录》（IUCN 红色名录）2022 年 3.1 版，未予评估（NE）。

（232）蓝喉歌鸲 *Luscinia svecica* Linnaeus

栖息于森林、沼泽及荒漠边缘的各类灌丛。以昆虫及植物种子为食。分布于班玛。旅鸟。

保护级别：列入 2021 年《国家重点保护野生动物名录》，二级。列入《世界自然保护联盟濒危物种红色名录》（IUCN 红色名录）2022 年 3.1 版，无危（LC）。

127. 矶鸫属 ***Monticola***

（233）白背矶鸫 *Monticola saxatilis* Linnaeus

栖息于突出岩石或裸露树顶。以昆虫为食。分布于玛沁。夏候鸟。

保护级别：列入《世界自然保护联盟濒危物种红色名录》（IUCN 红色名录）2022 年 3.1 版，无危（LC）。

（234）蓝矶鸫 *Monticola solitarius* Linnaeus

栖息于多岩石的低山峡谷以及山溪、湖泊等水域附近的岩石山地。以鞘翅目昆虫为食。分布于班玛。夏候鸟。

保护级别：列入《世界自然保护联盟濒危物种红色名录》（IUCN 红色名录）2022 年 3.1 版，无危（LC）。

128. 鹟属 ***Muscicapa***

（235）乌鹟 *Muscicapa sibirica* Gmelin

栖息于山区或山麓森林的林下植被层及林间。紧立于裸露低枝，冲出捕捉过往昆虫。分布于玛沁、班玛、达日、甘德、久治、玛多。夏候鸟。

保护级别：列入《国家保护的有益的或者有重要经济、科学研究价值的陆生野生动物名录》。列入《世界自然保护联盟濒危物种红色名录》（IUCN 红色名录）2022 年 3.1 版，无危 (LC)。

129. ***Myiomela*** **属**

（236）白尾蓝地鸲 *Myiomela leucura* Hodgson

栖息于常绿阔叶林和混交林中，尤其喜欢在阴暗、潮湿的山溪河谷森林地带栖息。以昆虫为食，也吃少量植物果实和种子。分布于班玛、久治。留鸟。

保护级别：列入《世界自然保护联盟濒危物种红色名录》（IUCN 红色名录）2022 年 3.1 版，无危（LC）。

130. ***Myophonus*** **属**

（237）紫啸鸫 *Myophonus caeruleus* Scopoli

栖息于山地森林溪流沿岸，尤以阔叶林和混交林中多岩的山涧溪流沿岸。地面取食，以昆虫为食。分布于班玛。夏候鸟。

保护级别：列入《世界自然保护联盟濒危物种红色名录》（IUCN 红色名录）2022 年 3.1 版，无危（LC）。

131. 鵖属 ***Oenanthe***

（238）漠鵖 *Oenanthe deserti* Temminckx

栖息于干旱荒漠环境。以甲虫、鞘翅目昆虫为食。分布于玛沁。夏候鸟。

保护级别：列入《世界自然保护联盟濒危物种红色名录》（IUCN 红色名录）2022 年 3.1 版，无危（LC）。

（239）沙鵖 *Oenanthe isabellina* Cretzschmar

栖息于干旱荒漠环境。以昆虫、甲虫、蚂蚁等为食。分布于玛沁。夏候鸟。

保护级别：列入《世界自然保护联盟濒危物种红色名录》（IUCN 红色名录）2022 年 3.1 版，无危（LC）。

(240) 白顶䳭 *Oenanthe pleschanka* Lepechin

栖息于山地荒漠的多石地段、农田间荒地及山前缓坡。以甲虫、鳞翅目幼虫、蚂蚁等为食。分布于玛沁。夏候鸟。

保护级别：列入《世界自然保护联盟濒危物种红色名录》（IUCN 红色名录）2022 年 3.1 版，无危（LC）。

132.*Phoenicuropsis* 属

(241) 蓝额红尾鸲 *Phoenicuropsis frontalis* Vigors

栖息于针叶林和灌丛草甸地带。以甲虫、蝗虫、毛虫、蚂蚁等昆虫为食，也吃少量植物果实与种子。分布于玛沁、班玛、甘德、久治。留鸟。

保护级别：列入《世界自然保护联盟濒危物种红色名录》（IUCN 红色名录）2022 年 3.1 版，未予评估（NE）。

(242) 白喉红尾鸲 *Phoenicuropsis schisticeps* G. R. Gray

栖息于灌丛草地、林缘、疏林、河谷、灌丛、草丛和针叶林中。以鞘翅目昆虫为食。分布于玛沁、班玛、甘德、久治、玛多。留鸟。

保护级别：列入《世界自然保护联盟濒危物种红色名录》（IUCN 红色名录）2022 年 3.1 版，未予评估（NE）。

133. 红尾鸲属 *Phoenicurus*

(243) 贺兰山红尾鸲 *Phoenicurus alaschanicus* Przevalski

栖息于山地灌丛或疏林中。以昆虫为食。分布于玛沁。留鸟。

保护级别：列入 2021 年《国家重点保护野生动物名录》，二级。列入《世界自然保护联盟濒危物种红色名录》（IUCN 红色名录）2022 年 3.1 版，近危（NT）。

(244) 北红尾鸲 *Phoenicurus auroreus* Pallas

栖息于山地、森林、河谷、林缘和居民点附近的灌丛与低矮树丛中。以昆虫为食。分布于玛沁、班玛。夏候鸟。

保护级别：列入《国家保护的有益的或者有重要经济、科学研究价值的陆生野生动物名录》。列入《世界自然保护联盟濒危物种红色名录》（IUCN 红色名录）2022 年 3.1 版，无危（LC）。

(245) 红腹红尾鸲 *Phoenicurus erythrogastrus* Güldenstädt

栖息于林地内。性惧生而孤僻。以昆虫为食。分布于玛沁、班玛、达日、久治、甘德、玛多。留鸟。

保护级别：列入《世界自然保护联盟濒危物种红色名录》（IUCN 红色名录）2022 年 3.1 版，无危（LC）。

(246) 黑喉红尾鸲 *Phoenicurus hodgsoni* Moore

栖息于灌丛草地、林缘、疏林、河谷、灌丛、草丛和针叶林中。以鞘翅目昆虫为食。分布于玛沁、班玛、甘德、久治。夏候鸟。

保护级别：列入《世界自然保护联盟濒危物种红色名录》（IUCN 红色名录）2022 年 3.1 版，无危（LC）。

(247) 赭红尾鸲 *Phoenicurus ochruros* Gmelin

栖息于高山草原地区、荒漠中。以鞘翅目甲虫、鳞翅目幼虫、蚂蚁及草籽等为食。分布于玛沁、班玛、达日、久治、甘德、玛多。留鸟。

保护级别：列入《世界自然保护联盟濒危物种红色名录》（IUCN 红色名录）2022 年 3.1 版，无危（LC）。

134. 水鸲属 *Rhyacornis*

(248) 红尾水鸲 *Rhyacornis fuliginosa* Vigors

栖息于山地溪流与河谷沿岸，尤以多石的林间或林缘地带的溪流沿岸。以昆虫为食。分布于玛沁、班玛。夏候鸟。

保护级别：列入《世界自然保护联盟濒危物种红色名录》（IUCN 红色名录）2022 年 3.1 版，无危（LC）。

135. 石䳭属 *Saxicola*

(249) 白喉石䳭 *Saxicola insignis* G.R.Gray

栖息于多岩石的高山上或山下的平原、草地的灌丛中。多在地面取食，跃起捕食昆虫，以昆虫为食。分布于玛多。旅鸟。

保护级别：列入 2021 年《国家重点保护野生动物名录》，二级。列入《世界自然保护联盟濒危物种红色名录》（IUCN 红色名录）2022 年 3.1 版，易危（VU）。

(250) 黑喉石䳭 *Saxicola maurus* Pallas

栖息于农田、草原、森林、灌丛等环境中。以叶甲、盲蝽、蝗虫等为食。分布于玛沁、班玛、甘德、达日、久治。夏候鸟。

保护级别：列入《世界自然保护联盟濒危物种红色名录》（IUCN 红色名录）2022 年 3.1 版，未予评估（NE）。

136. 鸲属 *Tarsiger*

(251) 金色林鸲 *Tarsiger chrysaeus* Hodgson

栖息于竹林或常绿林下的灌丛中。性胆怯。以昆虫为食。分布于班玛。夏候鸟。

保护级别：列入《世界自然保护联盟濒危物种红色名录》（IUCN 红色名录）2022 年 3.1 版，无危（LC）。

(252) 红胁蓝尾鸲 *Tarsiger cyanurus* Pallas

栖息于灌丛间。以鞘翅目、鳞翅目、膜翅目昆虫、甲壳类动物、草籽、野果为食。分布于玛沁、班玛。旅鸟。

保护级别：列入《国家保护的有益的或者有重要经济、科学研究价值的陆生野生动物名录》。列入《世界自然保护联盟濒危物种红色名录》（IUCN 红色名录）2022 年 3.1 版，无危（LC）。

(253) 蓝眉林鸲 *Tarsiger rufilatus* Hodgson

栖息于山地灌丛或疏林中。以昆虫为食。分布于班玛。夏候鸟。

保护级别：列入《世界自然保护联盟濒危物种红色名录》（IUCN 红色名录）2022 年 3.1 版，无危（LC）。

（四十三）花蜜年科 Nectariniidae

137. 太阳鸟属 *Aethopyga*

(254) 蓝喉太阳鸟 *Aethopyga gouldiae* Vigors

栖息于常绿阔叶林、沟谷季雨林和常绿-落叶混交林中。以花蜜为食，也吃昆虫等动物性食物。分布于班玛。旅鸟。

保护级别：列入《国家保护的有益的或者有重要经济、科学研究价值的陆生野生动物名录》。列入《世界自然保护联盟濒危物种红色名录》（IUCN 红色名录）2022 年 3.1 版，无危（LC）。

（四十四）黄鹂科 Oriolidae

138. 黄鹂属 *Oriolus*

(255) 金黄鹂 *Oriolus oriolus* Linnaeus

栖息于低山丘陵和山脚平原地带的天然次生阔叶林、混交林。以昆虫为主食。分布于达日。夏候鸟。

保护级别：列入《国家保护的有益的或者有重要经济、科学研究价值的陆生野生动物名录》。列入《世界自然保护联盟濒危物种红色名录》（IUCN 红色名录）2022 年 3.1 版，无危（LC）。

（四十五）山雀科 Paridae

139. *Lophophanes* 属

(256) 褐冠山雀 *Lophophanes dichrous* Blyth

栖息于高山针叶林或灌丛中。以昆虫为食。分布于玛沁、班玛。留鸟。

保护级别：列入《国家保护的有益的或者有重要经济、科学研究价值的陆生野生动物名录》。列入《世界自然保护联盟濒危物种红色名录》（IUCN 红色名录）2022 年 3.1 版，无危（LC）。

140. 山雀属 *Parus*

(257) 大山雀 *Parus cinereus* Vieillot

栖息于低山和山麓针阔叶混交林中，也出入于人工林和针叶林。以金龟子、毒蛾幼虫、蚂蚁、蜂、松毛虫等为食。分布于玛沁、班玛。留鸟。

保护级别：列入《国家保护的有益的或者有重要经济、科学研究价值的陆生野生动物名录》。列入《世界自然保护联盟濒危物种红色名录》（IUCN 红色名录）2022 年 3.1 版，未予评估（NE）。

141. *Periparus* 属

(258) 黑冠山雀 *Periparus rubidiventris* Blyth

栖息于林区。以昆虫、嫩枝叶和杂草种子为食。分布于玛沁、班玛。留鸟。

保护级别：列入《国家保护的有益的或者有重要经济、科学研究价值的陆生野生动物名录》。列入《世界自然保护联盟濒危物种红色名录》（IUCN 红色名录）2022 年 3.1 版，无危（LC）。

142. *Poecile* 属

(259) 褐头山雀 *Poecile montanus* Conrad

栖息于针叶林或针阔叶混交林。以昆虫为食。分布于玛沁、班玛。留鸟。

保护级别：列入《国家保护的有益的或者有重要经济、科学研究价值的陆生野生动物名录》。列入《世界自然保护联盟濒危物种红色名录》（IUCN 红色名录）2022 年 3.1 版，无危（LC）。

(260) 白眉山雀 *Poecile superciliosus* Przevalski

栖息于灌丛、针阔叶林及山坡小片林区。以鞘翅目、膜翅目、双翅目昆虫等为食。分布于玛沁、班玛、达日、久治、甘德、玛多。留鸟。

保护级别：列入 2021 年《国家重点保护野生动物名录》，二级。列入《世界自然保护联盟濒危物种红色名录》（IUCN 红色名录）2022 年 3.1 版，无危（LC）。

(261) 四川褐头山雀 *Poecile weigoldicus* Kleinschmidt

栖息于针叶林或针阔叶混交林。食以半翅目、鞘翅目、膜翅目、双翅目及鳞翅目昆虫为食。分布于玛沁、班玛。留鸟。

保护级别：列入《世界自然保护联盟濒危物种红色名录》（IUCN 红色名录）2022 年 3.1 版，无危（LC）。

143. 拟地鸦属 *Pseudopodoces*

(262) 地山雀 *Pseudopodoces humilis* Hume

栖息于林线以上有稀疏矮丛的多草平原及山麓地带。喜牦牛牧场。常在寺院或住宅附近挖洞营巢。两翼及尾抽动有力。飞行能力弱，而且多贴地面低空，两翼不停地扑打。分布于玛沁、班玛、达日、久治、甘德、玛多。留鸟。

保护级别：列入《世界自然保护联盟濒危物种红色名录》（IUCN 红色名录）2022 年 3.1 版，无危（LC）。

（四十六）雀科 Passeridae

144. 雪雀属 *Montifringilla*

(263) 褐翅雪雀 *Montifringilla adamsi* Adams

栖息于高山、草原或荒漠。以草籽、植物碎片及昆虫等为食。分布于玛沁、班玛、达日、甘德、久治、玛多。留鸟。

保护级别：列入《世界自然保护联盟濒危物种红色名录》（IUCN 红色名录）2022 年 3.1 版，无危（LC）。

(264) 藏雪雀 *Montifringilla henrici* Oustalet

栖息于高山草原、草甸草原。以植物为食，雏鸟吃昆虫。分布于玛沁、班玛、达日、甘德、久治、玛多。留鸟。

保护级别：列入《世界自然保护联盟濒危物种红色名录》（IUCN 红色名录）2022 年 3.1 版，无危（LC）。

145. *Onychostruthus* **属**

(265) 白腰雪雀 *Onychostruthus taczanowskii* Przevalski

栖息于高山草地、草原和有稀疏植物的荒漠和半荒漠地带，以草籽、植物种子等植物性食物为食，也吃昆虫等。分布于玛沁、班玛、达日、久治、甘德、玛多。留鸟。

保护级别：列入《世界自然保护联盟濒危物种红色名录》（IUCN 红色名录）2022 年 3.1 版，无危（LC）。

146. 麻雀属 *Passer*

(266) 麻雀 *Passer montanus* Linnaeus

栖息于人家附近。杂食性，以农作物、杂草种子和昆虫等为食。分布于玛沁、班玛、达日、久治、甘德、玛多。留鸟。

保护级别：列入《国家保护的有益的或者有重要经济、科学研究价值的陆生野生动物名录》。列入《世界自然保护联盟濒危物种红色名录》（IUCN 红色名录）2022 年 3.1 版，无危（LC）。

147. 石雀属 *Petronia*

(267) 石雀 *Petronia petronia* Linnaeus

栖于在裸露的岩石上、峡谷中、碎石坡地等处。以草和草籽为食，也吃谷物、水果、浆果和昆虫。分布于玛沁、班玛。留鸟。

保护级别：列入《世界自然保护联盟濒危物种红色名录》（IUCN 红色名录）2022 年 3.1 版，无危（LC）。

148. *Pyrgilauda* **属**

(268) 棕背雪雀 *Pyrgilauda blanfordi* Hume

栖息于高山、草原、荒漠、裸岩。以小甲虫、蜂、蝗虫及野生植物种子、草籽、植物碎屑等为食。分布于玛多。留鸟。

保护级别：列入《世界自然保护联盟濒危物种红色名录》（IUCN 红色名录）2022 年 3.1 版，无危（LC）。

(269) 棕颈雪雀 *Pyrgilauda ruficollis* Blanford

栖息于高山、草原、荒漠、裸岩。以昆虫为食。分布于玛沁、班玛、达日、甘德、久治、玛多。留鸟。

保护级别：列入《世界自然保护联盟濒危物种红色名录》（IUCN 红色名录）2022 年 3.1 版，无危（LC）。

（四十七）柳莺科 Phylloscopidae

149. 柳莺属 *Phylloscopus*

(270) 棕眉柳莺 *Phylloscopus armandii* Milne et Edwards

栖息于林缘及河谷灌丛和林下灌丛中。以昆虫为食。分布于班玛。夏候鸟。

保护级别：列入《国家保护的有益的或者有重要经济、科学研究价值的陆生野生动物名录》。列入《世界自然保护联盟濒危物种红色名录》（IUCN 红色名录）2022 年 3.1 版，无危（LC）。

(271) 四川柳莺 *Phylloscopus forresti* Rothschild

栖息于低地落叶次生林。以毛虫、蚱蜢等昆虫为食。分布于玛沁、班玛。夏候鸟。

保护级别：列入《国家保护的有益的或者有重要经济、科学研究价值的陆生野生动物名录》。列入《世界自然保护联盟濒危物种红色名录》（IUCN 红色名录）2022 年 3.1 版，无危（LC）。

(272) 烟柳莺 *Phylloscopus fuligiventer* Hodgson

栖息于高原灌丛中，或在大的乱石堆中。以小形昆虫为食。分布于久治。夏候鸟。

保护级别：列入《国家保护的有益的或者有重要经济、科学研究价值的陆生野生动物名录》。列入《世界自然保护联盟濒危物种红色名录》（IUCN 红色名录）2022 年 3.1 版，无危（LC）。

(273) 褐柳莺 *Phylloscopus fuscatus* Blyth

栖息于山地森林和林线以上的高山灌丛地带。以小形昆虫为食。分布于玛沁。旅鸟。

保护级别：列入《国家保护的有益的或者有重要经济、科学研究价值的陆生野生动物名录》。列入《世界自然保护联盟濒危物种红色名录》（IUCN 红色名录）2022 年 3.1 版，无危（LC）。

(274) 灰柳莺 *Phylloscopus griseolus* Blyth

栖息于多砾石堆积的山麓地带。以昆虫为食。分布于玛沁。旅鸟。

保护级别：列入《国家保护的有益的或者有重要经济、科学研究价值的陆生野生动物名录》。列入《世界自然

保护联盟濒危物种红色名录》（IUCN 红色名录）2022 年 3.1 版，无危（LC）。

(275) 淡眉柳莺 *Phylloscopus humei* Brooks

栖息于落叶松及松林。以毛虫、蚱蜢等昆虫为食。分布于玛沁。旅鸟。

保护级别：列入《世界自然保护联盟濒危物种红色名录》（IUCN 红色名录）2022 年 3.1 版，无危（LC）。

(276) 黄眉柳莺 *Phylloscopus inornatus* Blyth

栖息于森林及高山的灌丛。以甲虫、象鼻虫、蚜蚤、浮游等为食。分布于班玛。旅鸟。

保护级别：列入《国家保护的有益的或者有重要经济、科学研究价值的陆生野生动物名录》。列入《世界自然保护联盟濒危物种红色名录》（IUCN 红色名录）2022 年 3.1 版，无危（LC）。

(277) 甘肃柳莺 *Phylloscopus kansuensis* Meise

栖息于有云杉及桧树的树林。以昆虫为食。分布于班玛。夏候鸟。

保护级别：列入《国家保护的有益的或者有重要经济、科学研究价值的陆生野生动物名录》。列入《世界自然保护联盟濒危物种红色名录》（IUCN 红色名录）2022 年 3.1 版，无危（LC）。

(278) 华西柳莺 *Phylloscopus occisinensis* Martens et al.

栖息于林缘灌丛和草原灌丛地带。杂食性，以植物种子、碎片及蝉、蚂蚁等昆虫为食。分布于玛沁、班玛、达日、久治、甘德、玛多。夏候鸟。

保护级别：列入《世界自然保护联盟濒危物种红色名录》（IUCN 红色名录）2022 年 3.1 版，未予评估（NE）。

(279) 黄腰柳莺 *Phylloscopus proregulus* Pallas

栖息于林缘灌丛和河谷灌丛。以昆虫为食。分布于班玛。旅鸟。

保护级别：列入《国家保护的有益的或者有重要经济、科学研究价值的陆生野生动物名录》。列入《世界自然保护联盟濒危物种红色名录》（IUCN 红色名录）2022 年 3.1 版，无危（LC）。

(280) 橙斑翅柳莺 *Phylloscopus pulcher* Blyth

栖息于林缘灌丛及枝叶比较浓密的云杉林下及云杉林树冠间。以昆虫为食。分布于班玛。夏候鸟。

保护级别：列入《国家保护的有益的或者有重要经济、科学研究价值的陆生野生动物名录》。列入《世界自然保护联盟濒危物种红色名录》（IUCN 红色名录）2022 年 3.1 版，无危（LC）。

(281) 巨嘴柳莺 *Phylloscopus schwarzi* Radde

栖息于乔木阔叶林下灌丛、矮树枝上或林缘草地。以昆虫为食。分布于班玛。旅鸟。

保护级别：列入《国家保护的有益的或者有重要经济、科学研究价值的陆生野生动物名录》。列入《世界自然保护联盟濒危物种红色名录》（IUCN 红色名录）2022 年 3.1 版，无危（LC）。

(282) 棕腹柳莺 *Phylloscopus subaffinis* Ogilvie-Grant

栖息于林间及林缘灌丛、高山灌丛及河谷灌丛地带。以昆虫为食。分布于班玛、玛多。夏候鸟。

保护级别：列入《国家保护的有益的或者有重要经济、科学研究价值的陆生野生动物名录》。列入《世界自然保护联盟濒危物种红色名录》（IUCN 红色名录）2022 年 3.1 版，无危（LC）。

(283) 暗绿柳莺 *Phylloscopus trochiloides* Sundevall

栖息于森林灌丛中。以蚂蚁、鞘翅目等昆虫为食。分布于玛沁、班玛。旅鸟。

保护级别：列入《国家保护的有益的或者有重要经济、科学研究价值的陆生野生动物名录》。列入《世界自然保护联盟濒危物种红色名录》（IUCN 红色名录）2022 年 3.1 版，无危（LC）。

(284) 云南柳莺 *Phylloscopus yunnanensis* La Touche

栖息于低地落叶次生林。以昆虫为食。分布于玛沁、班玛。夏候鸟。

保护级别：列入《世界自然保护联盟濒危物种红色名录》（IUCN 红色名录）2022 年 3.1 版，无危（LC）。

（四十八）岩鹨科 Prunellidae

150. 岩鹨属 *Prunella*

(285) 领岩鹨 *Prunella collaris* Scopoli

栖息于高山裸岩地方。以植物种子及昆虫为食。分布于玛沁、甘德、久治。留鸟。

保护级别：列入《世界自然保护联盟濒危物种红色名录》（IUCN 红色名录）2022 年 3.1 版，无危（LC）。

(286) 褐岩鹨 *Prunella fulvescens* Severtsov

栖息于草地、荒野、农田、牧场，有时甚至进到居民点附近。以甲虫、蛾、蚂蚁等昆虫为食，也吃果实、种子与草籽等食物。分布于玛沁、班玛、达日、久治、甘德、玛多。留鸟。

保护级别：列入《世界自然保护联盟濒危物种红色名录》（IUCN 红色名录）2022 年 3.1 版，无危（LC）。

(287) 栗背岩鹨 *Prunella immaculata* Hodgson

栖于针叶林的潮湿林下植被。以昆虫为食，也吃果实、种子与草籽等植物性食物。分布于班玛。留鸟。

保护级别：列入《世界自然保护联盟濒危物种红色名录》（IUCN 红色名录）2022 年 3.1 版， 无危（LC）。

(288) 鸲岩鹨 *Prunella rubeculoides* Moore

栖息于高山灌丛或草坡、土坎、河滩的低金露梅灌丛。以植物种子及昆虫为食。分布于玛沁、班玛、达日、久治、甘德、玛多。留鸟。

保护级别：列入《世界自然保护联盟濒危物种红色名录》（IUCN 红色名录）2022 年 3.1 版，无危（LC）。

(289) 棕胸岩鹨 *Prunella strophiata* Blyth

栖息于高山灌丛、草地、沟谷、牧场、高原和林线附近。以植物种子果实为食，也吃果实。分布于玛沁、班玛、达日、久治、甘德、玛多。留鸟。

保护级别：列入《世界自然保护联盟濒危物种红色名录》（IUCN 红色名录）2022 年 3.1 版，无危（LC）。

（四十九）鹎科 Pycnonotidae

151. 鹎属 ***Pycnonotus***

(290) 黄臀鹎 *Pycnonotus xanthorrhous* Anderson

栖息于中低山和山脚混交林和林缘。以植物果实、种子为食，也吃昆虫等。分布于班玛。旅鸟。

保护级别：列入《国家保护的有益的或者有重要经济、科学研究价值的陆生野生动物名录》。列入《世界自然保护联盟濒危物种红色名录》（IUCN 红色名录）2022 年 3.1 版，无危（LC）。

（五十）戴菊科 Regulidae

152. 戴菊属 ***Regulus***

(291) 戴菊 *Regulus regulus* Linnaeus

栖息于针叶林和针阔叶混交林中。以各种昆虫为食，也吃少量植物种子。分布于玛沁、班玛。留鸟。

保护级别：列入《国家保护的有益的或者有重要经济、科学研究价值的陆生野生动物名录》。列入《世界自然保护联盟濒危物种红色名录》（IUCN 红色名录）2022 年 3.1 版，无危（LC）。

（五十一）䴓科 Sittidae

153. 䴓属 ***Sitta***

(292) 黑头䴓 *Sitta villosa* Verreaux

栖息于寒温带低山至亚高山的针叶林或混交林带。啄食树皮下的昆虫等。分布于玛沁、班玛。留鸟。

保护级别：列入《世界自然保护联盟濒危物种红色名录》（IUCN 红色名录）2022 年 3.1 版，无危（LC）。

154. 旋壁雀属 ***Tichodroma***

(293) 红翅旋壁雀 *Tichodroma muraria* Linnaeus

栖息在悬崖和陡坡壁上。以昆虫为食。分布于玛沁、班玛、达日、久治、甘德、玛多。留鸟。

保护级别：列入《世界自然保护联盟濒危物种红色名录》（IUCN 红色名录）2022 年 3.1 版，无危（LC）。

（五十二）椋鸟科 Sturnidae

155. ***Spodiopsar*** **属**

(294) 灰椋鸟 *Spodiopsar cineraceus* Temminck

栖息于低山丘陵和开阔平原地带的疏林草甸、河谷阔叶林。以昆虫为食，也吃少量植物果实与种子。分布于玛沁、班玛、达日、久治、甘德、玛多。旅鸟。

保护级别：列入《国家保护的有益的或者有重要经济、科学研究价值的陆生野生动物名录》。列入《世界自然保护联盟濒危物种红色名录》（IUCN 红色名录）2022 年 3.1 版，无危（LC）。

(295) 丝光椋鸟 *Spodiopsar sericeus* Gmelin

栖息于电线、丛林、果园及农耕区，筑巢于洞穴中。喜结群于地面觅食，取食植物果实、种子和昆虫。分布于玛沁。旅鸟。

保护级别：列入《国家保护的有益的或者有重要经济、科学研究价值的陆生野生动物名录》。列入《世界自然保护联盟濒危物种红色名录》（IUCN 红色名录）2022 年 3.1 版，无危（LC）。

156. 椋鸟属 ***Sturnus***

(296) 紫翅椋鸟 *Sturnus vulgaris* Linnaeus

栖息于果园、耕地及开阔多树的村庄。杂食性。分布于玛沁、班玛、甘德、达日、久治、玛多。旅鸟。

保护级别：列入《国家保护的有益的或者有重要经济、科学研究价值的陆生野生动物名录》。列入《世界自然保护联盟濒危物种红色名录》（IUCN 红色名录）2022 年 3.1 版，无危（LC）。

（五十三）莺鹛科 Sylviidae

157. ***Fulvetta*** **属**

(297) 褐头雀鹛 *Fulvetta cinereiceps* Verreaux

栖息于常绿林林下植被及混交林和针叶林的棘丛。以昆虫和植物种子为食。分布于班玛。留鸟。

保护级别：列入《世界自然保护联盟濒危物种红色名录》（IUCN 红色名录）2022 年 3.1 版，无危（LC）。

(298) 中华雀鹛 *Fulvetta striaticollis* Verreaux

栖息于树林、灌丛中。以植物种子和昆虫为食。分布于班玛。留鸟。

保护级别：列入 2021 年《国家重点保护野生动物名录》，二级。列入《世界自然保护联盟濒危物种红色名录》（IUCN 红色名录）2022 年 3.1 版，无危（LC）。

（五十四）鹪鹩科 Troglodytidae

158. 鹪鹩属 *Troglodytes*

(299) 鹪鹩 *Troglodytes troglodytes* Linnaeus

栖息于较高山上的茂密灌木丛或林中。以虫为食。分布于玛沁、班玛。夏候鸟。

保护级别：列入《世界自然保护联盟濒危物种红色名录》（IUCN 红色名录）2022 年 3.1 版，无危（LC）。

（五十五）鸫科 Turdidae

159. 鸫属 *Turdus*

(300) 黑喉鸫 *Turdus atrogularis* Jarocki

栖息于山前灌木丛或杨树林中。以小鱼、虾、田螺和昆虫，以及果实、草籽等为食。分布于达日。留鸟。

保护级别：列入《世界自然保护联盟濒危物种红色名录》（IUCN 红色名录）2022 年 3.1 版， 无危（LC）。

(301) 斑鸫 *Turdus eunomus* Temminck

栖息于杨桦林、杂木林、松林和林缘灌丛地带，也出现于农田、地边、果园和村镇附近。以昆虫为食。分布于玛多。冬候鸟。

保护级别：列入《国家保护的有益的或者有重要经济、科学研究价值的陆生野生动物名录》。列入《世界自然保护联盟濒危物种红色名录》（IUCN 红色名录）2022 年 3.1 版，无危（LC）。

(302) 棕背黑头鸫 *Turdus kessleri* Przevalski

栖息于森林、草原、农田、灌丛等地。以草籽和鞘翅目昆虫为食。分布于玛沁、班玛、甘德、达日、久治。留鸟。

保护级别：列入《国家保护的有益的或者有重要经济、科学研究价值的陆生野生动物名录》。列入《世界自然保护联盟濒危物种红色名录》（IUCN 红色名录）2022 年 3.1 版，无危（LC）。

(303) 宝兴歌鸫 *Turdus mupinensis* Laubmann

栖息于山地针阔叶混交林和针叶林中。以金龟甲、蛴象、蝗虫等昆虫为食。分布于玛沁、班玛。夏候鸟。

保护级别：列入《国家保护的有益的或者有重要经济、科学研究价值的陆生野生动物名录》。列入《世界自然保护联盟濒危物种红色名录》（IUCN 红色名录）2022 年 3.1 版，无危（LC）。

(304) 灰头鸫 Turdus rubrocanus G.R.Gray

栖息于阔叶林、针阔叶混交林、杂木林和针叶林中。以昆虫为食。分布于玛沁、班玛、达日、甘德、玛多。留鸟。

保护级别：列入《世界自然保护联盟濒危物种红色名录》（IUCN 红色名录）2022 年 3.1 版，无危（LC）。

(305) 赤颈鸫 *Turdus ruficollis* Pallas

栖息于山坡草地或丘陵疏林、平原灌丛中。松散地群体活动，以昆虫、小动物及草籽、浆果为食。分布于玛沁、班玛、达日、久治、甘德、玛多。冬候鸟。

保护级别：列入《世界自然保护联盟濒危物种红色名录》（IUCN 红色名录）2022 年 3.1 版，无危（LC）。

160. 地鸫属 *Zoothera*

(306) 长尾地鸫 *Zoothera dixoni* Seebohm

栖息于林下地面上。以害虫为食。分布于班玛。旅鸟。

保护级别：列入《世界自然保护联盟濒危物种红色名录》（IUCN 红色名录）2022 年 3.1 版，无危（LC）。

（五十六）朱鹀科 Urocynchramidae

161. 朱鹀属 *Urocynchramus*

(307) 朱鹀 *Urocynchramus pylzowi* Przevalski

栖息于高山草甸或灌丛中。以杂草种子为食，也吃昆虫。分布于玛沁、久治。留鸟。

保护级别：列入 2021 年《国家重点保护野生动物名录》，二级。列入《世界自然保护联盟濒危物种红色名录》（IUCN 红色名录）2022 年 3.1 版，无危（LC）。

（五十七）绣眼鸟科 Zosteropidae

162. 绣眼鸟属 *Zosterops*

(308) 红胁绣眼鸟 *Zosterops erythropleurus* Swinhoe

栖息于针阔叶混交林、竹林、次生林等各种类型森林中，也栖息于果园、林缘以及村寨和地边高大的树上。以昆虫为主。分布于班玛。夏候鸟。

保护级别：列入 2021 年《国家重点保护野生动物名录》，二级。列入《世界自然保护联盟濒危物种红色名录》（IUCN 红色名录）2022 年 3.1 版，无危（LC）。

十九、鹈形目 PELECANIFORMES

（五十八）鹭科 Ardeidae

163. 鹭属 *Ardea*

(309) 大白鹭 *Ardea alba* Linnaeus

栖息于开阔平原和山地丘陵地区的河流、湖泊、水田、海滨、河口及其沼泽地带。以小鱼、蜻蜓幼虫、两栖类、爬行类、淡水软体动物、幼鸟及啮齿类动物为食。分布于玛沁、班玛、达日、久治、甘德、玛多。旅鸟。

保护级别：列入《国家保护的有益的或者有重要经济、科学研究价值的陆生野生动物名录》。列入《世界自然保护联盟濒危物种红色名录》（IUCN 红色名录）2022 年 3.1 版，无危（LC）。

(310) 苍鹭 *Ardea cinerea* Linnaeus

栖息于江河、溪流、湖泊、水塘、海岸等水域岸边及其浅水处。以啮齿类动物、脊椎动物和鱼类为食。分布于玛沁、班玛、玛多、达日、久治、甘德。旅鸟。

保护级别：列入《国家保护的有益的或者有重要经济、科学研究价值的陆生野生动物名录》。列入《世界自然保护联盟濒危物种红色名录》（IUCN 红色名录）2022 年 3.1 版，无危（LC）。

164. 池鹭属 *Ardeola*

(311) 池鹭 *Ardeola bacchus* Bonaparte

栖息于稻田、池塘、湖泊、水库和沼泽湿地等水域。以鱼、虾、螺、蛙、泥鳅及水生昆虫、蝗虫等为食，兼食少量植物性食物。分布于玛沁、班玛、玛多。旅鸟。

保护级别：列入《国家保护的有益的或者有重要经济、科学研究价值的陆生野生动物名录》。列入《世界自然保护联盟濒危物种红色名录》（IUCN 红色名录）2022 年 3.1 版，无危（LC）。

165. 牛背鹭属 *Bubulcus*

(312) 牛背鹭 *Bubulcus ibis* Linnaeus

栖息于平原草地、牧场、湖泊、水库、山脚平原和沼泽地上。以蝗虫、蚂蚱等昆虫为食，也食蜘蛛、黄鳝、蚂蟥和蛙等其他动物。分布于玛沁、班玛、玛多、达日、久治、甘德。旅鸟。

保护级别：列入《国家保护的有益的或者有重要经济、科学研究价值的陆生野生动物名录》。列入《世界自然保护联盟濒危物种红色名录》（IUCN 红色名录）2022 年 3.1 版，无危（LC）。

166. 白鹭属 *Egretta*

(313) 白鹭 *Egretta garzetta* Linnaeus

栖息于沼泽、稻田、湖泊或滩涂地。以各种小鱼、蛙、虾、鞘翅目及鳞翅目幼虫、水生昆虫等动物性食物为食，也吃少量谷物等植物性食物。分布于玛多。旅鸟。

保护级别：列入《国家保护的有益的或者有重要经济、科学研究价值的陆生野生动物名录》。列入《濒危野生动植物种国际贸易公约》名单，附录III。列入《世界自然保护联盟濒危物种红色名录》（IUCN 红色名录）2022 年 3.1 版，无危（LC）。

167. 夜鹭属 *Nycticorax*

(314) 夜鹭 *Nycticorax nycticorax* Linnaeus

栖息于平原和低山丘陵地区的溪流、水塘、江河、沼泽、灌丛或林间，晨昏和夜间活动。以鱼、蛙、虾和水生昆虫等动物性食物为食。分布于玛沁、玛多。旅鸟。

保护级别：列入《国家保护的有益的或者有重要经济、科学研究价值的陆生野生动物名录》。列入《世界自然保护联盟濒危物种红色名录》（IUCN 红色名录）2022 年 3.1 版，无危（LC）。

二十、啄木鸟目 PICIFORMES

（五十九）啄木鸟科 Picidao

168. *Dendrocopos* 属

(315) 棕腹啄木鸟 *Dendrocopos hyperythrus* Vigors

栖息于针叶林或混交林。以昆虫为主食。分布于班玛。留鸟。

保护级别：列入《国家保护的有益的或者有重要经济、科学研究价值的陆生野生动物名录》。列入《世界自然保护联盟濒危物种红色名录》（IUCN 红色名录）2022 年 3.1 版，无危（LC）。

(316) 大斑啄木鸟 *Dendrocopos major* Linnaeus

栖息于树丛。以昆虫为食。分布于玛沁、班玛。留鸟。

保护级别：列入《国家保护的有益的或者有重要经济、科学研究价值的陆生野生动物名录》。列入《世界自然保护联盟濒危物种红色名录》（IUCN 红色名录）2022 年 3.1 版，无危（LC）。

169. 黑啄木鸟属 *Dryocopus*

(317) 黑啄木鸟 *Dryocopus martius* Linnaeus

栖息于针叶林或针阔叶混交林。以鳞翅目、鞘翅目的昆虫、蚂蚁、天牛、植物种子为食。分布于班玛。留鸟。

保护级别：列入 2021 年《国家重点保护野生动物名录》，二级。列入《世界自然保护联盟濒危物种红色名录》（IUCN 红色名录）2022 年 3.1 版，无危（LC）。

170. 蚁䴕属 *Jynx*

(318) 蚁䴕 *Jynx torquilla* Linnaeus

栖息于树干、灌丛。以蚁类、蚂蚁等昆虫为食。分布于玛沁、班玛。旅鸟。

保护级别：列入《国家保护的有益的或者有重要经济、科学研究价值的陆生野生动物名录》。列入《世界自然保护联盟濒危物种红色名录》（IUCN 红色名录）2022 年 3.1 版，无危（LC）。

171. 啄木鸟属 *Picoides*

(319) 三趾啄木鸟 *Picoides tridactylus* Linnaeus

栖息于林区及小片针阔叶混交林中。以鞘翅目、鳞翅目的昆虫及幼虫为食。分布于玛多。留鸟。

保护级别：列入 2021 年《国家重点保护野生动物名录》，二级。列入《世界自然保护联盟濒危物种红色名录》（IUCN 红色名录）2022 年 3.1 版，无危（LC）。

172. 绿啄木鸟属 *Picus*

(320) 灰头绿啄木鸟 *Picus canus* Gmelin

栖息于近山的树丛间。以昆虫及植物种子为食。分布于班玛。留鸟。

保护级别：列入《国家保护的有益的或者有重要经济、科学研究价值的陆生野生动物名录》。列入《世界自然保护联盟濒危物种红色名录》（IUCN 红色名录）2022 年 3.1 版，无危（LC）。

二十一、䴙䴘目 PODICIPEDIFORMES

（六十）䴙䴘科 Podicipedidae

173. 䴙䴘属 *Podiceps*

(321) 凤头䴙䴘 *Podiceps cristatus* Linnaeus

栖息于湖泊、河边及沼泽地。多成对活动。以小鱼及昆虫为食。分布于玛沁、班玛、达日、久治、甘德、玛多。夏候鸟。

保护级别：列入《国家保护的有益的或者有重要经济、科学研究价值的陆生野生动物名录》。列入《世界自然保护联盟濒危物种红色名录》（IUCN 红色名录）2022 年 3.1 版，无危（LC）。

(322) 黑颈䴙䴘 *Podiceps nigricollis* Brehm

栖息于湖泊、江河、池塘，性机警。以昆虫、草籽及水草为食。分布于玛沁、玛多。夏候鸟。

保护级别：列入 2021 年《国家重点保护野生动物名录》，二级。列入《世界自然保护联盟濒危物种红色名录》（IUCN 红色名录）2022 年 3.1 版，无危（LC）。

174. 小䴙䴘属 *Tachybaptus*

(323) 小䴙䴘 *Tachybaptus ruficollis* Pallas

栖息于水草丛生的湖泊。以小鱼、虾、昆虫等为食。分布于玛沁。旅鸟。

保护级别：列入《国家保护的有益的或者有重要经济、科学研究价值的陆生野生动物名录》。列入《世界自然保护联盟濒危物种红色名录》（IUCN 红色名录）2022 年 3.1 版，无危（LC）。

二十二、沙鸡目 PTEROCLIFORMES

（六十一）沙鸡科 Pteroclididae

175. 毛腿沙鸡属 *Syrrhaptes*

(324) 毛腿沙鸡 *Syrrhaptes paradoxus* Pallas

栖息于平原草地、荒漠和半荒漠地区。以各种野生植物种子、浆果、嫩芽、嫩枝、嫩叶等植物性食物为食。分布于玛沁。留鸟。

保护级别：列入《国家保护的有益的或者有重要经济、科学研究价值的陆生野生动物名录》。列入《世界自然保护联盟濒危物种红色名录》（IUCN 红色名录）2022 年 3.1 版，无危（LC）。

二十三、鸮形目 STRIGIFORMES

（六十二）鸱鸮科 strigidae

176. 小鸮属 *Athene*

(325) 纵纹腹小鸮 *Athene noctua* Scopoli

栖息于低山丘陵、林缘灌丛和平原森林地带。以鼠类和昆虫为食。分布于玛沁、班玛、达日、久治、甘德、玛多。留鸟。

保护级别：列入 2021 年《国家重点保护野生动物名录》，二级。列入《濒危野生动植物种国际贸易公约》，附录Ⅱ。列入《世界自然保护联盟濒危物种红色名录》（IUCN 红色名录）2022 年 3.1 版，无危（LC）。

177. 雕鸮属 *Bubo*

(326) 雕鸮 *Bubo bubo* Linnaeus

栖息于山地森林、平原、荒野、林缘灌丛、峭壁等。以各种鼠类为食。分布于玛沁、班玛、达日、久治、甘德、玛多。留鸟。

保护级别：列入 2021 年《国家重点保护野生动物名录》，二级。列入《濒危野生动植物种国际贸易公约》，附录Ⅱ。列入《世界自然保护联盟濒危物种红色名录》（IUCN 红色名录）2022 年 3.1 版，无危（LC）。

178. 角鸮属 *Otus*

(327) 红角鸮 *Otus sunia* Hodgson

栖息于山地阔叶林和混交林中，也出现于山麓林缘和村寨附近树林内。以各种鼠类为食。分布于班玛。旅鸟。

保护级别：列入 2021 年《国家重点保护野生动物名录》，二级。列入《世界自然保护联盟濒危物种红色名录》

（IUCN 红色名录）2022 年 3.1 版，无危（LC）。

179. 林鸮属 *Strix*

(328) 长尾林鸮 *Strix uralensis* Pallas

栖息于山地针叶林、针阔叶混交林和阔叶林中。以田鼠等为食，也吃昆虫、蛙、鸟、兔，以及松鸡科的一些大形鸟类。分布于班玛。留鸟。

保护级别：列入 2021 年《国家重点保护野生动物名录》，二级。列入《濒危野生动植物种国际贸易公约》，附录 II。列入《世界自然保护联盟濒危物种红色名录》（IUCN 红色名录）2022 年 3.1 版，无危（LC）。

二十四、鲣鸟目 SULIFORMES

（六十三）鸬鹚科 Phalacrocoracidae

180. 鸬鹚属 *Phalacrocorax*

(329) 普通鸬鹚 *Phalacrocorax carbo* Linnaeus

栖息于河流、湖泊、河口及其沼泽地带。以鱼类为食。分布于玛沁、班玛、达日、甘德、久治、玛多。旅鸟。

保护级别：列入《国家保护的有益的或者有重要经济、科学研究价值的陆生野生动物名录》。列入《世界自然保护联盟濒危物种红色名录》（IUCN 红色名录）2022 年 3.1 版，无危（LC）。

哺乳纲 MAMMALIA

二十五、食肉目 CARNIVORA

（六十四）小熊猫科 Ailurinae

181. 小熊猫属 *Ailurus*

(330) 喜马拉雅小熊猫 *Ailurus fulgens* F. Cuvier

栖息于温暖而又凉爽的环境中。杂食性，以竹笋、竹叶、野果、嫩枝及雏鸟、鸟蛋等为食。分布于班玛。

保护级别：列入 2021 年《国家重点保护野生动物名录》，二级。列入《世界自然保护联盟濒危物种红色名录》（IUCN 红色名录）2022 年 3.1 版，濒危（EN）。

（六十五）犬科 Canidae

182. 犬属 *Canis*

(331) 狼 *Canis lupus* Linnaeus

栖息于草原、荒漠、半荒漠疏林和灌丛一带。以牦牛、藏羚、原羚、盘羊、岩羊、兔类、鼠兔、鼠类为食。分布于玛沁、班玛、达日、久治、甘德、玛多。

保护级别：列入 2021 年《国家重点保护野生动物名录》，二级。列入《濒危野生动植物种国际贸易公约》，附录 II。列入《世界自然保护联盟濒危物种红色名录》（IUCN 红色名录）2022 年 3.1 版，无危（LC）。

183. 豺属 *Cuon*

(332) 豺 *Cuon alpinus* Pallas

栖息环境较为广泛，包括森林、丘陵和荒漠草原。以岩羊、麝、灰尾兔和啮齿类动物为食。分布于班玛。

保护级别：列入 2021 年《国家重点保护野生动物名录》，一级。《濒危野生动植物种国际贸易公约》，附录 II。列入《世界自然保护联盟濒危物种红色名录》（IUCN 红色名录）2022 年 3.1 版，濒危（EN）。

184. 狐属 *Vulpes*

(333) 沙狐 *Vulpes corsac* Linnaeus

栖息于干草原、荒漠和半荒漠地带。以百灵科动物，蝗科昆虫为食。分布于玛沁、班玛、达日、久治、甘德、玛多。

保护级别：列入 2021 年《国家重点保护野生动物名录》，二级。列入《世界自然保护联盟濒危物种红色名录》（IUCN 红色名录）2022 年 3.1 版，无危（LC）。

(334) 藏狐 *Vulpes ferrilata* Hodgson

栖息于开阔环境中。以各种鼠兔、雪雀、地鸦、角百灵等为食。分布于玛沁、班玛、达日、久治、甘德、玛多。

保护级别：列入 2021 年《国家重点保护野生动物名录》，二级。列入《世界自然保护联盟濒危物种红色名录》（IUCN 红色名录）2022 年 3.1 版，无危（LC）。

(335) 赤狐 *Vulpes vulpes* Linnaeus

栖息于低海拔的农区到高海拔的各种类型的草原中。以旱獭、鼠类、野禽、蛙、鱼、昆虫等为食，还吃各种野果和农作物。分布于玛沁、班玛、达日、久治、甘德、玛多。

保护级别：列入 2021 年《国家重点保护野生动物名录》，二级。列入《濒危野生动植物种国际贸易公约》，附录III。列入《世界自然保护联盟濒危物种红色名录》（IUCN 红色名录）2022 年 3.1 版，无危（LC）。

（六十六）猫科 Felidae

185. 金猫属 *Catopuma*

(336) 金猫 *Catopuma temminckii* Vigors et Horsfield

栖息于山地丛林，或者多岩石的地带。以各种体形较大的啮齿动物为食，也捕食地面较大的雉科鸟类、野兔等动物。分布于玛沁、班玛。

保护级别：列入 2021 年《国家重点保护野生动物名录》，一级。《濒危野生动植物种国际贸易公约》，附录Ⅰ。列入《世界自然保护联盟濒危物种红色名录》（IUCN 红色名录）2022 年 3.1 版，近危（NT）。

186. 猫属 *Felis*

(337) 荒漠猫 *Felis bieti* Milne et Edwards

栖息于黄土丘陵干草原、荒漠、半荒漠、草原草甸、山地针叶林缘等地。以鼠类、鸟类、雉鸡等为食。分布于达日。

保护级别：列入 2021 年《国家重点保护野生动物名录》，一级。列入《濒危野生动植物种国际贸易公约》，附录Ⅱ。列入《世界自然保护联盟濒危物种红色名录》（IUCN 红色名录）2022 年 3.1 版，易危（VU）。

187. 猞猁属 *Lynx*

(338) 猞猁 *Lynx lynx* Linnaeus

栖息于针叶林、灌丛草原、高寒草原、荒漠、半荒漠草原和高山草甸等。以各种鼠类、旱獭、兔、鼠兔、松鼠和一些鸟类、羊、麝等为食。分布于玛沁、班玛、达日、久治、甘德、玛多。

保护级别：列入 2021 年《国家重点保护野生动物名录》，二级。《濒危野生动植物种国际贸易公约》，附录Ⅱ。列入《世界自然保护联盟濒危物种红色名录》（IUCN 红色名录）2022 年 3.1 版，无危（LC）。

188. 兔狲属 *Otocolobus*

(339) 兔狲 *Otocolobus manul* Pallas

栖息于灌丛草原、荒漠草原、荒漠与戈壁，也能生活在林中、丘陵及山地。以野禽、旱獭和各种鼠类为食。分布于玛沁、班玛、达日、久治、甘德、玛多。

保护级别：列入 2021 年《国家重点保护野生动物名录》，二级。列入《濒危野生动植物种国际贸易公约》，附录Ⅱ。列入《世界自然保护联盟濒危物种红色名录》（IUCN 红色名录）2022 年 3.1 版，无危（LC）。

189. 豹属 *Panthera*

(340) 豹 *Panthera pardus* Linnaeus

栖息环境多种多样，从低山、丘陵至高山森林、灌丛均有分布，都是具有隐蔽性强的固定巢穴。以麝、岩羊、兔、禽类等为食。分布于班玛。

保护级别：列入 2021 年《国家重点保护野生动物名录》，一级。《濒危野生动植物种国际贸易公约》，附录Ⅰ。列入《世界自然保护联盟濒危物种红色名录》（IUCN 红色名录）2022 年 3.1 版，易危（VU）。

(341) 雪豹 *Panthera uncia* Schreber

栖息于高山裸岩、高山草甸、高山灌丛和山地针叶林林缘。以岩羊、麝、野兔为食。分布于玛沁、班玛、甘德、达日、久治、玛多。

保护级别：列入 2021 年《国家重点保护野生动物名录》，一级。《濒危野生动植物物种国际贸易公约》(CITES)，附录Ⅰ。列入《世界自然保护联盟濒危物种红色名录》（IUCN 红色名录）2022 年 3.1 版，易危（VU）。

190. 豹猫属 *Prionailurus*

(342) 豹猫 *Prionailurus bengalensis* Kerr

栖息于山地林区、郊野灌丛和林缘村寨附近。以鼠类、松鼠、飞鼠、兔类、蛙类、蜥蜴、蛇类、小形鸟类、昆虫等为食，也吃浆果。分布于玛沁、班玛。

保护级别：列入 2021 年《国家重点保护野生动物名录》，二级。列入《濒危野生动植物种国际贸易公约》，附录Ⅱ。列入《世界自然保护联盟濒危物种红色名录》（IUCN 红色名录）2022 年 3.1 版，无危（LC）。

（六十七）鼬科 Mustelidae

191. 猪獾属 *Arctonyx*

(343) 猪獾 *Arctonyx collaris* F.G.Cuvier

栖息于高、中低山区阔叶林、针阔叶混交林、灌草丛、平原、丘陵等环境中。杂食性，以蚯蚓、青蛙、蜥蜴、泥鳅、黄鳝、甲壳类动物、昆虫、蜈蚣、小鸟和鼠类等动物为食，也吃玉米、小麦、土豆、花生等农作物。分布于玛沁、班玛。

保护级别：《国家保护的有益的或者有重要经济、科学研究价值的陆生野生动物名录》。列入《世界自然保护联盟濒危物种红色名录》（IUCN 红色名录）2022 年 3.1 版，易危（VU）。

192. 水獭属 *Lutra*

(344) 欧亚水獭 *Lutra lutra* Linnaeus

栖息于河流和湖泊一带。以鱼类、鸟、小兽、青蛙、虾、蟹及甲壳类动物，有时还吃一部分植物性食物。分布于班玛、达日、久治、玛多。

保护级别：列入 2021 年《国家重点保护野生动物名录》，二级。列入《濒危野生动植物种国际贸易公约》，附录Ⅰ。列入《世界自然保护联盟濒危物种红色名录》（IUCN 红色名录）2022 年 3.1 版，近危（NT）。

193. 貂属 *Martes*

(345) 黄喉貂 *Martes flavigula* Boddaert

栖息于常绿阔叶叶林和针阔叶混交林区。以各种鼠类、鸟类、爬行类和两栖类为食。分布于班玛。

保护级别：列入 2021 年《国家重点保护野生动物名录》，二级。列入濒危野生动植物种国际贸易公约，附录III。列入《世界自然保护联盟濒危物种红色名录》（IUCN 红色名录）2022 年 3.1 版，无危（LC）。

(346) 石貂 *Martes foina* Erxleben

栖息于高寒地区。以啮齿类、家禽、鸟卵、雏鸟、两栖类动物或爬行类动物等为食。分布于玛沁、班玛、达日、久治、甘德、玛多。

保护级别：列入 2021 年《国家重点保护野生动物名录》，二级。列入《世界自然保护联盟濒危物种红色名录》（IUCN 红色名录）2022 年 3.1 版，无危（LC）。

194. 狗獾属 *Meles*

(347) 亚洲狗獾 *Meles leucurus* Linnaeus

栖息于森林中或山坡灌丛、田野、坟地、沙丘草丛及湖泊、河溪旁边等各种生境中。杂食性，以植物的根、茎、果实和蛙、蚯蚓、小鱼、沙蜥、昆虫和小形哺乳类动物等为食。分布于玛沁、班玛、达日、久治、甘德、玛多。

保护级别：《国家保护的有益的或者有重要经济、科学研究价值的陆生野生动物名录》。列入《世界自然保护联盟濒危物种红色名录》（IUCN 红色名录）2022 年 3.1 版，无危（LC）。

195. 鼬属 *Mustela*

(348) 香鼬 *Mustela altaica* Pallas

栖息于森林、森林草原、高山灌丛及草甸，河谷地区。以小形啮齿动物为食，如鼠兔、黄鼠等，也上树捕捉小鸟，或潜水猎食小鱼。分布于玛沁、班玛、达日、久治、甘德、玛多。

保护级别：列入《濒危野生动植物种国际贸易公约》，附录III。列入《世界自然保护联盟濒危物种红色名录》（IUCN 红色名录）2022 年 3.1 版，近危（NT）。

(349) 艾鼬 *Mustela eversmanni* Lesson

栖息于开阔山地、草原、森林、灌丛及村庄附近。喜近栖生活，洞居，黄昏和夜间活动。以鼠型啮齿动物为食。分布于玛沁、班玛、达日、久治、甘德、玛多。

保护级别：列入《濒危野生动植物种国际贸易公约》，附录III。列入《世界自然保护联盟濒危物种红色名录》（IUCN 红色名录）2022 年 3.1 版，无危（LC）。

(350) 黄鼬 *Mustela sibirica* Pallas

栖息于山地和平原，见于林缘、河谷、灌丛和草丘中衣，也常出没在村庄附近。居于石洞、树洞或倒木下。以老鼠和野兔为主要食物，也吃鸟卵及幼雏、鱼、蛙和昆虫等。分布于班玛。

保护级别：列入《濒危野生动植物种国际贸易公约》，附录III。列入《世界自然保护联盟濒危物种红色名录》（IUCN 红色名录）2022 年 3.1 版，无危（LC）。

（六十八）熊科 Ursidae

196. 熊属 *Ursus*

(351) 棕熊 *Ursus arctos* Linnaeus

栖息于高原草原、高山草甸草原、高寒荒漠草原、灌丛草原和森林一带。以水禽的雏鸟、鼠兔、旱獭等为食。分布于玛沁、班玛、达日、久治、甘德、玛多。

保护级别：列入 2021 年《国家重点保护野生动物名录》，二级。列入《濒危野生动植物种国际贸易公约》，附录 I 。列入《世界自然保护联盟濒危物种红色名录》（IUCN 红色名录）2022 年 3.1 版，无危（LC）。

(352) 亚洲黑熊 *Ursus thibetanus* G.Cuvier

栖息于森林环境中。杂食性，以野果、种子、植物的根、茎，野兔、鼠类、鸟类等为食。分布于班玛。

保护级别：列入 2021 年《国家重点保护野生动物名录》，二级。列入《濒危野生动植物种国际贸易公约》，附录 I 。列入《世界自然保护联盟濒危物种红色名录》（IUCN 红色名录）2022 年 3.1 版，易危（VU）。

二十六、鲸偶蹄目 CETARTIODACTYLA

（六十九）牛科 Bovidae

197. 鬣羚属 *Capricornis*

(353) 中华鬣羚 *Capricornis milneedwardsii* David

栖息于针阔叶混交林、针叶林或多岩石的杂灌林。以青草及树木嫩枝、叶、芽、落果、菌类、松萝等为食。分布于班玛。

保护级别：列入 2021 年《国家重点保护野生动物名录》，二级。列入《濒危野生动植物种国际贸易公约》，附录 I 。列入《世界自然保护联盟濒危物种红色名录》（IUCN 红色名录）2022 年 3.1 版，易危（VU）。

198. 斑羚属 *Naemorhedus*

(354) 中华斑羚 *Naemorhaedus griseus* Milne et Edwards

栖息于山地针叶林、山地针阔叶混交林和山地常绿阔叶林。以各种青草和灌木的嫩枝叶、果实等为食。分布于班玛。

保护级别：列入 2021 年《国家重点保护野生动物名录》，二级。列入《濒危野生动植物种国际贸易公约》，附录 I 。

列入《世界自然保护联盟濒危物种红色名录》（IUCN 红色名录）2022 年 3.1 版，未予评估（NE）。

199. 盘羊属 *Ovis*

(355) 西藏盘羊 *Ovis ammon* Linnaeus

栖息于半开旷的高山裸岩带及起伏的山间丘陵中。以各种植物为食。分布于玛多。

保护级别：列入 2021 年《国家重点保护野生动物名录》，一级。列入《濒危野生动植物种国际贸易公约》，附录Ⅰ。列入《世界自然保护联盟濒危物种红色名录》（IUCN 红色名录）2022 年 3.1 版，近危（NT）。

200. 原羚属 *Procapra*

(356) 藏原羚 *Procapra picticaudata* Hodgson

栖息于高山草甸、亚高山草原草甸及高山荒漠地带。以各种草类为食。分布于玛沁、达日、甘德、玛多。

保护级别：列入 2021 年《国家重点保护野生动物名录》，二级。列入《世界自然保护联盟濒危物种红色名录》（IUCN 红色名录）2022 年 3.1 版，近危（NT）。

201. 岩羊属 *Pseudois*

(357) 岩羊 *Pseudois nayaur* Hodgson

栖息于高山裸岩地带，不同地区栖息的高度有所变化。以蒿草、薹草、针茅等高山荒漠植物和杜鹃、绣线菊、金露梅等灌木的枝叶为食。分布于玛沁、班玛、达日、久治、甘德、玛多。

保护级别：列入 2021 年《国家重点保护野生动物名录》，二级。列入《世界自然保护联盟濒危物种红色名录》（IUCN 红色名录）2022 年 3.1 版，无危（LC）。

（七十）鹿科 Cervidae

202. 狍属 *Capreolus*

(358) 狍 *Capreolus pygargus* Pallas

栖息于荒山混交林或疏林草原附近。以草类和各种树叶、嫩枝为食。分布于玛沁、久治。

保护级别：列入《世界自然保护联盟濒危物种红色名录》（IUCN 红色名录）2022 年 3.1 版，无危（LC）。

203. 鹿属 *Cervus*

(359) 白臀鹿 *Cervus elaphus* Linnaeus

栖息于森林或灌丛草原带。以草类、灌丛及树木的幼嫩枝叶等为食。分布于玛沁、班玛。

保护级别：列入 2021 年《国家重点保护野生动物名录》，一级。列入《世界自然保护联盟濒危物种红色名录》（IUCN 红色名录）2022 年 3.1 版，无危（LC）。

204. 毛冠鹿属 *Elaphodus*

(360) 毛冠鹿 *Elaphodus cephalophus* Milne et Edwards

栖息于高山或丘陵地带的常绿阔叶林、针阔叶混交林、灌丛、采伐迹地和河谷灌丛。以各种植物为食。分布于班玛。

保护级别：列入 2021 年《国家重点保护野生动物名录》，二级。列入《世界自然保护联盟濒危物种红色名录》（IUCN 红色名录）2022 年 3.1 版，近危（NT）。

205. 白唇鹿属 *Przewalskium*

(361) 白唇鹿 *Przewalskium albirostris* Przewalski

栖息于高山针叶林和高山草甸。主要以禾本科和莎草科植物为食。分布于玛沁、班玛、达日、久治、甘德、玛多。

保护级别：列入 2021 年《国家重点保护野生动物名录》，一级。列入《世界自然保护联盟濒危物种红色名录》（IUCN 红色名录）2022 年 3.1 版，易危（VU）。

206. 水鹿属 *Rusa*

(362) 水鹿 *Rusa unicolor* Kerr

栖息于阔叶林或针阔叶混交林及林缘一带的草地中。以草类、树叶嫩枝为食。分布于班玛。

保护级别：列入《世界自然保护联盟濒危物种红色名录》（IUCN 红色名录）2022 年 3.1 版，易危（VU）。

（七十一）麝科 Moschidae

207. 麝属 *Moschus*

(363) 林麝 *Moschus berezovskii* Flerov

栖息于针阔叶混交林。以各种禾本科植物、灌木和小树的嫩枝叶为食。分布于玛沁、班玛。

保护级别：列入 2021 年《国家重点保护野生动物名录》，一级。《濒危野生动植物种国际贸易公约》，附录Ⅱ。列入《世界自然保护联盟濒危物种红色名录》（IUCN 红色名录）2022 年 3.1 版，濒危（EN）。

(364) 马麝 *Moschus chrysogaster* Hodgson

栖息于针叶林和高山灌丛里。以珠芽蓼、薹草为食。分布于玛沁、班玛、玛多。

保护级别：列入 2021 年《国家重点保护野生动物名录》，一级。列入《濒危野生动植物种国际贸易公约》，附录Ⅱ。列入《世界自然保护联盟濒危物种红色名录》（IUCN 红色名录）2022 年 3.1 版，濒危（EN）。

（七十二）猪科 Suidae

208. 猪属 *Sus*

(365) 野猪 *Sus scrofa* Linnaeus

栖息于山地、丘陵、荒漠、森林、草地和林丛间，环境适应性极强。食物很杂，只要能吃的东西都吃。分布于班玛。

保护级别：《国家保护的有益的或者有重要经济、科学研究价值的陆生野生动物名录》。列入《世界自然保护联盟濒危物种红色名录》（IUCN 红色名录）2022 年 3.1 版，无危（LC）。

二十七、翼手目 CHIROPTERA

（七十三）蝙蝠科 Vespertilionidae

209. 棕蝠属 *Eptesicus*

(366) 北棕蝠 *Eptesicus nilssonii* keysrling et Blasius

栖息于岩隙。以昆虫为食。分布于玛多。

保护级别：列入《世界自然保护联盟濒危物种红色名录》（IUCN 红色名录）2022 年 3.1 版，无危（LC）。

二十八、劳亚食虫目 EULIPOTYPHLA

（七十四）鼩鼱科 Soricidae

210. 水鼩属 *Chimarrogale*

(367) 灰腹水鼩 *Chimarrogale styani* De Winto

栖息于山谷溪流中。以水中昆虫、小鱼和蝌蚪等为食。分布于久治、玛多。

保护级别：列入《世界自然保护联盟濒危物种红色名录》（IUCN 红色名录）2022 年 3.1 版，无危（LC）。

211. 缺齿鼩属 *Chodsigoa*

(368) 川西缺齿鼩 *Chodsigoa hypsibia* De Winton

栖息于森林灌丛及开垦地。以昆虫、蠕虫及一些农作物种子为食。分布于班玛、久治。

保护级别：列入《世界自然保护联盟濒危物种红色名录》（IUCN 红色名录）2022 年 3.1 版，无危（LC）。

212. 麝鼩属 *Crocidura*

(369) 北小麝鼩 *Crocidura suaveolens* Pallas

栖息于草地和农田附近。以昆虫和蠕虫为食。分布于班玛、久治。

保护级别：列入《世界自然保护联盟濒危物种红色名录》（IUCN 红色名录）2022 年 3.1 版，无危（LC）。

213. 鼩鼱属 *Sorex*

(370) 甘肃鼩鼱 *Sorex cansulus* Thomas

分布于玛沁。

保护级别：列入《世界自然保护联盟濒危物种红色名录》（IUCN 红色名录）2022 年 3.1 版，数据缺乏（DD）。

(371) 陕西鼩鼱 *Sorex sinalis* Thomas

栖息于山地森林、平原、草地及耕地、溪边灌丛或草丛中。以昆虫、蠕虫、植物籽实等为食。分布于班玛、久治。

保护级别：列入《世界自然保护联盟濒危物种红色名录》（IUCN 红色名录）2022 年 3.1 版，数据缺乏（DD）。

(372) 藏鼩鼱 *Sorex thibetanus* Kastschenko

栖息于云杉林、针阔叶混交林和林缘草地、灌丛和沼泽草地中。以小形昆虫为食。分布于玛沁、班玛、达日、久治、甘德、玛多。

保护级别：列入《世界自然保护联盟濒危物种红色名录》（IUCN 红色名录）2022 年 3.1 版，数据缺乏（DD）。

二十九、兔形目 LAGOMORPHA

（七十五）兔科 Leporidae

214. 兔属 *Lepus*

(373) 灰尾兔 *Lepus oiostolus* Hodgson

栖息于高山地带、高山草原、高山草甸草原、河谷及河漫滩灌丛。以植物性食物、农作物的幼苗和果实等为食。分布于玛沁、班玛、达日、久治、甘德、玛多。

保护级别：《国家保护的有益的或者有重要经济、科学研究价值的陆生野生动物名录》。列入《世界自然保护联盟濒危物种红色名录》（IUCN 红色名录）2022 年 3.1 版，无危（LC）。

（七十六）鼠兔科 Ochotonidae

215. 鼠兔属 *Ochotona*

(374) 间颅鼠兔 *Ochotona cansus* Lyon

栖息于河谷森林灌丛、高山草甸草原、农田草丛和宅旁的墙洞中。以苔藓、沙草科、禾本科植物等为食。分布于班玛、久治。

保护级别：《国家保护的有益的或者有重要经济、科学研究价值的陆生野生动物名录》。列入《世界自然保护联盟濒危物种红色名录》（IUCN 红色名录）2022 年 3.1 版，无危（LC）。

(375) 高原鼠兔 *Ochotona curzoniae* Hodgson

栖息于高山，草原草甸、高寒草甸及高寒荒漠草原带。以禾本科、豆科植物等为食。分布于玛沁、班玛、达日、久治、甘德、玛多。

保护级别：列入《世界自然保护联盟濒危物种红色名录》（IUCN 红色名录）2022 年 3.1 版，无危（LC）。

(376) 川西鼠兔 *Ochotona gloveri* Thomas

栖息于山地针叶林带的灌木稀疏的石堆，或山地灌丛草甸的山坡岩壁或石块上。分布于班玛。

保护级别：《国家保护的有益的或者有重要经济、科学研究价值的陆生野生动物名录》。列入《世界自然保护联盟濒危物种红色名录》（IUCN 红色名录）2022 年 3.1 版，无危（LC）。

(377) 藏鼠兔 *Ochotona thibetana* Milne et Edwards

栖息于松树、桦树、杨树的混交林和高山针叶林下的灌丛或草丛的石堆和岩石地区。分布于班玛、久治。

保护级别：列入《世界自然保护联盟濒危物种红色名录》（IUCN 红色名录）2022 年 3.1 版，无危（LC）。

(378) 狭颅鼠兔 *Ochotona thomasi* Argyropulo

栖息于山柳和金露梅灌丛中。以沙草科、禾本科植物的茎与叶、狼麻灌丛的叶和根等为食。分布于久治。

保护级别：列入《世界自然保护联盟濒危物种红色名录》（IUCN 红色名录）2022 年 3.1 版，无危（LC）。

三十、奇蹄目 PERISSODACTYLA

（七十七）马科 Equidae

216. 马属 *Equus*

(379) 藏野驴 *Equus kiang* Moorcroft

栖息于高原戈壁水草丰茂的地区。以高山植物为食。分布于玛沁、达日、玛多。

保护级别：列入 2021 年《国家重点保护野生动物名录》，一级。列入《濒危野生动植物种国际贸易公约》，附录 II。列入《世界自然保护联盟濒危物种红色名录》（IUCN 红色名录）2022 年 3.1 版，无危（LC）。

三十一、灵长目 PRIMATES

（七十八）猴科 Cercopithecidae

217. 猕猴属 *Macaca*

(380) 猕猴 *Macaca mulatta* Zimmerman

栖息于山地森林中。以树叶、嫩枝、野菜等为食，也吃小鸟、鸟蛋、各种昆虫，甚至蚯蚓、蚂蚁。分布于班玛、久治。

保护级别：列入 2021 年《国家重点保护野生动物名录》，二级。列入《濒危野生动植物种国际贸易公约》，附录 II。列入《世界自然保护联盟濒危物种红色名录》（IUCN 红色名录）2022 年 3.1 版，无危（LC）。

三十二、啮齿目 RODENTIA

（七十九）仓鼠科 Cricetidae

218. 东方田鼠属 *Alexandromys*

(381) 根田鼠 *Alexandromys oeconomus* Pallas

栖息于山地、森林、草甸草原、草甸、灌丛和高寒草甸草原等地。以禾本科植物的绿色部分、草籽及嫩树皮等为食。分布于玛沁、班玛、达日、久治、甘德。

保护级别：列入《国家保护的有益的或者有重要经济、科学研究价值的陆生野生动物名录》。列入《世界自然保护联盟濒危物种红色名录》（IUCN 红色名录）2022 年 3.1 版，未予评估（NE）。

219. 仓鼠属 *Cricetulus*

(382) 藏仓鼠 *Cricetulus kamensis* Satunin

栖息于高山草原、高山草甸草原、河谷草甸、河谷灌丛、沼泽草地、高山灌丛、农田和房舍中。以谷物、草籽、昆虫等为食。分布于达日、久治。

保护级别：列入《世界自然保护联盟濒危物种红色名录》（IUCN 红色名录）2022 年 3.1 版，无危（LC）。

(383) 长尾仓鼠 *Cricetulus longicaudatus* Milne et Edwards

栖息于荒漠、半荒漠地区的岩坡、山地草原、草甸草原、林缘、林间空地、灌丛、河边灌丛、沟壑、居民房、仓库、农田中。以谷物、草籽及昆虫、蠕虫等为食。分布于玛沁、班玛、达日、久治、甘德、玛多。

保护级别：列入《世界自然保护联盟濒危物种红色名录》（IUCN 红色名录）2022 年 3.1 版，无危（LC）。

220. 松田鼠属 *Neodon*

(384) 高原松田鼠 *Neodon irene* Thomas

栖息于林缘草坡、山地灌丛、草甸草原。以植物绿色部分、草籽等为食。分布于玛沁、班玛、达日、久治、甘德、玛多。

保护级别：列入《国家保护的有益的或者有重要经济、科学研究价值的陆生野生动物名录》。列入《世界自然保护联盟濒危物种红色名录》（IUCN 红色名录）2022 年 3.1 版，无危（LC）。

(385) 白尾松田鼠 *Neodon leucurus* Blyth

栖息于山间盆地、阶地、湖泊和河流沿岸的草甸、草原、沼泽草甸或盐生草甸等湿润地区。以禾本科、沙草科植物、青稞谷物等为食。分布于玛沁、班玛、达日、久治、甘德、玛多。

保护级别：列入《国家保护的有益的或者有重要经济、科学研究价值的陆生野生动物名录》。列入《世界自然

保护联盟濒危物种红色名录》（IUCN 红色名录）2022 年 3.1 版，未予评估（NE）。

（八十）跳鼠科 Dipodidae

221. 东方五趾跳鼠属 *Orientallactaga*

(386) 五趾跳鼠 *Orientallactaga sibirica* Forster

栖息于半荒漠草原和山坡草地上，尤喜选择具有干草原的环境。以植物的绿色部分、草籽及昆虫等为食。分布于玛多。

保护级别：列入《世界自然保护联盟濒危物种红色名录》（IUCN 红色名录）2022 年 3.1 版，未予评估（NE）。

（八十一）鼠科 Muridae

222. 姬鼠属 *Apodemus*

(387) 大耳姬鼠 *Apodemus latronum* Thomas

栖息于桦树、槭树混交林中。以草、草籽、嫩叶和作物为食。分布于班玛。

保护级别：列入《国家保护的有益的或者有重要经济、科学研究价值的陆生野生动物名录》。列入《世界自然保护联盟濒危物种红色名录》（IUCN 红色名录）2022 年 3.1 版，无危 (LC)。

(388) 大林姬鼠 *Apodemus peninsulae* Thomas

栖息于山地针阔叶混交林及针叶林的林缘灌丛、灌丛草原中。以植物种子和绿色部分为食。分布于班玛、久治。

保护级别：列入《世界自然保护联盟濒危物种红色名录》（IUCN 红色名录）2022 年 3.1 版，无危 (LC)。

223. 小家鼠属 *Mus*

(389) 小家鼠 *Mus musculus* Linnaeus

栖息于荒漠、农田、帐篷、库房和房舍中。以各种作物的果实、草籽、人类和家畜的食物为食。分布于玛沁、班玛、达日、久治、甘德、玛多。

保护级别：列入《世界自然保护联盟濒危物种红色名录》（IUCN 红色名录）2022 年 3.1 版，无危 (LC)。

224. 白腹鼠属 *Niviventer*

(390) 安氏白腹鼠 *Niviventer andersoni* Thomas

栖息于森林和灌丛的石堆中。以农作物等为食。分布于班玛、久治。

保护级别：列入《世界自然保护联盟濒危物种红色名录》（IUCN 红色名录）2022 年 3.1 版，无危 (LC)。

(391) 北社鼠 *Niviventer confucianus* Milne et Edwards

栖息于居民住宅、寺院及仓库内。分布于班玛、久治。

保护级别：《国家保护的有益的或者有重要经济、科学研究价值的陆生野生动物名录》。列入《世界自然保护联盟濒危物种红色名录》（IUCN 红色名录）2022 年 3.1 版，无危（LC）。

（八十二）松鼠科 Sciuridae

225. 旱獭属 *Marmota*

(392) 喜马拉雅旱獭 *Marmota himalayana* Hodgson

栖息于高山草原。以禾本科、莎草科及豆科植物的茎、叶为食。分布于玛沁、班玛、达日、久治、甘德、玛多。

保护级别：列入《世界自然保护联盟濒危物种红色名录》（IUCN 红色名录）2022 年 3.1 版，无危（LC）。

226. 鼯鼠属 *Petaurista*

(393) 灰鼯鼠 *Petaurista xanthotis* Milne et Edwards

栖息于亚高山针叶林带。以各种嫩叶、松、杉果等为食。分布于班玛、久治。

保护级别：列入《国家保护的有益的或者有重要经济、科学研究价值的陆生野生动物名录》。列入《世界自然保护联盟濒危物种红色名录》（IUCN 红色名录）2022 年 3.1 版，无危（LC）。

227. 花鼠属 *Tamias*

(394) 花鼠 *Tamias sibiricus* Laxmann

栖息于山地针叶林、针阔叶混交林中。以种子、坚果、各种浆果及草籽，少数昆虫等为食。分布于班玛。

保护级别：《国家保护的有益的或者有重要经济、科学研究价值的陆生野生动物名录》。列入《世界自然保护联盟濒危物种红色名录》（IUCN 红色名录）2022 年 3.1 版，无危（LC）。

（八十三）蹶鼠科 Sicistidae

228. 蹶鼠属 *Sicista*

(395) 中国蹶鼠 *Sicista concolor* Buchner

栖息于草原、草甸草原、灌丛及林缘地带。多夜间活动，善攀缘。以植物的茎、叶、嫩芽和种子等为食，亦吃昆虫。分布于班玛。

保护级别：列入《国家保护的有益的或者有重要经济、科学研究价值的陆生野生动物名录》。列入《世界自然保护联盟濒危物种红色名录》（IUCN 红色名录）2022 年 3.1 版，无危（LC）。

（八十四）鼹形鼠科 Spalacidae

229. 凸颅鼢鼠属 *Eospalax*

(396) 中华鼢鼠 *Myospalax fontanierii* Milne et Edwards

栖息于高原与山地的森林、灌丛、草甸和农田。喜生活在土质松软、深厚的地带。杂食性，主要以植物根、茎、叶为主，几乎各种农作物都吃。分布于玛沁、班玛、达日、久治、甘德、玛多。

保护级别：列入《世界自然保护联盟濒危物种红色名录》（IUCN 红色名录）2022 年 3.1 版，无危（LC）。

（八十五）林跳鼠科 Zapodidae

230. 林跳鼠属 *Eozapus*

(397) 四川林跳鼠 *Eozapus setchuanus* Pousargues

栖息于森林的林缘灌丛草地。以植物的绿色部分为食。分布于班玛、久治。

保护级别：列入《世界自然保护联盟濒危物种红色名录》（IUCN 红色名录）2022 年 3.1 版，无危（LC）。

爬行纲 REPTILIA

三十三、有鳞目 SQUAMATA

（八十六）鬣蜥科 Agamidae

231. 沙蜥属 *Phrynocephalus*

(398) 青海沙蜥 *Phrynocephalus vlangalii* Strauch

栖息于荒漠、半荒漠地区。以小形昆虫为食。分布于玛沁、玛多。

保护级别：列入《国家保护的有益的或者有重要经济、科学研究价值的陆生野生动物名录》。列入《世界自然保护联盟濒危物种红色名录》（IUCN 红色名录）2022 年 3.1 版，无危（LC）。

（八十七）游蛇科 Colubridae

232. 锦蛇属 *Elaphe*

(399) 白条锦蛇 *Elaphe dione* Pallas

栖息于平原、丘陵、山地和高原的各种环境中。以小鸟及鸟卵、鼠类、蜥蜴和蛙类等为食。分布于班玛。

保护级别：列入《国家保护的有益的或者有重要经济、科学研究价值的陆生野生动物名录》。列入《世界自然保护联盟濒危物种红色名录》（IUCN 红色名录）2022 年 3.1 版，无危（LC）。

（八十八）蝰科 Viperidae

233. 亚洲蝮属 *Gloydius*

(400) 若尔盖蝮 *Gloydius angusticeps* Shi,Yang,Huang,Orlov et Li

栖息于树林边缘、靠近溪流的环境。分布于班玛、久治。

保护级别：列入《国家保护的有益的或者有重要经济、科学研究价值的陆生野生动物名录》。列入《世界自然保护联盟濒危物种红色名录》（IUCN 红色名录）2022 年 3.1 版，未予评估（NE）。

中文名索引